U0058348

THE DOG ENCYCLOPEDIA

終極狗百科

The Definitive Visual Guide 最完整的犬種圖鑑與養育指南

DK

THE DOG ENCYCLOPEDIA

終極狗百科

The Definitive Visual Guide

最完整的犬種圖鑑與養育指南

翻譯／方淑惠、孫曉卿、蘇子堯

Boulder Media 大石文化

終極狗百科 - 最完整的犬種圖鑑與養育指南

作者：DK 出版社編輯群
翻譯：方淑惠、孫曉卿、蘇子堯
主編：黃正綱
資深編輯：魏靖儀
美術編輯：吳立新
圖書版權：吳怡慧

發行人：熊曉鴿
總編輯：李永適
發行副總：鄭允娟
印務經理：蔡佩欣
圖書企畫：林祐世

出版者：大石國際文化有限公司
地址：新北市汐止區新台五路一段 97 號 14 樓之 10
電話：（02）2697-1600
傳真：（02）8797-1736
印刷：群鋒企業有限公司

2024 年（民 113）6 月二版
定價：新臺幣 1600 元
本書正體中文版由 Dorling Kindersley Limited 授權
大石國際文化有限公司出版

ISBN： 978-626-7507-00-1 （精裝）
＊ 本書如有破損、缺頁、裝訂錯誤，請寄回本公司更換
總代理：大和書報圖書股份有限公司
地址：新北市新莊區五工五路 2 號
電話：（02）8990-2588
傳真：（02）2299-7900

國家圖書館出版品預行編目（CIP）資料

終極狗百科 : 最完整的犬種圖鑑與養育指南
DK 出版社編輯群 作 ; 方淑惠 , 孫曉卿 , 蘇子堯 翻譯 . -- 初版 . -- 新北市 : 大石國際文化 , 民 113.6　360 頁 ; 23.5 × 28 公分
譯自 : The dog encyclopedia : the definitive visual guide.
ISBN 978-626-7507-00-1 (精裝)
1.CST: 犬 2.CST: 寵物飼養 3.CST: 動物圖鑑
437.354　113008441

目錄

1 狗的基礎知識

2 犬種介紹

3 照顧與訓練

第一章

狗的基礎知識

狗的演化

據估計全球約有5億隻家犬，這些家犬全都有血緣關係。灰狼位於犬類演化樹的根部，遺傳學者已經發現，從去氧核醣核酸（DNA）來看，狼與狗的差異微乎其微。雖然天擇造成了某些變化，使得不同類型的狗各有差異，但人為的影響比天擇要大得多。可以說今天數百種狗全都出自人類的選拔育種。

狗的起源

狼的馴化不太可能是偶發的單一事件，而是在不同時間及各個不同區域中反覆發生。全球各地都有人狗同葬的考古證據出土，分散在中東（據推論可能是最早開始馴化狼的地點之一）、中國、德國、斯堪地那維亞和北美等相距很遠的區域。直到最近才確定，其中最古老的遺跡可追溯到大約1萬4000年前，但2011年對一具在西伯利亞發現的犬頭骨化石所做的研究顯示，最早的狼－犬混種在3萬年前就已經出現了。

從野狼到寵物犬這項轉變，可以追溯到久遠以前史前時代的早期聚落，當時人類還過著漁獵與採集生活，狼可能會在營地周圍的垃圾中覓食，成為人類取得皮革與肉類的理想來源。而在有陌生人接近營地時，狼也可能會自動發出警報。有研究者提出另一種理論，認為狼可能是自我馴化的。狼天性怕人，又對人有攻擊性，但也和人類一樣是群居動物，那些對人比較沒那麼害怕的個體，馬上就能把狼群相處的本能轉移到人類身上，尤其是可以取暖，不用餐風露宿的時候。有科學家指出，早期的人類可能還會把多餘的肉分給狼吃。

同心協力
狼生活在群體之中，不論獵捕或哺育幼狼都會互相合作。這種群居生活模式使狼在遠古時代較容易被人類馴養。被人類選上的幼狼沒有機會和其他的狼建立感情，但依然能夠輕鬆適應與人群共同生活。

早期人類也是獵人，因此很能理解狼的行為，也欣賞牠們合力追捕獵物的毅力、技巧，以及團隊合作的方式。到了某個階段，部落民族明白馴化的狼是可以陪伴打獵的資產之後，人與狗的合作關係就開始萌芽。假使當初人類是以這個目的挑選最有潛力的狼加以馴化（可能性極高），那麼狗的育種過程從那時候就開始了，目的是把想要的性狀留下來；如今犬種繁殖者仍繼續在做同樣一件事。

狼在馴化的過程中，外表與性情也漸漸改變。20世紀中後期在西伯利亞對一小群圈養的紅狐做過一項實驗，顯示了這個歷程可能是怎麼發生的。研究者挑選了最溫馴的紅狐個體來繁殖，再從後代繼續挑選最溫馴的個體。六代之後，紅狐對人類的友善程度已經大幅提高，經過八到十代，就開始出現了類似狗的特徵，如垂耳、捲尾以及更多的毛色。透過不同族群間的雜交，新的犬型多樣性也開始增加。有的漁獵採集部落

考古證據
圖為以色列出土的1萬2000年前的一人一狗（右上）骨骸，這些證據顯示狗是人類最早馴養的動物之一。

犬科關係圖

狐　衣索比亞狼　亞洲胡狼　郊狼　灰狼　狗

這張圖說明狗與其他犬科動物在遺傳上的關係。狗和灰狼的DNA最相似，因此血緣最相近，也有許多共同特徵。與狗及狼的血緣愈遠的犬科動物，共有DNA中的相似處也愈少。

世世代代過著與世隔絕的生活，有的部落則會遷徙，狗也會跟著人類一起走，遇上「非我族類」並與之交配。這些性狀與特徵的早期交流，衍生出許多不同型態的狗，但還要經過數千年才確立了今天純種狗的樣貌。

現代品種

起初人類針對特定工作而培育不同類型的狗——獵犬負責追捕獵物，獒犬負責看守家園，牧犬負責放牧牲口。人類選擇性地針對犬隻的角色，培育出適合的生理特徵與性情，例如發展靈敏的嗅覺用於狩獵，長腿用於賽跑，培養力量與耐力以應付粗重的戶外工作，強烈的保護本能以執行守衛工作。後來又出現了㹴犬與陪伴犬。人類開始了解並有意識地操控遺傳法則後，大大加速了改變的過程，品種的歧異度也大幅增加。後來人類養狗的目的不再侷限於實際用途，而是做為陪伴之用或是當成寵物，於是對犬隻外型的重視逐漸勝過了功能。到了19世紀末，最早的育犬社團創立之後，品種犬有了嚴格的標準，規範每個品種的理想類型、毛色及構造，幾乎涵蓋了每個細節，從小獵犬耳朵的位置，到大麥町犬身上斑點的分布，都有一定標準（見286頁）。某些品種依舊保有與狼相似的特徵，最明顯的就是哈士奇和德國狼犬（見42頁），也有一些品種已經完全看不出狼的樣子。

現代狗似乎有淪為時尚配件危險，但人類的干預造成了其他更大的問題。創造「正確的」外貌一直有礙某些犬種的健康。扁平塌鼻會造成呼吸問題，幼犬頭顱過大會導致生產困難，腿短加上背部長會導致脊椎病變等，這些只是負責任的狗繁育者正在設法解決的先天性缺陷中的少數幾種。在最近的實驗中，透過計畫性的雜交，已創造出綜合了多種遺傳特徵的一系列新品種，例如具有其中一方的捲毛，又具有另一方的溫馴性情。

狼的外表和性情經歷了大幅度的改變，才成為今天的狗。遠古獵人如果見到像北京犬（見270頁）這樣的動物，一開始大概根本看不出那是狼。雖然人類一直都很喜歡犬科動物的陪伴，但很可能還是想繼續改造牠們。

不同的外型

許多狗的類型都是在19世紀以前建立，包括圖中的聖伯納犬及查理王小獵犬。然而，在品種標準確立之前，類型仍會持續改變。

骨骼與肌肉

所有哺乳類動物都有骨骼，骨頭之間由韌帶、肌腱與肌肉連接固定，並賦予活動性。早期的狗是奔跑迅速的肉食動物，骨骼與肌肉系統是為了這樣的需求而演化出來。然而經過馴養之後，人類依據不同的工作需求創造不同的犬隻類型，也改變了牠們的骨骼架構。雖然某些改變（例如矮化）是自然突變的結果，但今天的現代犬種，大多是人類刻意篩選而創造出來的。

特化骨骼

捕食者首重速度與靈活度。追捕過程中速度與方向取決於獵物，要成功捕獲獵物，獵犬必須隨時能夠在瞬間迅速移動及轉彎。

狗的奔跑速度主要取決於極度靈活的脊椎，能配合跨步動作輕易地彎曲與伸展。強而有力的後肢提供了向前的推進力，而前肢經過演化使步距增加。不可回縮的腳爪能產生牽引力，作用類似運動員跑鞋上的鞋釘。

狗是四足類動物，體重由四肢承擔。前肢不透過類似人類鎖骨的連接骨，僅靠肌肉與身體連接，因此能在胸廓上方前後移動，增加步距。前肢的長骨（橈骨與尺骨）緊密嵌合，與人類前臂的橈骨與尺骨不同。對於在追捕獵物時可能必須迅速改變方向動物而言，這是一項重要的演化改變。橈骨與尺骨嵌合可防止骨頭轉動，降低骨折的風險。

為了增加穩定性，狗的腕關節有部分小骨頭融合為一體，以限制腳掌的轉動幅度，將受傷的風險降至最低。對獵食動物而言這一點至關重要，因為受傷會降低狩獵的成功率，嚴重的話會餓死。

狗走路的姿態像踮著腳。每一條腿上都有四根承重趾，兩隻前腿內側各有

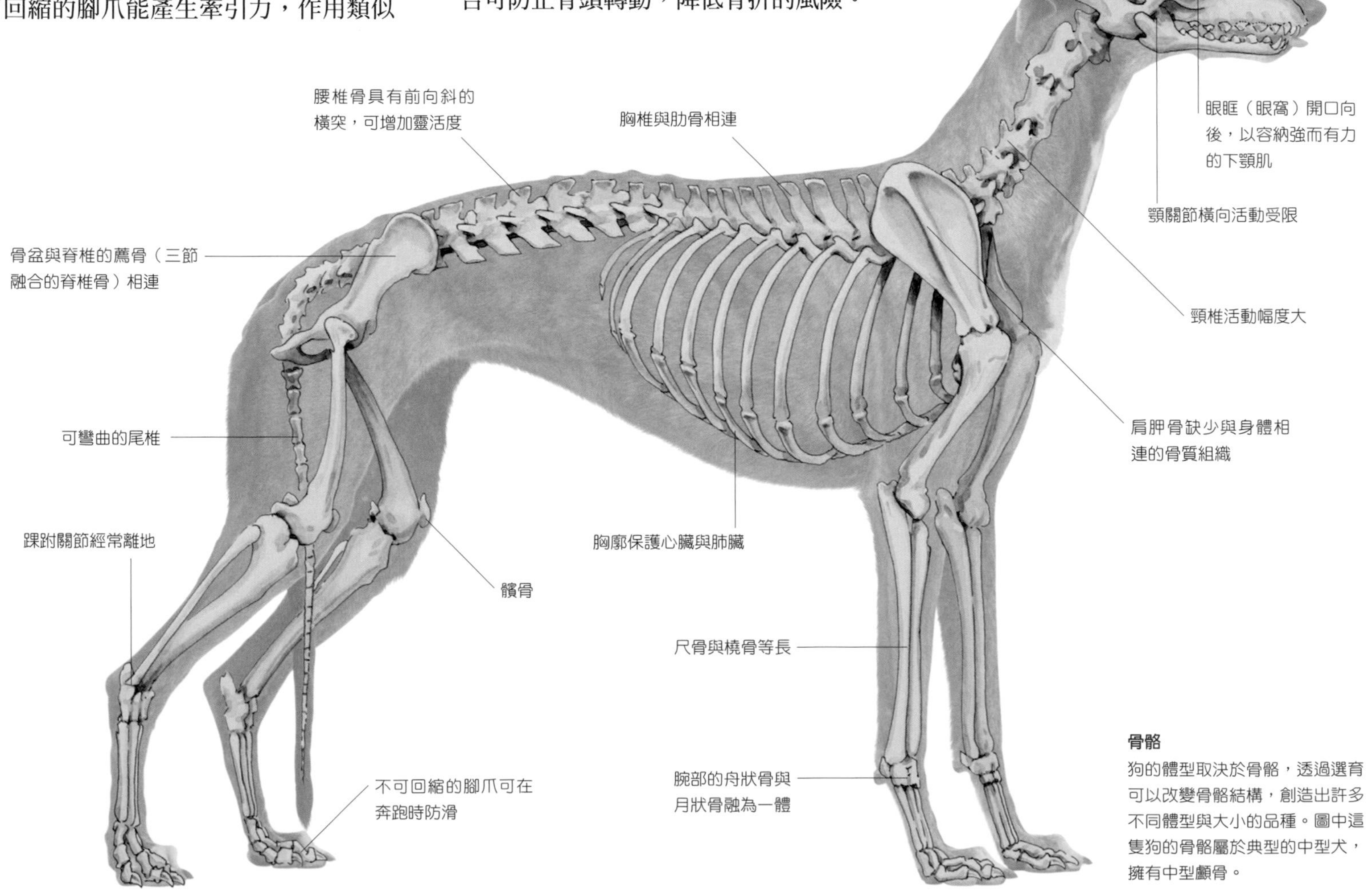

骨骼
狗的體型取決於骨骼，透過選育可以改變骨骼結構，創造出許多不同體型與大小的品種。圖中這隻狗的骨骼屬於典型的中型犬，擁有中型顱骨。

頭骨形狀

狗的頭骨有三種基本形狀：長頭型（長而窄）、中頭型（與狼類似，顱骨寬度與鼻腔長度的比例皆與狼相當）以及短頭型（短而寬）。選擇性育種改變了犬科動物原本的身形，創造出家犬的各種頭骨形狀。

長頭型（薩路基獵犬）　中頭型（德國指示犬）　短頭型（鬥牛犬）

一根退化的懸趾，相當於人類的拇指。不過，少數犬種如西藏獒犬（第80頁）連後肢都有懸趾，而有些犬種如大白熊犬（第78頁）則有雙懸趾。這種產生多餘腳趾的情況稱為多指症。

骨骼大小比較容易透過選育來操控，因此人類已能改變犬的骨骼比例，創造小如吉娃娃（第282頁）的小型犬，或是大如大丹犬（第96頁）的特大型犬。犬的頭骨形狀也大幅改變（見上方文字框）。

肌肉力量

狗的四肢主要由腿的上半部肌肉所控制。腿的下半部則是肌腱多於肌肉，可減輕重量，減少能量消耗。靈猩（第126頁）等速度極快的犬種，「快速收縮肌纖維」的比例高，這種肌肉由於能量取得的方式不同，能在短時間高速衝刺；而哈士奇犬及槍獵犬等天生耐力較強的犬種，則是「慢速收縮肌纖維」的比例較高，因此比其他犬種更能長途行走。

獵犬不但要跑贏獵物，還要能把獵物捉住。和所有的肉食動物一樣，犬類的頭骨已演化成能附著大量肌肉以控制下顎，避免獵物掙扎時造成下顎橫向移動，甚至脫臼。狗的頸部肌肉粗壯，足以把獵物咬起來叼著走。狗也比人類運用更多細微的肌肉力量。由於大多仰賴肢體語言相互溝通，狗的肌肉時常收縮活動，包括咆嘯時縮起上唇，表示注意時豎起耳朵，或搖尾巴表示歡迎或安撫。

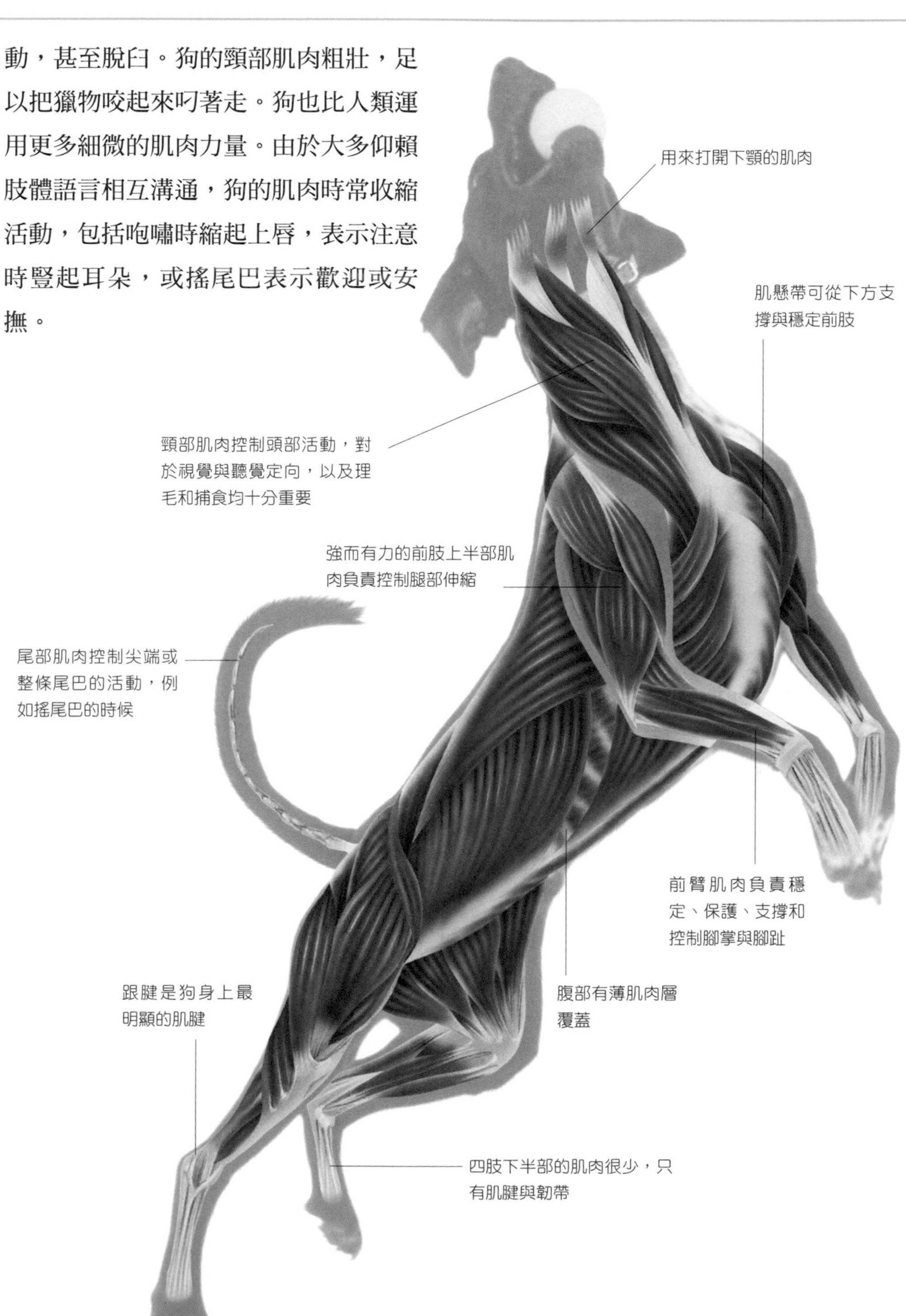

肌肉
每一種狗的肌肉都一樣。肌肉除了用來移動，對溝通也非常重要。四肢的肌肉一部分為成對的拮抗肌，各自負責腿的伸展與收縮。

感官知覺

狗對周遭環境十分警覺，對感官收到的資訊反應很快。牠們和人類一樣，藉由視覺與聽覺了解周遭環境。雖然人類的視力較清晰——夜晚除外，晚上犬類的視覺較占優勢——但狗的聽覺遠優於人類，並且具有極為靈敏的嗅覺。鼻子是狗最重要的資產，狗仰賴嗅覺取得這個世界的所有細節。

視覺

狗能看見的色域沒有人類廣，但還是能看到某些顏色。狗的色域受限是因為牠的視網膜——也就是眼睛後方的一層感光細胞——只有兩種感色細胞（二色視覺），而不像人類有三種（三色視覺）。狗只能看見灰、藍和黃色階，沒有紅、橘或綠色，就像紅綠色盲的人類一樣。不過，狗的遠距視力絕佳，尤其能敏銳察覺物體的移動，甚至能發現其中的弱者，這項演化出來的能力在尋找容易下手的對象時非常有用。犬科動物在清晨與傍晚的昏暗光線下視力最好，這段時間也是獵食的黃金時段。狗的近距視力較不敏銳，因此更需仰賴嗅覺，或透過敏感的鬍鬚獲得觸覺，來探索周遭物體。

耳朵形狀

立耳（阿拉斯加雪橇犬）

燭火耳（英國玩具㹴）

玫瑰耳（靈猩）

鈕扣耳（巴哥犬）

垂耳（布羅荷馬獒犬）

墜耳（尋血獵犬）

耳朵類型

狗的耳朵有三個主要類型：立耳（上排）、半立耳（中排）與垂耳（下排），每個類型包含各種不同形狀。耳朵對狗的整體外觀影響至深，因此個別犬種標準都會詳列耳朵的位置、形狀和型態。

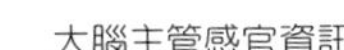

聽覺

幼犬出生時尚無聽覺，但會隨著年紀成熟而發展出比人類靈敏四倍的聽覺。狗能清楚聽見人類聽不見的低頻及高頻聲音，也擅於聽音辨位。立耳（最適合導入聲音）品種的聽力通常比垂耳或墜耳品種來得敏銳。狗耳朵還能做出很多動作，常用於和其他的狗溝通：耳朵略為向後表示友善；下垂或平貼表示恐懼或屈服；豎起表示有意攻擊。

嗅覺

狗透過鼻子接收大多數的資訊，包括人類無法察覺的氣味所傳達的複雜訊息。狗可以透過氣味判斷母狗是否發情，獵物的年齡、性別和健康好壞，甚至藉此了解飼主的心情。更神奇的是，狗可以偵測並解讀曾經有何人或何物經過眼前的地方，因此十分擅長追蹤。經過訓練後，狗能聞出毒品，甚至偵測到疾病。

狗腦中負責解讀氣味訊息的區域，據估計是人類腦中相同區塊的40倍大。雖然嗅覺能力或多或少會受到狗的體型及口鼻部形狀影響，但狗鼻子平均約有2億個嗅覺受器，而人的鼻子大約有500萬個嗅覺受器。

味覺

哺乳動物的味覺和嗅覺密不可分。狗透過嗅覺就能知道自己在吃的是什麼東西，但狗的味覺並不如嗅覺靈敏。人類約有1萬個味蕾，可以嘗到苦、酸、鹹、甜等基本味道，但狗的味蕾只有大概不到2000個。狗和人類不同，對於鹹味沒有強烈的反應；也許是因為他們的野生祖先演化為肉食性動物，而肉類的鹽分含量高，因此沒必要區分食物鹹淡。或許為了平衡這種偏鹹的飲食，狗舌頭尖端的味覺受器對水的接受度極高。

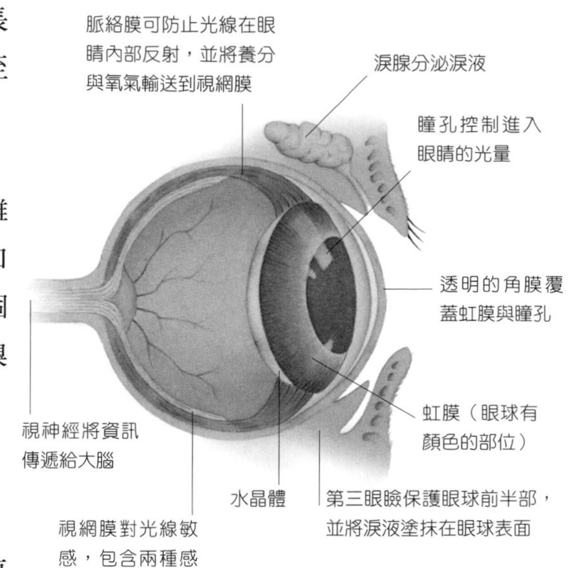

眼睛

狗的眼睛形狀比人類扁平，水晶體調整焦距的效率也比人類差。雖然狗的視力無法像人類一般觀察入微，但對光線和物體的移動則遠比人類敏感。

耳朵

可動的外耳會搜尋聲音並將之導入中耳及內耳，再由中耳及內耳將音波放大，轉換成化學訊號由大腦解讀。

腦

狗接收的所有感官訊息都經由神經傳導至大腦，由大腦解讀後做出適當的反應。這個過程發生得極快：例如，狗聽到聲音後可以在600分之一秒內找出聲音來源。

鼻子與舌頭

狗的口鼻部內有氣味和口味的化學感覺器官。而位於鼻腔底部的犁鼻器上還有別的氣味受器，用來收集其他狗的訊息。

心血管與消化系統

不只是狗，所有哺乳動物都要靠這個重要的身體系統通力合作，才能維繫生命。肺臟吸取的氧氣以及消化系統吸收的養分，是生命的基本燃料，必須輸送至身體各個部位。而穩定跳動的心臟，則經由動、靜脈構成的網絡，把血液送往全身循環，成為重要的生命線。

循環與呼吸

狗的心臟功能與人類相同，負責規律跳動，讓血液在全身循環。心臟的肌肉包著四個腔室，每次心跳會依序收縮與放鬆，將血液從心臟壓出，經由動脈進入循環系統，並讓心臟能夠接收由靜脈回流的血液。

這套循環系統又稱為心血管系統，與呼吸系統協同運作，將氧氣輸往全身每個細胞，並將細胞活動時產生的二氧化碳等廢物帶走。血液在連續的循環系統中流動，從肺臟吸入的空氣中取得氧氣，再將氧氣與腸壁吸收的養分一同運送到全身各處。血液在肺臟取得氧氣的同時，也將二氧化碳釋出，透過吐氣送出體外。

呼吸系統還具有另一項重要的作用，就是避免狗的體溫過高。狗因為汗腺很少，大多位於腳掌，因此無法靠排汗降溫，而是透過喘氣吐出熱氣，使口中的唾液蒸發，將潛熱排出，進而降低體溫。

此外，狗（尤其是寒冷地區的絨毛犬品種）的心血管系統還發生了一項至關重要的演化，可避免腳掌接觸冰冷地面時過度喪失體溫。腳掌上負責輸送血

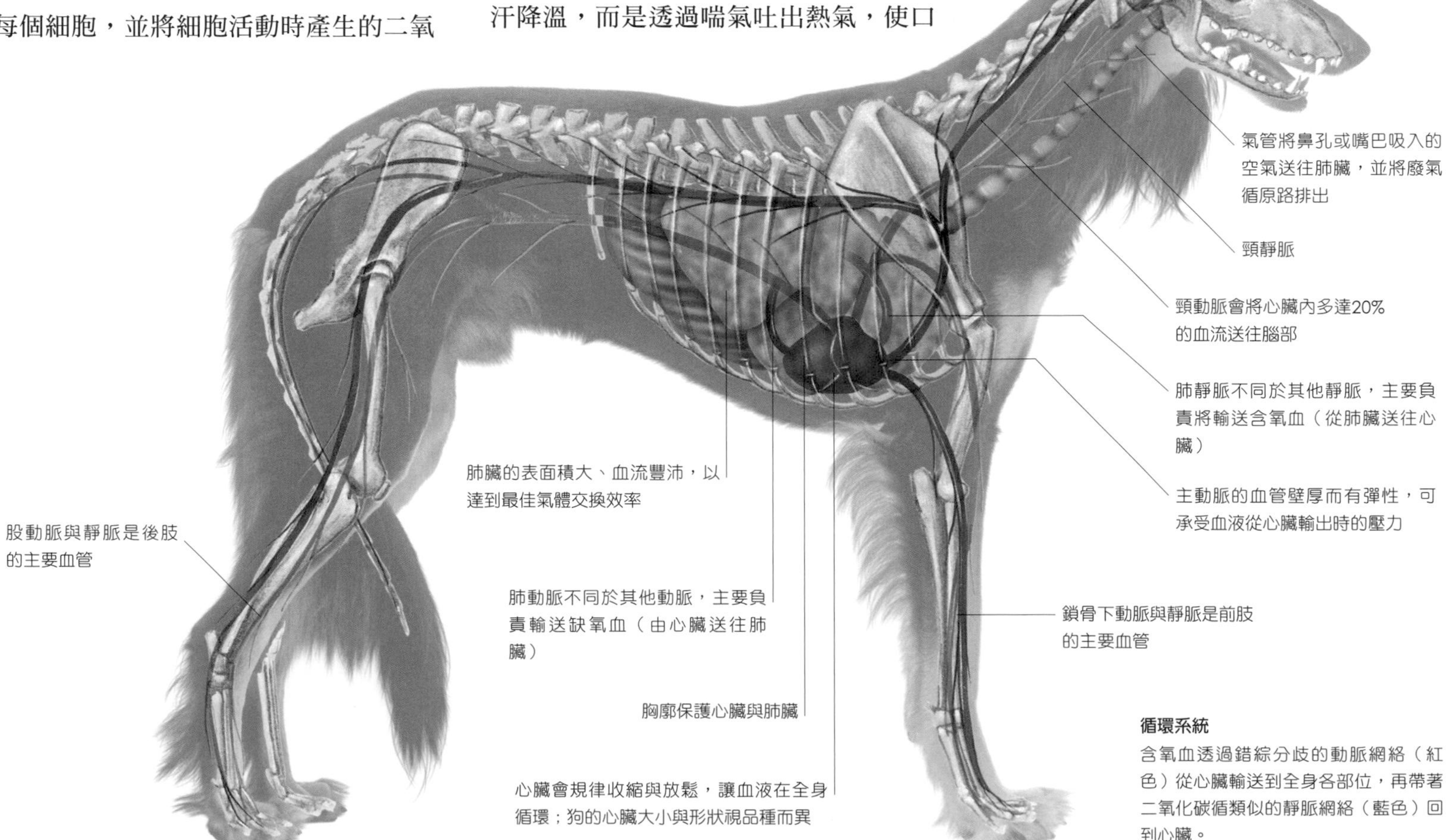

循環系統

含氧血透過錯綜分歧的動脈網絡（紅色）從心臟輸送到全身各部位，再帶著二氧化碳循類似的靜脈網絡（藍色）回到心臟。

液進出的動脈和靜脈距離很近。在溫暖的動脈血流入腳掌時，會將熱能轉移至溫度較低的回流靜脈血，藉此將熱能保留在體內，而非流失到外在環境中。這種作用稱之為逆流熱交換機制，與海象皮膚、企鵝腳掌的機制相同，讓牠們得以生活在酷寒的極地環境中。

牙齒

狗大多在七、八個月大時就已長齊42顆恆齒，全部都是專門用來吃肉的。前排上下顎共有六顆門齒，兩側各有一顆大犬齒，過去用於攫取、抓扣和刺穿獵物。前臼齒與臼齒位於顎部側邊。顎部兩側的第四顆上前臼齒與第一顆下臼齒稱為裂齒，是所有食肉目哺乳動物的特徵。這些牙齒就像一把剪刀，用來切割與剪斷皮毛與骨頭。

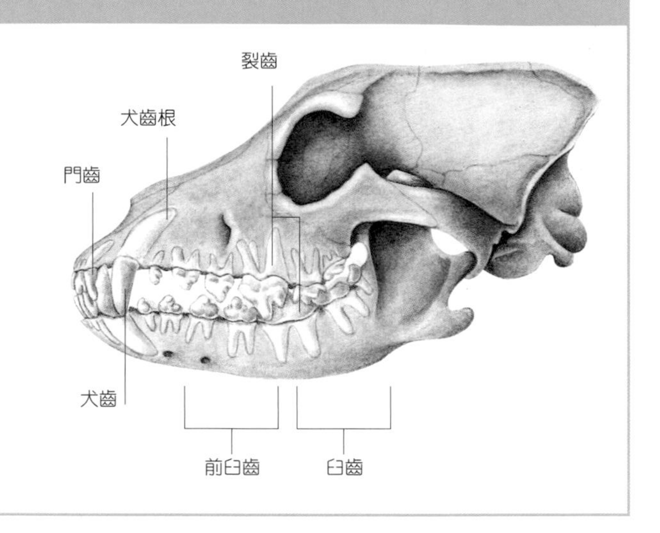

消化食物

健康的狗往往一轉眼就把食物吃光，一口接一口吃個不停，完全不會停下來咀嚼。犬科動物的習性就是快食，並不是因為天性貪婪，而是必須如此——在野外如果吃得太慢，肉可能會被狼吞虎嚥的同伴吃光。人類通常會在嘴裡品嘗食物，細嚼慢嚥，讓食物與唾液充分混合，在尚未吞下之前就已經開始消化。但狗的味蕾和人類比起來算很少，通常只會咬下大塊食物，囫圇吞下。為了彌補這種習性造成的缺點，狗具有絕佳的嘔吐反射。只要吃到不好的東西，就會直接吐出來。犬科動物的消化道很短，特別適合消化肉類，因為肉類比植物更容易迅速消化。狗的胃含有大量胃酸，可以迅速分解肉、骨和脂肪，把食物變成液體再送入小腸。在小腸內，肝臟與胰臟分泌的消化酵素可以協助將食物分解成養分，經由腸壁吸收後進入血液中。凡是未消化的物質都會進入大腸，變成糞便排出。以狗而言，食物通過消化道的時間（從進食到排便）大約是8到9個小時，而人類平均則需36到48小時。

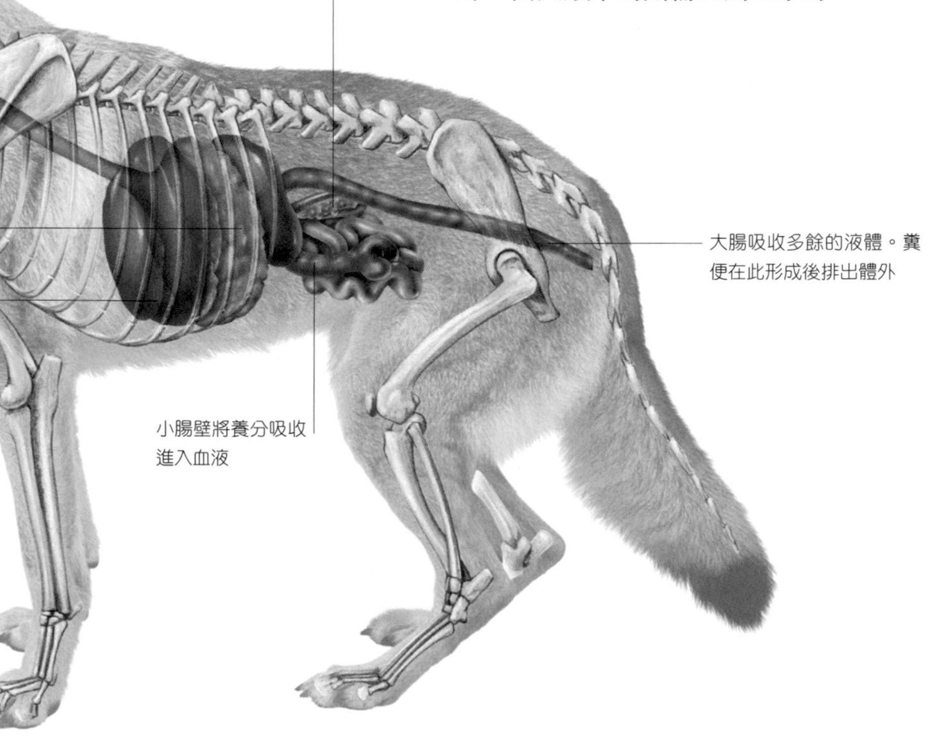

消化系統
消化系統的構造簡單——基本上腸子就是一根長管——但功能複雜，負責處理食物，釋出食物中的養分讓血液吸收。

泌尿、生殖與內分泌系統

狗和絕大多數的哺乳動物一樣，泌尿與生殖系統都位於腹腔後半部的同一區域內。雄性的生殖與泌尿道相通，尿液與精液均經由陰莖從共同的出口排出。這兩個系統與身體所有功能一樣，都是由內分泌系統產生的荷爾蒙微調。荷爾蒙控制尿液的製造與分泌量，也確保母狗在最佳時機發情。

泌尿系統

泌尿系統的功用在於去除血液中的廢物，與多餘的水分一起成為尿液排出體外。泌尿器官包括腎臟（功能就像過濾器，負責製造尿液）、輸尿管（從腎臟輸出尿液的管路）、膀胱（作用類似蓄水池）以及尿道（排出尿液的管路）。整個過程由調節腎臟的荷爾蒙控制，以維持鹽分及體內其他化學物質的平衡。

狗排尿並不只是為了減輕膀胱的壓力，也為了標示地盤，以及與其他同類溝通。尿液中的荷爾蒙與化學物質帶有一種氣味，能讓狗透過嗅覺取得資訊，包括最近經過的狗是雄性還是雌性。但尿液的氣味在戶外消散得很快，因此公狗會不斷以少量尿液做記號，並時常回到相同地點更新訊息。母狗通常一次就會把膀胱排空。不論公狗還是母狗的尿液都含有氮素，因此草坪上被狗尿過的地方，草都會枯萎。

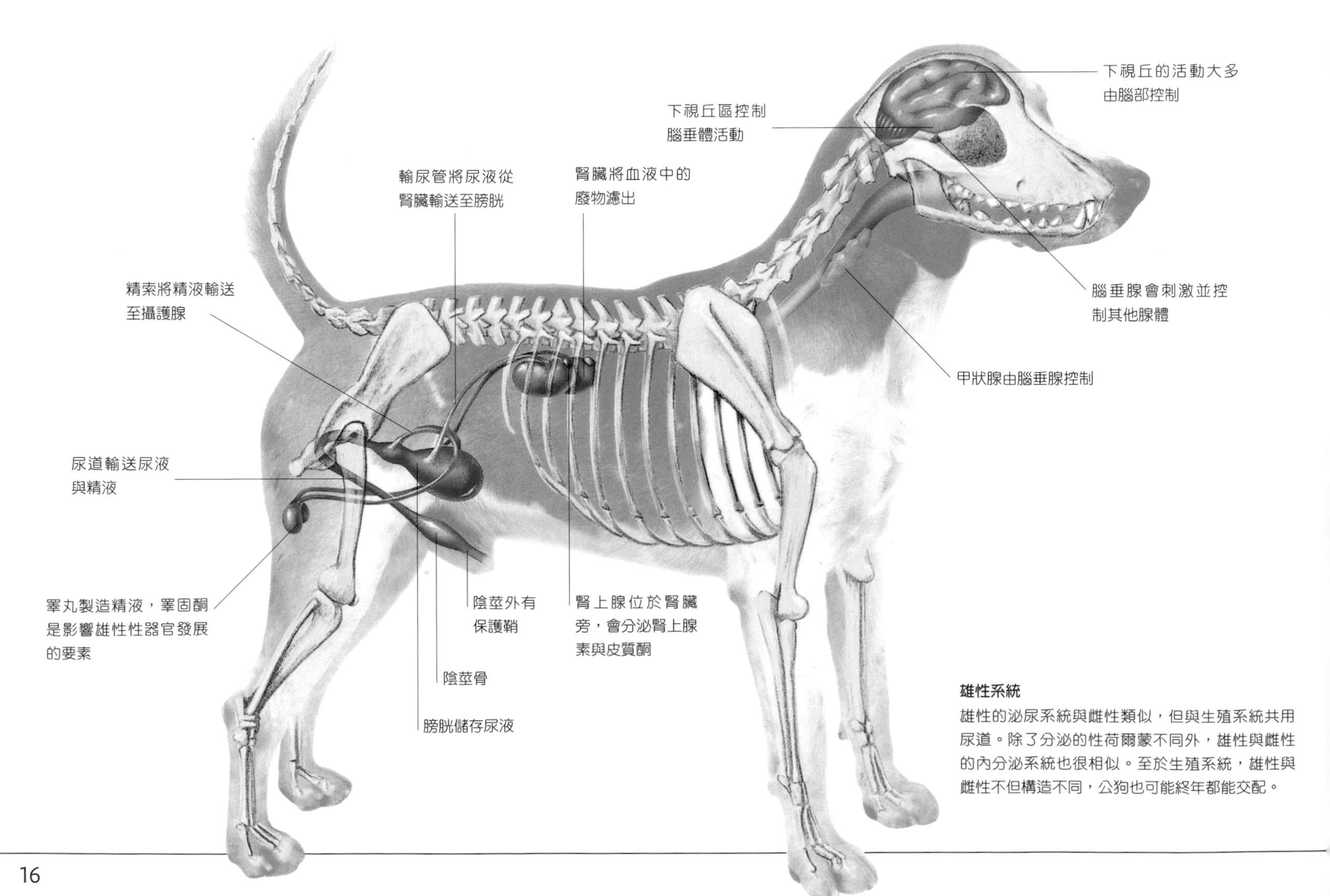

雄性系統
雄性的泌尿系統與雌性類似，但與生殖系統共用尿道。除了分泌的性荷爾蒙不同外，雄性與雌性的內分泌系統也很相似。至於生殖系統，雄性與雌性不但構造不同，公狗也可能終年都能交配。

生殖

狗通常在6到12個月大時達到性成熟。野狼等野生犬科動物，雌性通常一年發情一次（稱為「交配期」或「發情期」），在這段期間雌性會排卵，準備繁衍後代。不果也有少數例外，貝生吉犬就是一例，家犬通常一年發情兩次。母狗在發情初期會先少量出血，大約持續九天，之後就會產生交配的意願。

公狗的陰莖內有一塊名為陰莖骨的骨頭。在交配時，陰莖骨四周會膨脹，使陰莖卡在母狗體內，形成所謂的「交配栓」，這種狀態可能持續數分鐘。若母狗在交配後卵子受精，接下來的孕期會持續60到68天。每一胎的小狗數量多寡主要取決於狗的類型，體型愈大的品種往往數量也較多。母狗一胎可產下1到14隻，甚至更多，平均是6到8隻。

荷爾蒙

荷爾蒙由特化的腺體與組織分泌到血液中，這種化學物質會對特定細胞產生作用。荷爾蒙活動控制了許多身體機能，包括生長、代謝、性發育和生殖。

結紮是指切除狗體內分泌性荷爾蒙（雄性為睪固酮，雌性為雌激素）的區域，以避免意外懷孕。公狗一旦缺乏睪固酮，就失去四處覓偶的衝動，顯露攻擊性的機率也降低。結紮也會影響母狗蛻毛，通常一年會有兩次蛻毛高峰期，主要由促使牠們發情的荷爾蒙所引發。結紮後的母狗通常終年持續蛻毛。結紮也可能提高晚年罹患糖尿病的機會。

孕期荷爾蒙

懷孕期間雌激素等荷爾蒙會增加，有助母狗生產並刺激乳腺發展，以哺育小狗。母狗在哺乳期間泌乳素會增加，藉此持續泌乳，並會對母狗的行為產生影響，激發強烈的保護本能，以確保母狗不會遺棄小狗，此時的小狗完全仰賴母狗照顧才能存活。

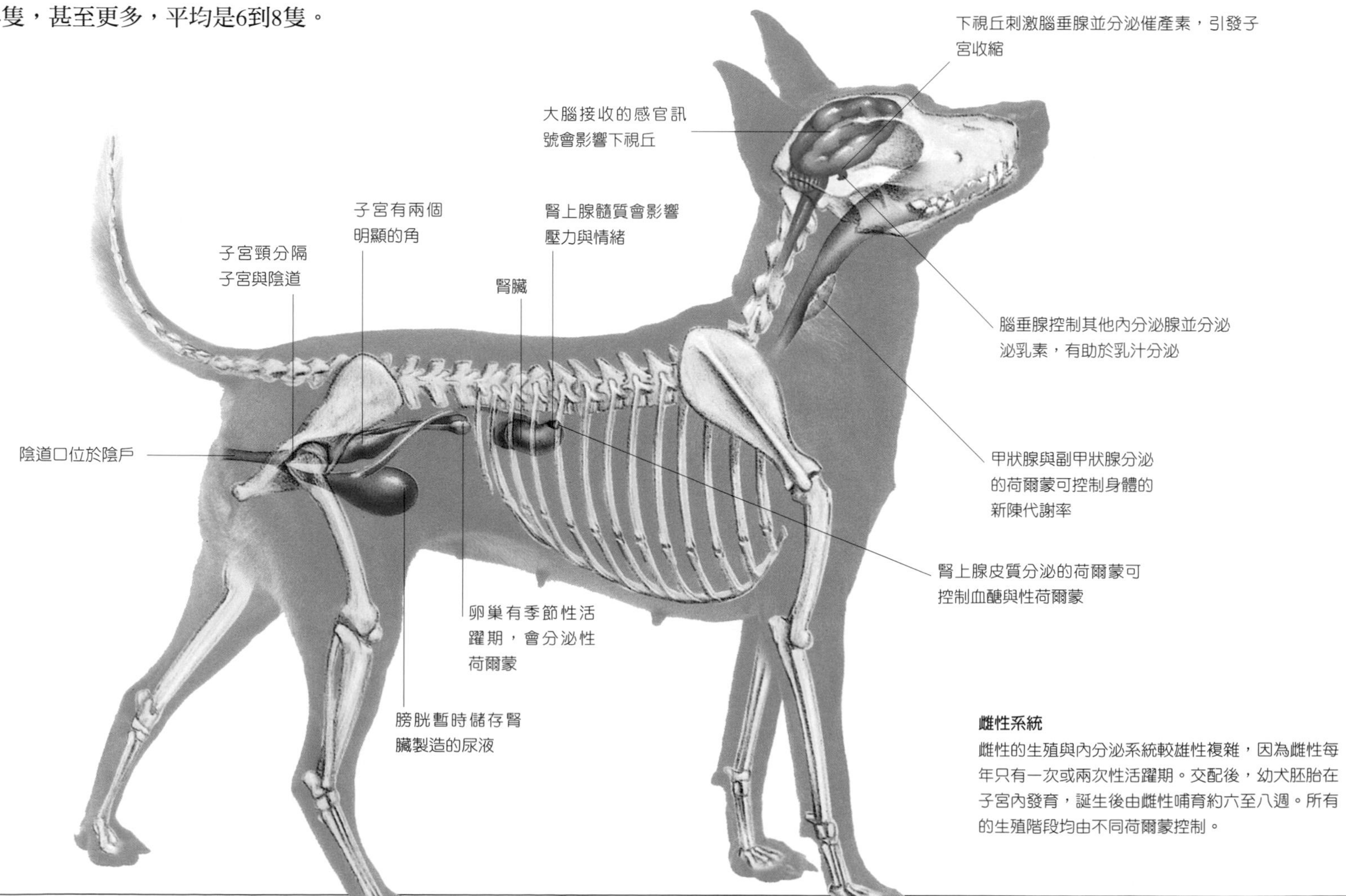

雌性系統
雌性的生殖與內分泌系統較雄性複雜，因為雌性每年只有一次或兩次性活躍期。交配後，幼犬胚胎在子宮內發育，誕生後由雌性哺育約六至八週。所有的生殖階段均由不同荷爾蒙控制。

皮膚與毛髮

狗的皮膚雖薄，但大多覆蓋著毛髮，足以提供保暖與保護的作用。犬科動物的毛髮分為許多類型：有些狗屬於「長毛」，有些則是短毛、剛毛、捲毛或長捲毛。少數品種為無毛犬，可能只有四肢長了少許毛髮。雖然狗的某些皮毛變化是物競天擇的結果，但多數的改變都是人為造成，有時是基於實用考量，但大多時候是為了流行。

皮膚結構

狗和所有哺乳動物一樣，皮膚是三層結構：表皮（最外層）、真皮（中層）、皮下組織（大多為脂肪細胞）。相較於人類，狗的表皮很薄，但有皮毛提供保護與保暖（除了少數無毛品種之外）。

狗的毛髮出自複合式毛囊，分為主要的護毛，和幾種較細的底毛，全都是由表皮的毛孔長出來。狗也有敏感的臉部毛髮，稱為觸毛，這種毛的毛根很深，供血量豐沛且神經分布密集，包括鬍鬚、眉毛和耳朵上的毛。

油脂腺體（稱為皮脂腺）與毛囊相連，會分泌一種叫做皮脂的物質進入毛囊。皮脂的功用就像皮膚的潤滑液，有助於維持毛髮的光澤與防水性。多數毛囊也有肌肉附著，能將毛髮豎起，攔截暖空氣，更明顯的是，在狗恐懼或憤怒時，會將頸背上的毛豎起。狗和人類不同，不會透過皮膚排汗，有作用的汗腺大多都位於腳掌的肉墊上。

被毛類型

下圖為幾種主要的被毛類型。多數品種都只有一個類型，但某些品種，如庇里牛斯牧羊犬（見50頁），則有幾個類型。多數類型的狗都有雙層毛，包含表層的護毛，主要功用在於防水，以及較短而柔軟的底毛。在絨毛犬中，例如鬆獅犬（見112頁），這種雙層毛可能極厚。有了這種保暖的皮毛，北半球的傳統雪橇犬如

無毛　單層短毛　捲毛　剛毛

雙層厚毛　半長毛　絲質長毛　繩狀毛

格陵蘭犬（見100頁），即使在最酷寒的環境中也不受影響。這類的狗連趾縫間都有長毛保護，長毛除了保暖，也讓牠們在雪上及冰上擁有絕佳摩擦力，此外牠們的腳掌血管構造也演化成有助於防止熱能散失（見14頁）。

人類如今單純為了外表而飼養毛量豐厚的長毛狗，不過有的長毛狗擁有厚重的毛皮，最初是為了戶外生活所需。例如，阿富汗獵犬（見136頁）就是來自阿富汗寒冷高山的視獵犬，而長鬚牧羊犬（見57頁）原先則是畜牧用工作犬。另一方面，小型約克夏㹴（見190頁）雖然是古老犬種，但牠絲般柔順的毛或許一直是裝飾性大於功能性。某些極具吸引力的狗如可卡犬（見222頁）和英國長毛獵犬（見241頁），則有半長毛，身體是中長度絲質毛，尾巴、腹部及腿部則是較長的飾毛（feathering）。

某些短毛狗的毛髮光滑而質地偏硬，通常只有護毛，最典型的例子就是大麥町犬（見286頁）及某些指示犬與獵犬。至於剛毛狗大多是㹴犬族群，牠們的護毛捲曲，產生一種粗糙、有彈性的觸感。這一類的毛在天氣寒冷時可發揮功用，適合㹴犬精力充沛的生活方式，例如挖掘或在林下灌叢中探索。捲毛的品種較不常見，其中最著名的就是貴賓狗（見229、276頁），狗展上的貴賓狗有時毛髮會被修剪得非常時髦。少數稀有品種如可蒙犬（見66頁）和匈牙利波利犬（見65頁）將捲毛發展到極致，成為類似辮子的長捲毛，幾乎將全身遮住。天然的基因突變造就出幾種無毛品種。墨西哥無毛犬（見37頁）和中國冠毛犬（見280頁）等品種已經存在了好幾百年，但要到近代，無毛才成為育種時刻意保留的特色。某些無毛犬在頭部與腳掌有幾撮毛，有的尾巴有尾羽。

所有飼主都知道，狗都會蛻毛。蛻毛是狗對季節變化的自然反應，在春天達到高峰，此時毛量會變得薄，以準備面對較溫暖的天氣。雙層毛的狗不論毛長或毛短，在厚重的底毛脫落時，蛻毛量都十分驚人。狗如果大多時候都待在暖氣供應充足的室內，蛻毛模式就會改變，一整年只會有少量毛脫落。

毛色

有些狗只有一種毛色或一種毛色組合，但許多狗有兩、三種以上的毛色變化。本書在品種介紹的章節中加入色樣，並力求最接近該品種的毛色。照片上的狗種若有其他顏色即以色樣表示。

一張色樣上可能有多種顏色。本圖例所顯示的顏色已在各品種的描述標準中說明，但同一種顏色可能有不同的名稱，例如，許多品種的毛色都以紅色來形容，但對查理王小獵犬與騎士查理王小獵犬，則用寶石紅來形容。對於毛色種類有限或可能有各種毛色的品種，則以最後一張的通用色樣來代表。

奶油、白、米白、金、黃

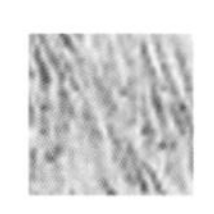
灰、灰白、灰石、鐵灰、灰斑、狼灰、銀

金、赤褐金、杏色、餅乾色、小麥色、沙色、淡沙色、芥末黃、稻草黃、蕨黃色、灰黃色、各種淺黃、淡棕、黃紅、貂色

紅、紅花、寶石紅、紅鹿色、深橘紅、砂紅色、淡紅褐、紅棕、栗棕、獅毛色、橘、雜色橙

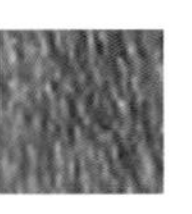
肝色、古銅色

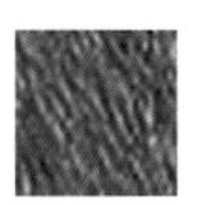
藍、藍灰、灰

深棕、棕、巧克力色、落葉色、深紅褐（哈瓦那）

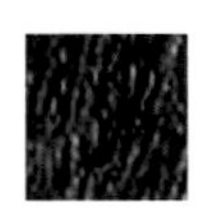
黑、近黑、黑灰

黑褐、奧地利黑褐獵犬色、黑褐色帶白斑、查理士王小獵犬色、黑灰褐、黑棕

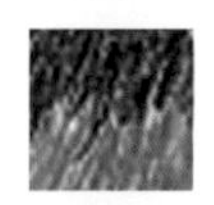
藍色帶褐斑、藍褐

肝色帶棕斑

金白（兩種顏色都可能是主色）、白栗色、黃白、白橘、淺褐白、白底帶橘、白底帶淺黃

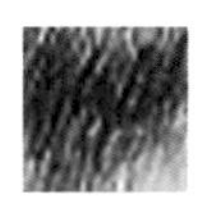
栗紅白、紅白、紅白斑

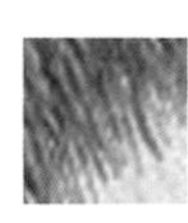
肝色與白色、赤褐底帶白、褐白（兩個顏色都可能是主色）、雜色紅、雜色、白底帶肝色點

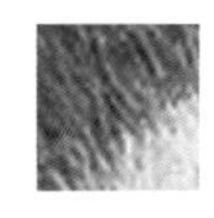
褐白（兩種顏色都可能是主色）

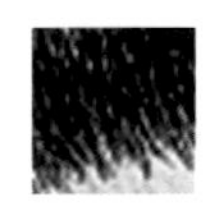
黑白（兩種顏色都可能是主色）、白斑、黑底白點、芝麻紋、黑芝麻紋、黑色帶銀

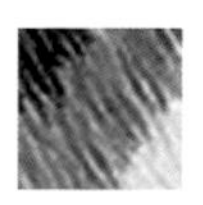
黑褐白、灰黑褐、白巧克力褐、查理王子色（也稱為三色）

斑色、黑斑色、深斑色、淺黃褐斑色、胡椒鹽色、各種紅斑色

多種顏色或任何顏色

狗與宗教、神話和文化

神聖的福犬

人與狗的關係早在人類有文明以前就已建立，因此不難想像數千年來，人狗之間已發展出深厚的文化連結。狗已經跨越性靈的界線，從人類在物質世界中的僕役，轉化成天堂與地獄的僕役。由於人類與犬科動物的情誼已經強化為愛與忠誠的關係，因此狗終於也被視為一種角色，在通俗文學及老少咸宜的娛樂文化中，都具有不可或缺的重要性。

狗自古就扮演著保護者的角色，因此在各種信仰體系中，自然而然被賦予守護神的象徵職務。在古埃及，從墓室壁畫及象形文字可知，冥界的亡靈嚮導胡狼頭神阿努比斯（Anubis）和狗有關。在馬雅古典時代（約公元300-900年間）的墓葬也發現類似的證據，證明狗在宗教上的重要性，狗的雕像與木乃伊顯示當時狗與飼主同葬，以帶領飼主亡靈進入死後的世界。阿茲提克人（14至16世紀）會以狗陶偶陪葬，甚至可能在宗教儀式中以狗為祭品。中國的佛寺入口常見福犬雕像（也就是石獅子），外型如獅，具有神聖的地位。

如今多數主要宗教大多鄙視犬類，有些宗教甚至將狗視為不潔的生物。但現今印度與尼泊爾部分地區的印度教徒卻將狗奉為天界的門神，認為狗與毘濕奴神　有關，據說毘濕奴神的四隻狗代表四大吠陀，也就是印度教的古聖典。在年度宗教慶典中，信徒會為狗戴上花圈，並在狗的額頭點上神聖的紅點。

犬的神話與傳說

狗兼具忠誠與駭人的特質，常出現在世界各國代代相傳的古典神話、傳說與民間故事中。其中最忠心的莫過於奧德修斯的獵犬亞哥斯，牠為了等主人回家，痴痴守候20年，最後搖了一下尾巴，嚥下最後一口氣。而最恐怖的大概非三頭犬刻耳柏洛斯（Cerberus）莫屬，牠是冥王黑帝斯的看門犬，捕捉刻耳柏洛斯是大力士海克力斯十二項艱鉅任務中最後也最危險的一項。

超自然故事中常出現幽靈犬。從南北美洲到亞洲，全球各地的民間傳說都有惡犬這個角色。許多源自英國與愛爾蘭的傳說中，幽靈犬通常是體型龐大的黑狗，會在墓園或荒涼的十字路口嚇人。幽靈犬的名稱因地而異，如犬魔（Barghest）、狗靈（Grim）等。就連夏綠蒂・勃朗特筆下意志堅強的女主角簡愛，在漆黑荒涼的路上以為自己看到北英格蘭的狗靈蓋特拉西時，也不免嚇了一跳。亞瑟・柯南・道爾爵士也將黑狗傳說融入他1901年的作品《巴斯克維爾的獵犬》。英國達特木地區的居民，都被這隻尾巴詭異、雙眼火紅的獵犬搞得人心惶惶。

忠犬亞哥斯
在荷馬（Homer）史詩《奧德賽》中，亞哥斯是奧德修斯的忠犬。奧德修斯在20年後喬裝打扮回到故鄉伊薩卡（Ithaca）時，亞哥斯最先認出他。

狗與文學

狗出現在文學作品中已經有兩千年之久，但最早期的書籍多為畜養工作犬（主要用於打獵）的實用指南。大約公元前500年寫成的《伊索寓言》，有幾十則故事都出現了狗，但這位希臘的道德勸說家是以狗來比喻人類的個性與缺點，例如貪婪或易受騙等。直到近幾世紀，狗成為人類的寵物和伴侶之後，人類才開始以狗原本的天性來看待狗。

早期虛構作品中具有不朽魅力的狗角色，應屬1592年莎士比亞《維洛那二紳士》中的「克拉波」，飼主是僕人羅昂斯，他悲傷地形容克拉波是「現存脾氣最壞的狗」。這隻冷酷的獵犬通常由真狗飾演，在舞臺上博取觀眾一笑，牠或許稱不上是「人類最好的朋友」，但多數有關狗

白牙

傑克·倫敦於1906年出版的小說《白牙》，描述的是一隻狗狼混血犬的故事。牠成功擊退幾隻狗之後，和一隻鬥牛犬打得難分難解，差點送了命。

一貓二狗三分親

《一貓二狗三分親》是1960年代著名的催淚電影之一，這部電影是根據同名小說改編，描述拉不拉多犬盧艾斯（Luath）、牛頭㹴博傑（Bodger）和不屈不撓的暹羅貓陶（Tao）為了返家，在危險重重的野外跋涉數百英里。

的故事，都以忠誠為故事主軸。

傑克·倫敦的作品是一個世紀前比較流行的典型文類，包括1903年的《野性的呼喚》、1906年的《白牙》等，這些故事一部分從狗的角度來敘述，結合了火爆動作場面。雖然這些書都包含了殘忍的元素，但仍成為經典文學作品流傳後世。

至於故事書中比較溫馨的長青狗角色，最受喜愛的一個是《彼得潘》中達令家的保母娜娜，一隻眼神哀傷的紐芬蘭犬（見78頁），負責送達令家的孩子上學、督促他們洗澡。另一個無數兒童熟悉的角色是提米，這隻有著蓬鬆亂毛的雜種狗，是伊妮德·布萊頓在1940至60年代推出的系列故事《五小大冒險》（Famous Five）中的第五個成員。提米幫助大家在各種不可思議的冒險中化險為夷，但還是比娜娜更接近一隻真狗，能讓小朋友馬上把牠想像成同伴。其他忠誠的狗角色包括少年偵探丁丁的好幫手白色㹴犬「白雪」（見209頁），以及《綠野仙蹤》裡桃樂絲的狗多多。

電影中的狗角色

自20世紀起，狗故事搬上大螢幕都是票房保證。數十年來，迪士尼的卡通狗角色不斷為觀眾帶來歡樂，包括傻里傻氣的布魯多、養尊處優的「小姐」與流浪狗「流氓」、一〇一忠狗（見286頁）等。其他由真狗演出的熱門電影包括《靈犬萊西》（見52頁）、《老黃狗》、《義犬情深》以及《一貓二狗三分親》。從莎士比亞「克拉波」建立的傳統，狗是電影中的絕佳丑角，許多主角都允許狗配角比自己更搶戲。這些在大螢幕上讓人難忘的狗角色包括1989年的《福將與福星》中協助警方調查、鬱鬱寡歡的英國獒犬，2008年《馬利與我》中調皮搗蛋的拉不拉多犬，以及2011年《大藝術家》中搶眼的傑克羅素㹴。

大藝術家

傑克羅素㹴烏吉（Uggie），曾在《改造先生》（Mr. Fix It）、《大象的眼淚》（Water for Elephants）和《大藝術家》中演出而成名。烏吉在《大藝術家》中的角色（圖為電影劇照）獲得全球讚譽，電影也榮獲多座獎項。

狗與藝術和廣告

不論是繪畫、雕刻、紡織品、攝影、商標，到處都見得到狗的形象；自人狗建立關係以來，狗對人類始終具有視覺吸引力，透過每一種媒介，以不靠語言的方式說故事，透露出飼主或描繪者的訊息，並反映不同時代的生活方式與品味。大多數的人都愛狗，也喜歡把狗當成藝術的主題。企業時常利用狗的形象來促銷商品與服務，往往都能成功吸引消費者的注意。

賀加斯與他的寵物巴哥犬川普

狗與繪畫

家犬的歷史可循著藝術發展史回溯。最早期的狗圖畫，大概是在非洲撒哈拉地區出土的史前岩畫，畫中呈現的是狗最初的角色，也就是人類打獵的幫手，有些權威機構推估，這些岩畫的歷史已經超過5000年之久。希臘羅馬古典時期有許多雕工精美的雕像，其中的狗外觀和現代的靈緹相似，且往往都與希臘女神阿耳忒彌斯（羅馬名為黛安娜）有關。不過西方古典藝術中最著名的狗並不是獵犬，而是在龐貝城火山灰中找到的生動鑲嵌畫，畫面上的看門狗被鍊子拴住，神情兇惡。到了較後期，在中世紀掛毯上則常見體型精瘦的視獵犬追捕鹿和獨角獸；描繪諾曼人入侵不列顛的著名貝葉掛毯上有大約35隻狗，只是大多在主畫面的邊緣。獵犬主題一路延續下來，在18世紀的打獵版畫上可見到成群的獵狐犬全力追捕獵物，還有19世紀坐擁土地的打獵同好喜愛的槍獵犬肖像，嘴裡常常叼著一命嗚呼的獵物。

岩畫
從新石器時代到21世紀，狗一直是藝術家喜愛的主題。這幅在阿爾及利亞撒哈拉沙漠的阿哈革高原出土的尤夫阿哈基特岩畫（Youf Ahakit）岩畫，是最早的狗圖像之一。

養狗到19世紀才成為一般家庭的常態，在此之前，狗通常只出現在富裕人家委託繪製的肖像畫中，不是陪伴在貴族身邊，就是被繫著緞帶的小朋友抱在懷裡。但幾世紀以來，狗一直是畫作中常見的角

《林伍德，布羅克斯比獵狐犬》
這幅比例精準的獵狐犬畫是由英國畫家喬治・史塔布斯於1792年所繪，可知當時獵狐犬的模樣。

貝葉掛毯
圖中為11世紀製作的貝葉掛毯（Bayeux　Tapestry）局部，描繪三隻大型犬與兩隻小型犬跑在獵人前方。

國王的伴侶
查理五世在提齊安諾・維伽略（Tiziano Vecellio，簡稱提香（Titian））的這幅肖像畫中，拉著自己養的其中一條大狗，提香藉此巧妙暗示了他龐大的權力。

色，作為日常生活的一分子或奢侈品等等。威廉・賀加斯（1697-1764）曾在一張自畫像中與他的寵物巴哥犬川普一同入畫，他在作品中以狗作為某種隱晦的社會評論。賀加斯畫中的狗大多在無人關心的情況下，做著狗會做的事，偷吃殘羹剩菜或抬腿撒尿。18世紀後期，喬治・史塔布斯等畫家開始以狗本身為主題。維多利亞時期的藝術家對狗採取更富感情的觀點，其中最著名的是艾德溫・蘭德瑟爵士（Sir Edwin Landseer，1802-1873），他畫下了充滿犧牲精神的紐芬蘭犬（見79頁）、活潑的㹴犬和高貴的獵鹿犬，體現了當時的美德與情感。

有些世界名畫也會出現一、兩隻狗，印象派、後印象派、超現實主義、現代主義及其他流派的藝術家各有不同的詮釋。雷諾瓦曾多次以狗為主題，包括坐在大腿上的狗、散步的狗和野餐的狗。他在名作《船上的午宴》的熱鬧場景中，畫了一隻小狗在前景吸引目光。另一位喜歡畫狗的畫家是皮耶・波納爾（1867-1947），不論是流浪狗還是家庭寵物，在他的作品中都展現出非常真實的性格。

薩爾瓦多・達利超現實畫作中的狗都是隱晦的象徵，比較令人不安。在《變形的水仙》（1937）中，飢腸轆轆的獵犬啃食著屍體，或許代表死亡與腐敗。同樣令人費解的還有超現實主義藝術家胡安・米羅的漫畫風格小狗，在幾近空白的畫布上對著一輪彎月嚎叫（《吠月之犬》，1926年）。愛狗的畢卡索只用了幾筆優雅的線條，就傳神地描繪出臘腸犬（見170頁）的神韻，他用簡單的素描畫了愛犬浪波（Lump），成為他最受歡迎的畫作之一。盧西安・弗洛依德把他兩隻心愛的惠比特犬伊萊（Eli）與布魯托（Pluto）畫進了幾幅知名的人像畫裡；在他的作品《女孩與白犬》（1950-1951）中，牛頭㹴與女性模特兒（弗洛依德的第一任妻子）同樣吸睛。

經典廣告標誌

在商業廣告界，狗的魅力已證實具有極大的價值。正如同畫家畫狗時會賦予象徵意義，行銷人員也發現狗是傳達訊息的有效工具，例如鬥牛犬代表堅強可靠，可用於推銷保險；大型長毛狗適合推銷家庭用品；毛茸茸的小型犬的形象則適合美容保養產品。

歷來最知名的廣告圖像之一，是一隻名叫「咬咬」（Nipper）的㹴犬，自1899年起用於HMV（His Master's Voice）唱片公司的商標。另一個歷史同樣悠久的，是一家蘇格蘭威士忌的品牌商標，圖案是一隻黑色蘇格蘭㹴（見189頁）和一隻西高地白㹴（188頁），自1890年代起就家喻戶曉。最早印有這個「黑白狗」商標的酒吧人偶、酒杯和菸灰缸，如今都是收藏家眼中的珍品。

隨著商業電視時代來臨，狗開始出現在電視廣告上，推銷包括油漆、信用卡在內包羅萬象的商品。自1970年代起，數以百計的可愛拉不拉多幼犬（260頁）就成了某個暢銷衛生紙品牌的吉祥物，在散開的捲筒衛生紙之間嬉戲打滾。自然而然地，狗也被用來宣傳寵物用品，透過雙眼晶亮、個性活潑的小狗，證明各種罐裝或包裝寵物飼料的絕佳品質，不過像1960、70年代最紅的廣告狗明星尋血獵犬「亨利」，其實就只是目光呆滯地坐著而已。

時尚圈也常基於「可愛就有賣點」的原則利用狗。在穿著高級訂製服的長腿模特兒身邊或奢侈品廣告中，狗尤其是理想的陪襯。如今在高級服裝雜誌中，都看得到很多巴哥犬（268頁）或吉娃娃（282頁）的照片，牠們脖子上戴著價值不斐的設計師品牌珠寶，或是從昂貴的手提包裡探出頭來。

His Master's Voice唱片
㹴犬「咬咬」目不轉睛地盯著一架發條留聲機的喇叭，這個圖案在1899年成為HMV唱片公司的商標，儘管新科技早已問世，仍繼續沿用到21世紀的今天。

狗與運動和工作

人與狗自從建立關係以來，就一直融洽地一同工作與玩樂。多數的狗天生就熱愛追逐與奔跑，世界各地的人類也很早就懂得把狗的這些天性運用在打獵和運動方面。要成為人類的工作夥伴需要符合很多要求，而犬科動物已經證明自己的智慧要做到這些是綽綽有餘的。狗十分樂於討好人類，也準備好承擔看守犬、牧羊犬、導盲犬、追蹤犬甚至是家庭幫手的責任。

打獵為樂

原始人藉狗的幫助捕捉獵物為食，但隨著文明的發展，帶狗打獵變成一種運動，但通常只有較富裕的俱樂部會員會從事這項活動。正如將近3000年前的繪畫所描繪，古埃及人打獵時所帶的狗，外型與如今某些大耳朵的視獵犬非常相似，例如法老王獵犬（見32頁）與伊比莎獵犬（見33頁）。而中國漢朝（公元前206-220年）的陵墓也有外型類似獒犬、體型健壯的寫實獵犬塑像出土，姿態似乎正「指向」獵物。

到了中世紀，歐洲君王與擁有土地的貴族，都熱衷於帶著各式各樣的狗出去打獵。他們會派出奔跑速度極快的獵犬（外型與現代的靈猩與獵兔犬類似）追捕小型獵物，而對於熊、野豬等危險獵物，則派出較大型的獵犬組成大小不一的狗群合力追捕，其中包括alaunt與lymer等如今已絕種的品種，牠們的外型與獒犬和尋血獵犬大致相似。

在後來的幾世紀裡，成群捕獵的狗演變成許多特色鮮明的品種，包括獵狐犬、獵鹿犬及獵獺犬。如今有些國家已立法禁止帶獵犬追捕活的獵物，但在模擬狩獵中，成群獵犬追蹤人為留下的氣味痕跡，仍保留了追捕獵物的刺激感。槍枝發明之後，愈來愈多人用槍獵捕水鳥，和雉雞、松雞等獵禽，因而發展出具有專門功用的獵犬。在如今仍持續繁殖與訓練的品種中，槍獵犬和長毛獵犬可引導槍口指向目標，小獵犬則適合鑽進低矮樹叢趕出獵物，而尋回獵犬則負責把被擊落的鳥禽帶回。

尋蹤與追獵
早期獵人欣賞獵犬追蹤氣味的能力以及追捕獵物的速度，因此與獵犬合作以提高打獵的成功率，正如這幅描繪海克力斯打獵情景的羅馬浮雕所顯示。

運動犬

人類利用狗來取樂的方式不是只有打獵而已。「困獸鬥」是最早、也最殘忍的「娛樂」活動之一，例如在古羅馬的競技場上，就曾以獒犬等健壯的大型犬與熊、公牛搏鬥，甚至是放狗互鬥。打鬥過程十分血腥，有一方勝利通常也代表另一方非死即殘。以㹴犬或老鼠進行的小規模困獸鬥也曾經風行一時。

人類還發明了其他許多利用狗來娛樂的活動，其中流傳最久遠的就是競速項目。追獵，也就是讓靈猩、惠比特犬或薩路基犬等跑得很快的視獵犬兩兩一組比賽追野兔，這項活動流行了近2000年，才被歐洲多數國家禁止。數百年來，靈 𤞑跑吸引了大批民眾觀賽；20世紀開始，有一些考驗速度與耐力的高難度比賽，都是針對雪橇犬隊舉行的競賽，這些雪橇犬對艱難、寒冷的氣候習以為常，如格陵蘭犬（

阿富汗獵犬賽跑
賽狗是一項流傳數世紀之久的大眾娛樂活動。包括阿富汗獵犬在內的幾個品種在賽道上追逐人工誘餌競速，先衝過終點線的獲勝。

集攏牲口
牧羊犬受過訓練，懂得集攏與放牧牲口，且天性吃苦耐勞，能在嚴苛的氣候環境中工作。圖為一隻邊境牧羊犬在紐西蘭的特威澤爾（Twizel）牧羊。

見100頁）及西伯利亞哈士奇犬（見101頁）等，牠們必須在環境嚴酷的北方奔馳數百公里完成比賽。而較溫和的比賽活動，則是讓狗穿過困難重重的障礙賽道，藉此展現敏捷、智慧和服從性。敏捷度競賽通常競爭十分激烈；不過多數比賽都只是低階的地方賽事，任何人的寵物只要喜歡跳過障礙物或鑽過管子都能參加。

工作犬

在服務人類這方面，狗的另一個早期職業是擔任看門犬及牲口牧犬，這項傳統至今仍在全球許多地區延續。在熊和野狼出沒的地區，放牧不見得是平靜的工作，人類因此培育出體型大而強健、具有強烈保護本能的犬種，例如東歐至今仍可見到的、皮毛厚重的牧羊犬，以應付危險的捕食者。

人類在駕馭犬科動物的力量方面，有時真的就是「駕馭」——把體型較大的狗拿來當馱獸，在極地冰層上拉雪橇、拖牛奶車，或拉著輕型馬車讓小朋友乘坐。過去有時候連小型犬都被當成動力來源：在豪宅和旅館的悶熱廚房裡，可能會看到可憐的㹴犬在滾輪中不停奔跑，轉動烤肉叉。

早在幾世紀以前人類就已經把狗送上戰場，在第一次及第二次世界大戰中，狗負責在人員無法進出的地區傳遞訊息、急救箱和彈藥。如今，受過訓練、能嗅出爆裂物的狗，也是軍隊的重要成員。警方與維安部隊也需要借助狗嗅出問題的能力。尋血獵犬懂得一面咆哮一面追捕逃逸嫌犯，而受過緝毒、救災等特殊訓練的狗，更是在相關工作上具有無比價值。

狗往往也讓家居生活變得更輕鬆。古阿茲提克人在寒夜裡會把無毛犬當成保暖包，但現代人的狗夥伴有時候必須更主動一點。導盲犬要幫助視障人士安全度過危險，包括過馬路和上下樓梯。許多有其他障礙或疾病的人士也仰賴受過訓練的狗，例如在癲癇即將發作時提出預警，甚至把髒衣服丟進洗衣機裡。醫院、收容所及安養院都會仔細挑選個性溫順的院犬，以提供安慰、分散患者注意力，如今這些院犬提供的服務相當於實質的治療，這點已廣受認可。

第二章

犬種介紹

多才多藝的古老犬

運動細胞發達的祕魯無毛犬過去有好幾百年一直被當成獵犬、看門犬、治療犬及陪伴犬，如今主要是當成寵物來飼養。

古老犬

許多現代品種都是針對特定特徵，經過數百年育種而得出的成果，但有少數品種，一般稱為古老犬，至今仍與野狼祖先的原始「藍圖」十分近似。所謂古老犬並無明確定義，有些權威人士甚至認為不應該區分出這個類別。

哪些品種屬於古老犬各方看法不一，是一個非常多元的群體，但大多具有類似野狼的典型特徵，包括豎耳、楔形頭部和尖口鼻，偏好嗥叫而非吠叫，通常毛短，毛色多樣，毛的密度隨原生地而異。多數古老犬一年只發情一次，不同於其他家犬一年有兩次發情期。

今天的犬類專家愈來愈關注鮮少受人為因素影響，且未經品種培育調整的狗。這些古老犬來自全球各地，包括北美洲的卡羅萊納犬（見35頁），以及在基因上與澳洲野犬十分相近的稀有新幾內亞唱犬（見32頁）。這些狗是自然演化而成，未受到人工培育方式篩選性情或外觀，因此無法視為完全馴化。新幾內亞唱犬已瀕臨絕種，因此比較可能出現在動物園而非一般家庭。

古老犬包含了好幾種狗，一般相信這些狗數千年來始終未受到其他品種影響。其中一種就是原產於非洲的貝生吉犬（見30頁），在原生地長久以來一直被當成獵犬，而後才成為大家喜愛的寵物。其他類似的例子還包括來自墨西哥與南美洲的無毛犬，是有毛品種的基因突變種，與古文物及藝術品中描繪的狗極為類似。

近期的基因調查顯示，本節納入的兩個品種：法老王獵犬（見32頁）與伊比莎獵犬（見33頁），不應再視為古老犬。這兩個犬種均已公認是3000年前繪畫中大耳埃及獵犬的直系後裔。然而基因證據顯示，牠們的譜系在這千百年間或許曾經中斷過，因此法老王獵犬和伊比莎獵犬很可能是現代人重新創造的古代品種。

貝生吉犬 Basenji

身高 40-43公分 | 體重 10-11公斤 | 壽命 10年以上 | 顏色多樣 胸口、腳掌、尾端可能有白毛

這個靈巧、優雅的品種總是隨時警戒，保護本能很強，但不會吠叫，而是用喉音嗥叫。

貝生吉犬是原產於中非的獵犬，也最古老的犬種之一。牠和迦南犬（見32頁）同屬於「獨立犬」（Schensi dog），也就是未完全馴化的犬種。貝生吉犬原本是俾格米人的狩獵犬，跟著部落過著半獨立的群體生活，但獵人也會利用牠們把大型獵物趕進網子裡。這些狗的脖子上繫著鈴鐺，用來驚嚇獵物。西方探險家在17世紀初次見到這些狗，以「剛果㹴」或「灌叢犬」這樣的名稱來稱呼牠。1930年代這種狗首度引進英國，從此命名為貝生吉犬（這是非洲剛果地區的語言之一，意思是「來自灌木叢的小東西」或「村民的狗」）。

貝生吉犬有一個非比尋常的特徵，就是不會吠叫，因為牠喉頭的形狀和大多數的狗都不一樣，因此只會嗥叫或嗚咽。有些利用貝生吉犬來打獵的非洲部落民族稱牠為「會說話的狗」。另一項明顯的特徵就是雌犬和野狼一樣，一年只發情一次，而非如家犬一年發情兩次。

貝生吉犬很親人，喜歡玩樂，是廣受喜愛的家犬。牠雖然對飼主家庭忠心耿耿，但思想相當獨立，因此可能需要細心訓練才懂得服從命令。這種狗跑得快、動作敏捷、智慧很高，可同時透過視覺與嗅覺鎖定獵物位置，也喜歡追逐和追蹤等活動。貝生吉犬需要大量的身心活動才不會覺得無聊。

全心奉獻的育犬家

薇若妮卡．都鐸一威廉斯（Veronica Tudor-Williams，下圖）是在1930年代後期把貝生吉犬從非洲引進英國的先鋒之一。在二次大戰糧食短缺期間，她仍持續用她的狗來繁殖幼犬並出口到北美洲，以建立當地的族群。1959年她前往南蘇丹，尋找原生貝生吉犬以改良品種。她帶回了兩隻原生犬，其中一隻是名為芙拉（Fula）的紅白相間母狗，雖從未參加過狗展，卻影響十分深遠，幾乎所有領有血統書的純種貝生吉犬都有她的基因。

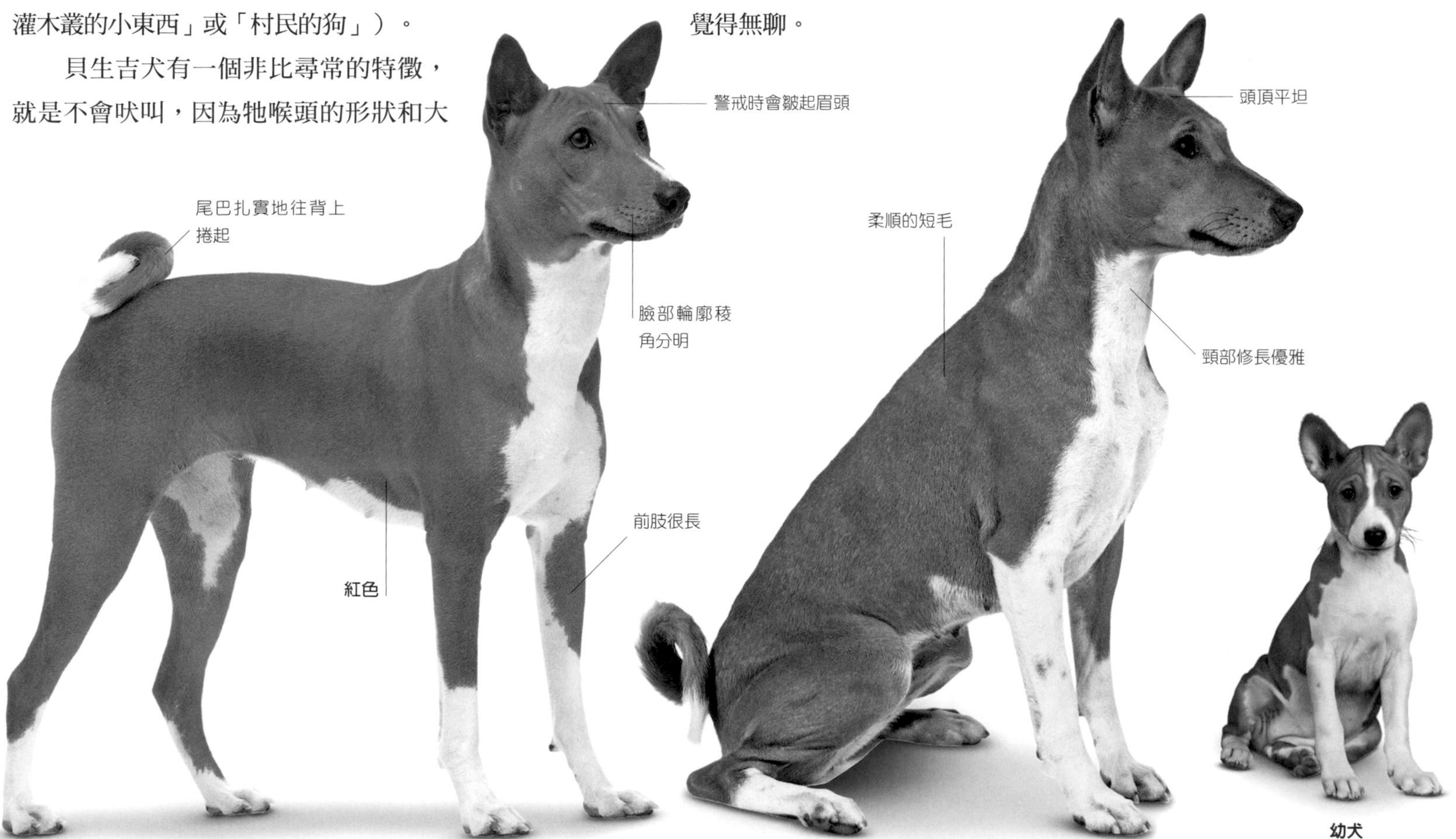

葡萄牙波登哥犬 Portuguese Podengo

剛毛小型波登哥犬

身高	體重	壽命	白色、黃黑色
小型 20-30公分 中型 40-54公分 大型 55-70公分	小型 4-5公斤 中型 16-20公斤 大型 20-30公斤	12年以上	白狗帶黃、黑或淡褐斑。小型狗可能是棕色。

全功能獵犬，只要身心能獲得充分活動，會成為樂趣十足的陪伴犬

葡萄牙波登哥犬是葡萄牙的國犬，據說是兩千多年前腓尼基人帶到伊比利半島的狗的後代。今天的波登哥犬可分為三種：小型、中型和大型。氣候潮溼的葡萄牙北部以短毛波登哥犬較常見，這種快乾毛較適合多雨的天氣。而在較乾燥的南部則以剛毛波登哥犬較常見。不論是哪一種，原本都是為了打獵而繁殖，如今在葡萄牙仍有人以波登哥犬作為獵犬之用。

葡萄牙人是航海民族，是最早在15、16世紀出海探險並殖民美洲的歐洲人，占領了部分加拿大與巴西。據說出海探險的船隻都將波登哥犬視為有用的資產，因為牠們能在航行途中幫忙消滅有害動物，抵達新的地方之後就恢復原本的用途。不過由於波登哥在葡萄牙語中泛指所有豎耳獵犬，因此早期這些隨行探險的狗或許和如今我們所認識的波登哥犬大不相同。

現代的葡萄牙波登哥犬，尤其是小型波登哥犬，快速成為廣受歡迎的陪伴犬，也已引進英國與美國。相反地，大型波登哥犬自1970年代起就愈來愈少，儘管有人在努力讓數量回升。不論體型大小，波登哥犬智商與警覺性都很高，是絕佳的看門犬。

體型適中

葡萄牙波登哥犬主要用於獵捕野兔和兔子，是古老的視獵犬，分為三種體型，以適合在各種地形活動。大型波登哥犬培育於葡萄牙中南部，主要用於在開闊地區打獵，因此以速度為重。中型波登哥犬體型較小、動作較靈活，主要生活於較北方，也就是獵物掩蔽處較多的地區。而體型最小的小型波登哥犬，則是在極茂密的林下狩獵，體型較大的狗在這種地形無法發揮。

短毛中型波登哥犬

短毛小型波登哥犬

卡羅萊納犬 Carolina Dog

身高 45-50公分
體重 15-20公斤
壽命 12-14年

深橘紅色
黑褐色

卡羅萊納犬又名「美洲野犬」，據說祖先是由來自亞洲的早期拓荒者馴化並引進北美。如今在美國東南部各州，仍有部分卡羅萊納犬過著半野生的生活。這種狗天性謹慎，需要從小教養才能成為寵物。

祕魯印加蘭花犬 Peruvian Inca Orchid

身高 50-65公分
體重 12-23公斤
壽命 11-12年

任何顏色
無毛犬膚色必定是粉紅色，但斑點顏色各有不同。

祕魯印加蘭花犬的真正起源已不可考，但已知這種狗在印加文明中具有重要地位。該犬種分為兩種類型：無毛及有毛。無毛印加蘭花犬皮膚較脆弱，適合生活在室內而非室外。

祕魯無毛犬 Peruvian Hairless

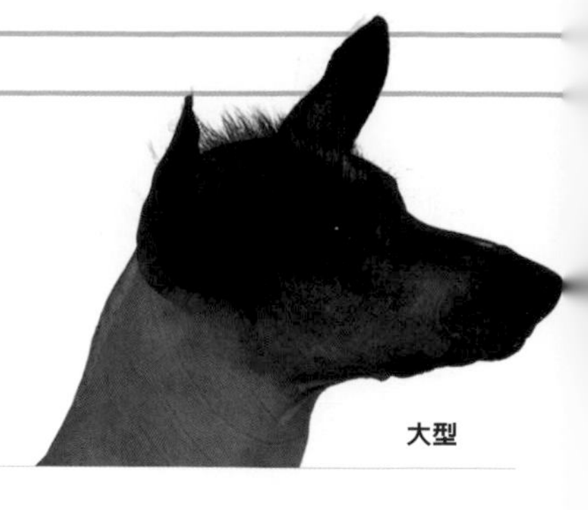

身高	體重	壽命	毛色
小型 25-40公分 中型 40-50公分 大型 50-65公分	小型 4-8公斤 中型 8-12公斤 大型 12-15公斤	11-12年	金色 深棕色 黑色

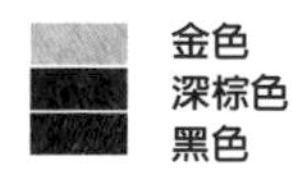

祕魯無毛犬性情溫和、聰明，動作敏捷，與飼主十分親近，但遇到陌生人可能很害羞

南美洲的無毛犬歷史可追溯至印加時期以前；在公元前750年的陶器上已有無毛犬的圖案。這種狗既活潑又優雅，常見於印加貴族家中。

安地斯山民族認為這些賞玩犬能帶來好運、改善健康，因此會抱著牠們減輕疼痛。這種狗的尿液和糞便也可能被當成藥材。如果有人亡故，有時也會以無毛犬的藝品陪葬，在死後的世界跟亡者作伴。

16世紀西班牙人占領祕魯後，將無毛犬撲殺到幾近滅絕。不過有一些無毛犬倖存了下來，自2001年起，祕魯無毛犬已成為受保護的犬種，是祕魯的「國家遺產」之一。2008年祕魯贈送美國總統歐巴馬一隻祕魯無毛犬作為寵物。

祕魯無毛犬分為三種體型：小型、中型和大型。無毛的特徵（通常伴隨部分臼齒及前臼齒的缺少）是由某個隱性基因所造成，但偶爾在同一胎中也會出現有毛犬。這種狗細緻的皮膚容易受寒及曬傷，因此需要一些保護。

歷史悠久

在印加時期以前，位於祕魯沿海地區的納斯卡文明以繪製巨型幾何圖形著稱，這些圖案統稱為納斯卡線。在各種設計與形狀中，有超過70種不同動物，其中也包括狗。狗的圖案是在公元100年至800年間繪製，長度達51公尺，是藉由刨除表層砂礫露出下方顏色較淡的岩石而繪成。下面這幅狗圖案描繪的可能就是祕魯無毛犬的祖先。

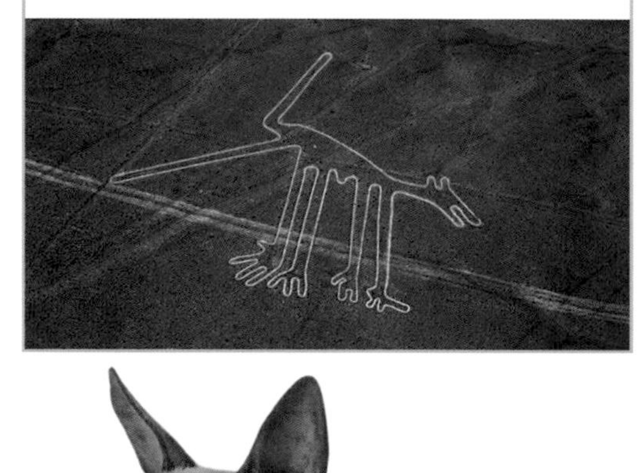

墨西哥無毛犬 Xoloitzcuintle

身高	體重	身高	顏色
小型 25-35公分 中型 36-45公分 標準型 46-60公分	小型 2-7公斤 中型 7-14公斤 標準型 11-18公斤	10年以上	紅色 肝色或古銅色（如右圖）

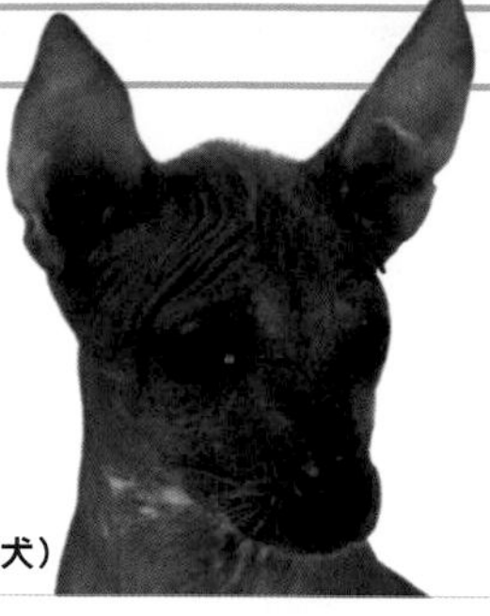

小型（幼犬）

墨西哥無毛犬性情冷靜，警覺性高，十分容易照料，是可愛而有趣的陪伴犬

墨西哥無毛犬的正式名稱為Xoloitzcuintle（或Xolo，發音類似「修羅」），至少3000年前就出現在陶瓷畫或塑像中，在阿茲提克、馬雅及其他中美洲民族的墓穴也都有無毛犬文物出土。

在西班牙人占領墨西哥以前，無毛犬在當地是重要的陪伴犬及暖床工具。此外這種狗也具有神聖的意義，是守護家庭、防止邪靈入侵的看門犬，也是引導亡靈穿越冥界的嚮導。有些宗教儀式會把狗當成祭品，或在儀式中吃狗肉；由於這些習俗，無毛犬幾乎滅絕。直到20世紀中期繁育者才開始努力復育無毛犬。

目前已知墨西哥無毛犬分為三種：小型、中型和標準型，和所有無毛犬一樣，不是一般人都能接受的狗，因此始終十分稀有。不過，墨西哥無毛犬的性情溫和、親人而且十分聰明，是理想的陪伴與看門犬，也有人開始將牠當成服務犬，用於緩解慢性疼痛，正好呼應牠們古代的角色。此外，因為牠沒有毛，正是過敏患者理想的寵物。

有用的伴侶

墨西哥無毛犬摸起來很溫暖，主要是因為沒有毛皮，體溫容易發散。這項特點在古代深受農民喜愛，他們常利用無毛犬來暖床。這就是英文諺語「三犬之夜」的由來，用來形容極為寒冷的夜晚。古代人也認為墨西哥無毛犬的體溫具有療效，因此會將牠靠在身體疼痛之處，發揮熱敷的作用。

墨西哥陶犬，公元前100年至公元300年

救援工作

這隻名叫貝里（Baerli）的德國牧羊犬在雪地中搜索洞穴，這是雪崩搜救工作的訓練項目之一。

工作犬

人類要狗做的事情多到不勝枚舉。自從數千年前狗被人馴化以來，狗就開始協助守衛家園、拯救性命、上戰場、看護病患與身障人士等包羅萬象的任務。本節收錄的犬種，最初培育的目的都是用於畜牧和守衛工作。

工作犬這個類別的多樣化程度極高，一般而言體型偏大，也有少數較小的狗，但體格都很壯。工作犬有很強的力量和耐力，很多品種都能全天候在戶外生活。

會把羊群趕在一起的長毛牧羊犬，是多數人對牧羊犬的典型印象，但還有很多其他類型的狗也用於畜牧工作，一般人知道的主要用於放牧和守衛。牧犬有驅趕牲口的本能，不過工作方式不盡相同。例如，邊境牧羊犬（見51頁）會以追蹤和凝視維持羊群的秩序，而傳統的牧牛犬如威爾斯柯基犬（58、60頁）及澳洲牧牛犬（62頁）則會輕咬牲口腳跟，有的工作時會吠叫。守衛型牧羊犬，包括馬瑞馬牧羊犬（69頁）及大白熊犬（78頁）等高山品種，主要功用在於保護牲口不被野狼等捕食者攻擊，這些犬種通常體型龐大，大多擁有厚重的白毛，幾乎可以完全融入一同生活的羊群中，保護所有牲口的生命。

另一種守衛工作往往由獒犬類的狗來執行，這些狗從外型可看出是古代文物和建築橫飾帶上的雕刻中所出現的，體型龐大的馬魯索斯犬後代。鬥牛獒（見94頁）、波爾多獒犬（89頁）及紐波利頓犬（92頁）等品種獲得全球各地的維安部隊採用，也常負責看守門戶。這些狗通常體型龐大且孔武有力，耳朵較小（在尚未禁止剪耳的國家，飼主通常會為這些狗剪耳），上唇兩旁下垂。

許多工作犬也是絕佳的陪伴犬。牧犬極為聰明，通常很容易訓練，且往往喜歡在敏捷度競賽等犬賽中運用牠們的技能。牲口守衛犬因體型龐大且具有保護本能，較不適合家庭生活。近幾十年來，有許多人把獒犬當成寵物。雖然有些獒犬品種原本是為了打鬥而繁殖，但如果在家中飼養，並從小與人互動，還是可以當作寵物。

薩爾路斯狼犬 Saarloos Wolfdog

身高 60-75公分
體重 35-40公斤
壽命 10年以上

奶油色
棕色

薩爾路斯狼犬是經過選擇性雜交所產生的一種德國牧羊犬類的狗，外型特徵與狼相近。雖然據說這個新犬種可作為導盲犬，但經驗證實薩爾路斯狼犬較適合當成寵物與陪伴犬。不過這種狗需要細心對待。

捷克狼犬 Czechoslovakian Wolfdog

身高 60-65公分
體重 20-26公斤
壽命 12-16年

捷克狼犬是透過育種計畫產生的品種，最初以德國牧羊犬與狼雜交，因此承襲了野狼的許多特徵。這種狗速度快、膽子大、調適能力強，對陌生人警覺性高。此外十分忠心，能服從熟悉的飼主，這些都是理想的家犬特質。

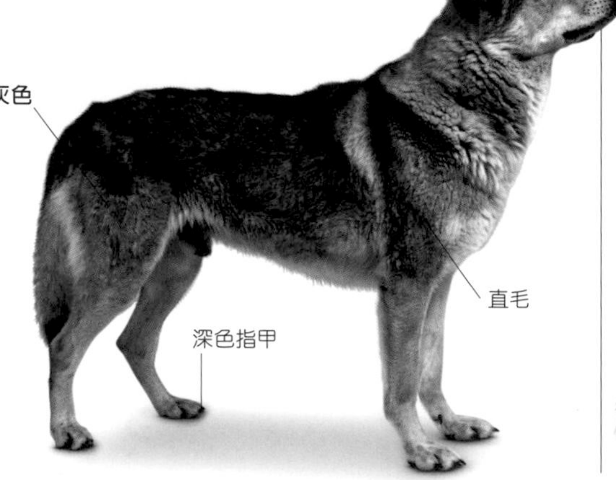

國王牧羊犬 King Shepherd

身高 64-74公分
體重 41-66公斤
壽命 10-11年

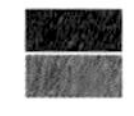

黑色
貂色帶黑斑
黑狗可能有紅色、金色或奶油色毛。

國王牧羊犬源自美國，於1990年代後期成為正式犬種。這種狗體型大，外型俊美，明顯帶有德國牧羊犬（見42頁）的血統。國王牧羊犬喜愛擔任牧犬或守衛工作，但性情平和，很有耐性，因此也很適合作為居家寵物；分為短毛與粗毛兩型。

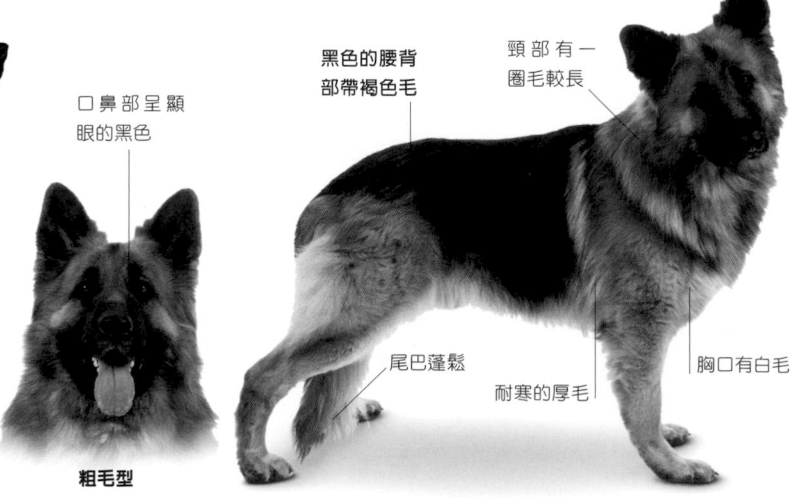

拉坎諾斯犬 Laekenois

身高 55-66公分
體重 25-29公斤
壽命 10年以上

在四個比利時牧羊犬品種中，剛毛的拉坎諾斯犬是最早發展出來的，源於1880年代，以安特衛普附近的拉坎城堡（Château de Laeken）為名，曾深受比利時王室喜愛。拉坎諾斯犬十分罕見，這種個性開朗的狗理應得到更多人欣賞。

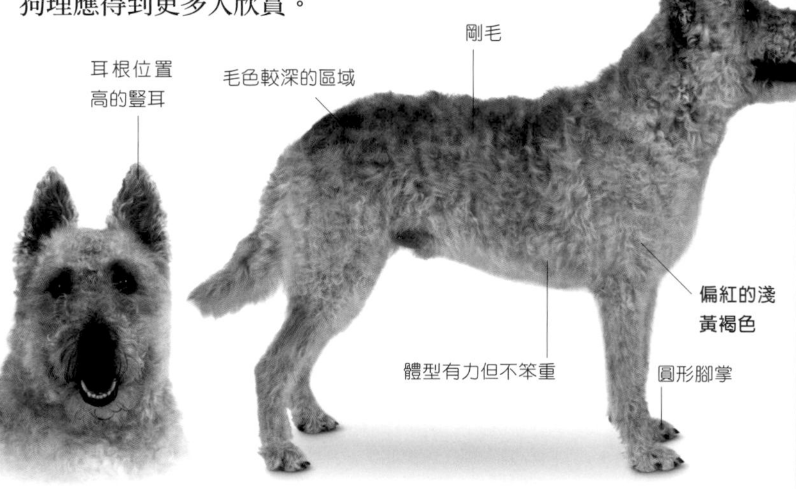

格羅安達犬 Groenendael

身高 55-66公分
體重 23-34公斤
壽命 10年以上

格羅安達犬是1893年在布魯塞爾附近的格羅安達村，由一家養狗場以黑毛比利時牧羊犬選育而來。這種外型俊美的犬種如今極受歡迎。和大多數牧羊犬一樣，飼養格羅安達犬必須讓牠從小與人互動，並以堅定而溫柔的方式加以控制。

馬利諾犬 Malinois

身高 55-66公分
體重 27-29公斤
壽命 10年以上

灰
紅
所有顏色的個體表面都有黑毛

一般相信馬利諾犬源自比利時的馬連（Malines），是比利時牧羊犬中的短毛品種，和其他比利時牧羊犬一樣是天生的守衛犬。雖然馬利諾犬的行為較難預料，但只要盡心訓練，仍能與人相處和睦，成為忠心的夥伴。

特伏丹犬 Tervueren

身高 55-66公分
體重 18-29公斤
壽命 10年以上

多種顏色
所有顏色的個體表面都有黑毛

特伏丹犬是全球最受歡迎的比利時牧羊犬，由比利時一位育犬者培育而成，犬種名稱就取自所在地的村莊。特伏丹犬有強烈的保護本能，是常見的守衛犬或警犬。尖端帶黑色的美麗毛皮會定期蛻毛，需要經常梳理。

德國牧羊犬 German Shepherd Dog

身高	體重	壽命	毛色
58-63公分	22-40公斤	10年以上	貂色 黑色

這種牧羊犬是全世界最常見的犬種之一，聰明而多才多藝，是忠誠的陪伴犬。

德國牧羊犬是由德國騎兵隊上尉馬克斯・馮・施特芬尼斯（Max von Stephanitz）以守衛犬和畜牧犬配種而成。最早出現於1880年代，1899年於德國註冊為德國牧羊犬（Deutsche Schäferhund）；第一隻註冊的德國牧羊犬是名為霍蘭德・馮・格拉夫斯（Horand von Grafrath）的雄犬。

在一次大戰期間，英國人將德國牧羊犬更名為「阿爾薩斯狼犬」（Alsatian）。之所以選擇這個新名字，是因為第一批引進英國的德國牧羊犬，是由在阿爾薩斯－洛林（Alsace-Lorraine）服役的士兵帶回，也因為如此可以避免提到德國；基於相同理由，美國人也將德國牧羊犬更名為「牧羊犬」。英美兩國的士兵都對這種狗的能力讚嘆不已。

德國牧羊犬的適應力強、服從性高，已證明極適合擔任守衛犬及追蹤犬，也常為全球警方和軍方所用。此外，德國牧羊犬也可擔任搜索與救援犬及為視障人士服務的導盲犬。

現代品種有從長毛到短毛的各種類型。德國牧羊犬以凶猛著稱，但由聲譽良好的養殖人員繁殖的狗，通常性情穩定。這種狗需要以冷靜、權威式的方法管理，以免主控權落入牠們手中，不過德國牧羊犬生性勇敢，而且學習慾強。牠們需要大量運動，在保護家園等「工作」上表現良好。只要盡責照顧，德國牧羊犬會是忠心、忠誠的家庭成員。

超級狗明星

任丁丁（Rin Tin Tin，下圖）是由美國海軍陸戰隊隊員李・鄧肯（Lee Duncan）於一次大戰戰場中救回，而後隨鄧肯回到美國加州，接受訓練演出電影。任丁丁一共演出28部好萊塢電影，成為家喻戶曉的大明星，並於1929年以最高票獲選為奧斯卡最佳演員。不過，美國影藝學院擔心把獎項頒給動物會影響學院的信用，因此將該獎項頒給得票數第二高的演員。任丁丁於1932年逝世，但牠的一些後代在鄧肯的訓練下也參與電影演出。

皮卡第牧羊犬 Picardy Sheepdog

身高 55-65公分
體重 23-32公斤
壽命 13-14年

深灰
淺黃褐色斑點
可能有白毛。

皮卡第牧羊犬的歷史並不明確。這個外表強悍的品種可能是在一個多世紀以前起源於法國東北部的皮卡第區。這種狗只要經過冷靜有耐心地訓練，可以成為親人的陪伴犬，以及兒童理想的玩伴。看起來蓬亂的毛其實相對容易梳理。

荷蘭牧羊犬 Dutch Shepherd Dog

身高 55-62公分
體重 30-31公斤
壽命 12-14-年

淺黃褐色斑點

荷蘭牧羊犬在荷蘭以外地區不常見，就連在荷蘭當地也不算普遍，過去200年來，荷蘭牧羊犬已經從全方位農場犬發展成多功能犬種，如今不但是軍犬、警犬、導盲犬，也參加服從度競賽。這種狗個性可靠，能與家中成員親近，且天生對陌生人有警戒心。荷蘭牧羊犬分為三種類型：長毛、短毛和粗毛。

馬地犬 Mudi

身高 38-47公分
體重 8-13公斤
壽命 13-14年

淺黃褐色　咖啡色
藍灰色、煙灰色
有的有白斑。

這個稀有犬種性情強悍、大膽、精力充沛，原本是匈牙利牧羊人和牧牛人的工作犬。馬地犬友善且適應力佳，因此也是理想的家犬。需要大量運動以維持身材和健康，接受同理心訓練有很好的成果。

雪納瑞犬 Schnauzer

身高 45-50公分
體重 14-20公斤
壽命 10年以上

黑色

這種中型的雪納瑞犬在1880年代於德國南部成為正式犬種。雪納瑞犬警覺性高、行動敏捷，主要當成多功能農場犬，以擅捕老鼠而聞名。這種狗個性溫和而親人，但喜歡玩樂，是今天廣受喜愛的家庭寵物。

巨型雪納瑞犬 Giant Schnauzer

身高	體重	壽命	
60-70公分	29-41公斤	10年以上	胡椒鹽色

這種狗性情平和、聰慧、容易訓練，而且體格強壯，有強烈的防衛本能

巨型雪納瑞犬體格強壯而結實，是由標準體型雪納瑞犬（見45頁）與當地較大體型犬種雜交而來，一般相信包括大丹犬（96頁）及法蘭德斯畜牧犬（右頁）。

巨型雪納瑞犬擁有強健的骨架與防風雨的皮毛，原本為農場工作犬，用於放牧和驅趕牛群。到了20世紀初，巨型雪納瑞犬聰慧、易於訓練的特性，加上碩大的體格，都被認為是守衛犬的理想特質。於1930年代首度引進美國，1960年代引進英國，1970年代起在歐美地區獲得大眾喜愛。

如今巨型雪納瑞犬在歐洲各地大多用於維安目的，包括擔任警犬以及負責追蹤、搜索、救援等工作。由於個性沉穩，因此也適合擔任居家看門犬及寵物。雖然體型龐大，但只要運動量充足，這種狗十分容易管理，且學習速度快，在服從性與敏捷度方面表現卓越。巨型雪納瑞犬濃密捲曲的雙層毛需要定期照顧，每天都需要梳理，且每隔幾個月就需要修剪（「塑型」）。

平安無事

這張郵票是在1970年代末於東德發行，顯示一隻已剪耳、剪尾的典型巨型雪納瑞犬工作時的姿態。早在一次大戰爆發前，就有人發現巨型雪納瑞犬很適合擔任警犬——龐大的體型和驚人的吠叫聲已證明足以嚇阻宵小。雖然該品種在德國很受歡迎，但其他國家仍偏好由德國牧羊犬擔任這類型工作。

1970年代末東德發行的郵票

法蘭德斯牧牛犬 Bouvier des Flandres

身高	體重	壽命	各種顏色
59-68公分	27-40公斤	10年以上	胸口可能有白色小斑點。

第一家庭犬

「幸運」（Lucky）是在白宮住過體型最大的狗之一，這隻法蘭德斯牧牛犬幼犬是1984年12月贈與南西．雷根的禮物。隨著幸運逐漸長大，她變得愈來愈強壯和調皮，開始在媒體拍照時拉著總統到處跑（見下圖），顯然有違領導人掌控大權的形象。1985年11月，幸運被送往雷根家族位於加州的農場，換了一隻體型較小、較容易掌控的查理士王小獵犬，名叫雷克斯（Rex）。

法蘭德斯牧牛犬忠心、勇敢、個性獨立，適合城市及鄉間生活，但需要廣大空間及經驗豐富的飼主

牧牛犬品種源自於比利時與法國北部，主要用於畜牧、守衛和趕牛；法文bouvier這個字指的是「牧牛犬」。在各種牧牛犬中，以法蘭德斯牧牛犬最為常見。

一次大戰期間，法蘭德斯牧牛犬被當成信差犬和急救犬（引導救護人員至傷患身邊），但在這場戰爭中，法蘭德斯犬傷亡慘重，導致整個品種幾乎滅絕。一隻名叫尼克（Nic）的倖存雄性犬於是成為現代品種的雄性祖先。1920年尼克於比利時安特衛普奧運會場上現身，經認可為牧牛犬的「理想典型」。培育者在1920年代努力復育法蘭德斯牧牛犬。

如今該品種被視為重要的守衛犬也是家庭寵物。法蘭德斯牧牛犬個性沉穩、容易訓練，但具有強烈的保護本能，至今仍為軍方與警方所用，也常擔任搜救犬。雖然法蘭德斯牧牛犬原本是戶外犬，但只要每天給予足夠的運動量，也能適應都會區的家庭生活。這種狗每週需要梳毛數次，每三個月必須剪一次毛。

葡萄牙牧羊犬 Portuguese Sheepdog

身高 42-55公分
體重 17-27公斤
壽命 12-13年

各種顏色
胸口可能有少量白毛。

葡萄牙牧羊犬毛長而蓬亂，動作敏捷，在葡萄牙有些人稱牠為「猴犬」。這種狗喜歡待在戶外牧羊，活力十足，極為聰明，因此在葡萄牙愈來愈多人將牠當成陪伴犬或競賽犬飼養，不過在其他地方很少見。

加泰隆牧羊犬 Catalan Sheepdog

身高 45-55公分
體重 20-27公斤
壽命 12-14年

灰色
貂色
黑褐色
可能有白毛。

加泰隆牧羊犬原產於西班牙加泰隆尼亞，生性吃苦耐勞，是牧羊犬也是守衛犬，一身迷人的長毛可以防風抗雨，幾乎可以在任何天候狀態下工作。這種狗智商高、性格平靜、喜歡討好人，因此相對容易訓練，也很適合當成家庭寵物。

庇里牛斯牧羊犬 Pyrenean Sheepdog

身高 38-48公分
體重 7-14公斤
壽命 12-13年

灰色
藍色
黑色
黑白色
藍毛可能是藍黑色、深藍灰或斑色。非混合色較受歡迎。

里牛斯牧羊犬算是牧羊犬中體型較小、骨架較輕的品種，曾經有很長一段時間都在法國庇里牛斯山區幫人牧羊，直到20世紀初，原生山區以外的地方才知道有這個品種。庇里牛斯牧羊犬身軀輕盈、精力旺盛，對任何有趣的活動都躍躍欲試，在敏捷度競賽等犬科比賽中表現優異。對於好動的家庭而言，庇里牛斯牧羊犬是絕佳的寵物，有長毛與半長毛兩種類型，臉部也有短毛與長毛之分。

法蘭德斯牧牛犬 Bouvier des Flandres

身高	體重	壽命	各種顏色
59-68公分	27-40公斤	10年以上	胸口可能有白色小斑點。

第一家庭犬

「幸運」（Lucky）是在白宮住過體型最大的狗之一，這隻法蘭德斯牧牛犬幼犬是1984年12月贈與南西．雷根的禮物。隨著幸運逐漸長大，她變得愈來愈強壯和調皮，開始在媒體拍照時拉著總統到處跑（見下圖），顯然有違領導人掌控大權的形象。1985年11月，幸運被送往雷根家族位於加州的農場，換了一隻體型較小、較容易掌控的查理士王小獵犬，名叫雷克斯（Rex）。

法蘭德斯牧牛犬忠心、勇敢、個性獨立，適合城市及鄉間生活，但需要廣大空間及經驗豐富的飼主

牧牛犬品種源自於比利時與法國北部，主要用於畜牧、守衛和趕牛；法文bouvier這個字指的是「牧牛犬」。在各種牧牛犬中，以法蘭德斯牧牛犬最為常見。

一次大戰期間，法蘭德斯牧牛犬被當成信差犬和急救犬（引導救護人員至傷患身邊），但在這場戰爭中，法蘭德斯犬傷亡慘重，導致整個品種幾乎滅絕。一隻名叫尼克（Nic）的倖存雄性犬於是成為現代品種的雄性祖先。1920年尼克於比利時安特衛普奧運會場上現身，經認可為牧牛犬的「理想典型」。培育者在1920年代努力復育法蘭德斯牧牛犬。

如今該品種被視為重要的守衛犬也是家庭寵物。法蘭德斯牧牛犬個性沉穩、容易訓練，但具有強烈的保護本能，至今仍為軍方與警方所用，也常擔任搜救犬。雖然法蘭德斯牧牛犬原本是戶外犬，但只要每天給予足夠的運動量，也能適應都會區的家庭生活。這種狗每週需要梳毛數次，每三個月必須剪一次毛。

阿登牧牛犬 Bouvier des Ardennes

身高 52-62公分
體重 22-35公斤
壽命 10年以上

各種顏色

阿登牧牛犬源自比利時亞耳丁（Ardennes），這個吃苦耐勞、活潑的品種原本用於牧牛，但如今不論是作為工作犬或家犬，阿登牧牛犬都十分罕見。多虧了少數熱心的飼主，這個品種才能延續至今。由於阿登牧牛犬的適應力強、對生活充滿熱情，未來數量可望再度增加。

克羅埃西亞牧羊犬 Croatian Shepherd Dog

身高 40-50公分
體重 13-20公斤
壽命 13-14年

以牧羊犬而言，克羅埃西亞牧羊犬的體型較小、骨架也較小。這種狗個性活潑、具有警覺心，容易訓練成工作犬，但因具有牧羊天性和守衛本能，因此當成家犬則可能較難管教。最大的特點在於獨特的波浪狀毛或捲毛。

薩普蘭尼那克犬 Sarplaninac

身高 58公分以上
體重 30-45公斤
壽命 11-13年

各種單色

這個讓人印象深刻的犬種原名伊利里亞牧羊犬（Illyrian Shepherd Dog），如今已改以牠的發源地為名，也就是馬其頓的薩普蘭尼那克山（Sarplanina Mountains）。薩普蘭尼那克犬基本上屬於戶外工作犬。雖然個性和善（但保護性強），但就體型與活力而言，並不適合當成家庭寵物。

喀斯特牧羊犬
Karst Shepherd Dog

身高 54-63公分
體重 25-42公斤
壽命 11-12年

原名為伊利里亞牧羊犬，為了與另一個同名品種區分，而在1960年代更名為喀斯特牧羊犬或伊斯特里亞（Istrian）牧羊犬。這個犬種主要於斯洛伐尼亞的喀斯特高山區擔任牧犬及守衛犬。這種表現傑出的工作犬只要經過細心訓練、從小與人相處，也可以成為理想的陪伴犬。

艾斯垂拉山犬
Estrela Mountain Dog

身高 62-72公分
體重 35-60公斤
壽命 10年以上

狼灰色或黑斑色
腹部和肢體末端可能有白毛。

勇敢而吃苦耐勞的艾斯垂拉山犬是來自葡萄牙艾斯垂拉山的牲口守衛犬，主要工作是保護牲口不受野狼等捕食者攻擊。艾斯垂拉山犬忠心而友善，但十分固執，若要當成寵物飼養，必須持之以恆且有耐心地施以服從訓練。有長毛與短毛型。

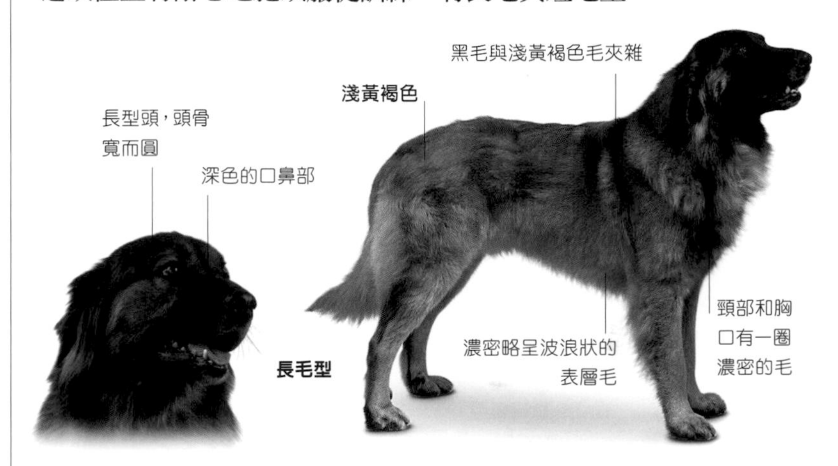

葡萄牙守衛犬
Portuguese Watchdog

身高 64-74公分
體重 35-60公斤
壽命 12年

狼灰色 **黑色**
毛色可能帶有花紋：白毛有塊狀色斑。

葡萄牙守衛犬可能是過去游牧民族自亞洲帶往歐洲的強壯獒犬的後代。這個品種又名阿蘭多獒犬（Rafeiro de Alentejo），是以葡萄牙阿倫德如（Alentejo）地區為名。葡萄牙守衛犬過去主要用於守衛，警戒心強且對陌生人多疑，不論體型或力氣都很驚人，雖然個性並不凶猛，但不建議新手飼主飼養。

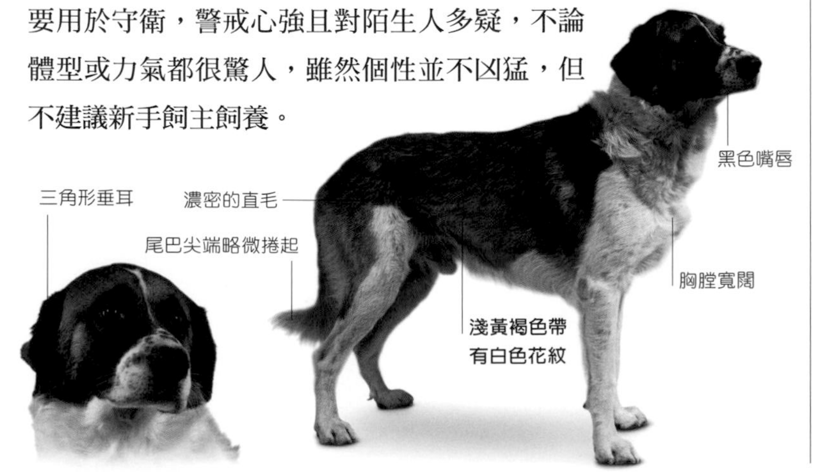

卡司特羅拉波雷羅犬
Castro Laboreiro dog

身高 55-64公分
體重 25-40公斤
壽命 12-13年

狼灰色
胸口可能有白色小斑點花紋。

卡司特羅拉波雷羅犬源於葡萄牙北部山區，以牠發源的村莊為名，有時也稱為葡萄牙牧牛犬（Portuguese Cattle Dog），主要擔任牲口守衛犬，具有獨特的警戒叫聲，一開始低沉而後逐漸拉高。這種狗雖能與家庭成員建立深厚感情，但對陌生人可能帶有敵意。

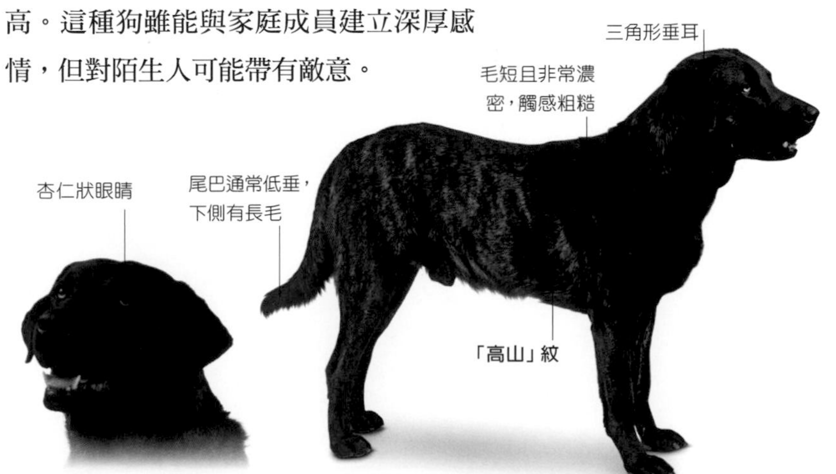

葡萄牙牧羊犬 Portuguese Sheepdog

身高 42-55公分
體重 17-27公斤
壽命 12-13年

各種顏色
胸口可能有少量白毛。

葡萄牙牧羊犬毛長而蓬亂，動作敏捷，在葡萄牙有些人稱牠為「猴犬」。這種狗喜歡待在戶外牧羊，活力十足，極為聰明，因此在葡萄牙愈來愈多人將牠當成陪伴犬或競賽犬飼養，不過在其他地方很少見。

加泰隆牧羊犬 Catalan Sheepdog

身高 45-55公分
體重 20-27公斤
壽命 12-14年

灰色
貂色
黑褐色
可能有白毛。

加泰隆牧羊犬原產於西班牙加泰隆尼亞，生性吃苦耐勞，是牧羊犬也是守衛犬，一身迷人的長毛可以防風抗雨，幾乎可以在任何天候狀態下工作。這種狗智商高、性格平靜、喜歡討好人，因此相對容易訓練，也很適合當成家庭寵物。

庇里牛斯牧羊犬 Pyrenean Sheepdog

身高 38-48公分
體重 7-14公斤
壽命 12-13年

灰色
藍色
黑色
黑白色
藍毛可能是藍黑色、深藍灰或斑色。非混合色較受歡迎。

里牛斯牧羊犬算是牧羊犬中體型較小、骨架較輕的品種，曾經有很長一段時間都在法國庇里牛斯山區幫人牧羊，直到20世紀初，原生山區以外的地方才知道有這個品種。庇里牛斯牧羊犬身軀輕盈、精力旺盛，對任何有趣的活動都躍躍欲試，在敏捷度競賽等犬科比賽中表現優異。對於好動的家庭而言，庇里牛斯牧羊犬是絕佳的寵物，有長毛與半長毛兩種類型，臉部也有短毛與長毛之分。

邊境牧羊犬 Border Collie

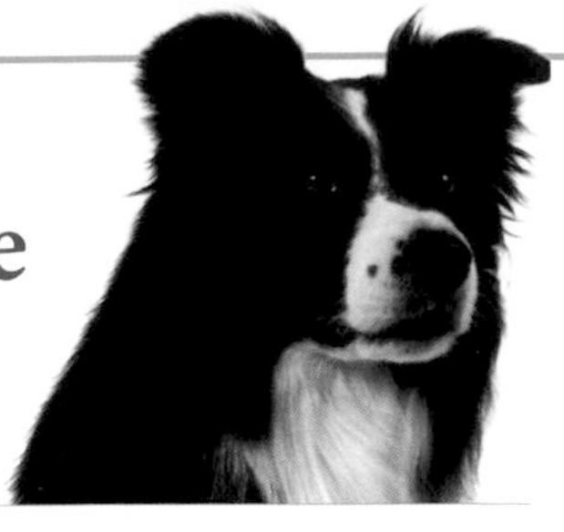

身高 50-53公分 | 體重 12-20公斤 | 壽命 10年以上 | 各種顏色

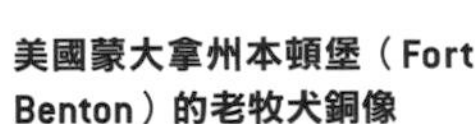

邊境牧羊犬絕頂聰明，需要經驗豐富的飼主，以及大量的身心活動

邊境牧羊犬的典型牧羊犬形象眾所皆知，遠超過牠在英格蘭與蘇格蘭邊界的發源地。幾乎所有的邊境牧羊犬血統都可回溯到一隻名叫老漢普（Old Hemp）的狗。老漢普1894年誕生於英格蘭北方的北安布里亞（Northumbria），由於在牧羊工作上的表現優異，許多牧人都來向牠借種；牠的後代有200隻以上。

邊境牧羊犬牧羊時動作迅速而安靜，對牧羊人的聲音、哨音或手勢都能立即回應。牧羊人利用邊境牧羊犬來聚攏羊群、趕往另一片牧草地或趕進圍籬中，必要時也用牠把個別的羊趕出來。邊境牧羊犬原本是工作犬，到1976年才獲得畜犬協會（Kennel Club）正式認可。

邊境牧羊犬精力源源不絕，非常容易覺得無聊，且性格獨立，因此如果當成寵物飼養，必須每天給予大量的身心活動。許多邊境牧羊犬都會參加犬類敏捷度競賽，這類比賽於1978年始於英國，飼主必須訓練和指導參賽犬通過擺滿障礙物的賽道。邊境牧羊犬在這項活動中表現絕佳，和牧羊時一樣能迅速理解飼主的指令。分為中長毛及短毛兩個類型。

永遠的忠狗

美國蒙大拿州本頓鎮（Benton）最著名的事蹟，可能是一隻等候牧羊人飼主六年之久的牧羊犬。這位牧羊人因病前往鎮上醫院接受治療，在1936年病故。這隻狗目送主人的棺木上火車，從此這隻站務人員稱為「老牧犬」（Old Shep）的狗就開始迎接每一輛進站火車，尋找牠的主人。牠的忠心故事廣為流傳。1942年老牧犬被火車撞死，葬在俯瞰火車站的陡坡上，並建了一座紀念碑。

美國蒙大拿州本頓堡（Fort Benton）的老牧犬銅像

長毛牧羊犬 Rough Collie

身高	體重	壽命		
51-61公分	23-34公斤	12-14年	金色 藍灰色 金色與白色	黑色、褐色與白色

長毛牧羊犬自尊心強、美麗而貼心，是忠誠的家庭陪伴犬，但需要大量運動

被毛豐厚的長毛牧羊犬，是輪廓較不細緻的蘇格蘭工作牧羊犬的後代之一，在現今的狗展會場上大多被當成寵物欣賞。長毛牧羊犬的歷史最遠可追溯至羅馬時代的英國，但要到19世紀，屬於這種外型的狗才開始獲得廣泛注意。維多利亞女王可說是使長毛牧羊犬在歐洲和美國普及的功臣。而後「靈犬萊西」，一隻聰明絕頂的電影狗明星，確立了長毛牧羊犬的地位，成為史上最受喜愛的狗之一。

長毛牧羊犬性情溫和，對其他的狗和寵物包容性高，且十分容易訓練，可成為非常愛護家人的陪伴犬。不過長毛牧羊犬因為喜歡和人相處，對來到家中的訪客毫無戒心，因此不適合當成守衛犬。這個犬種活潑好動，喜歡玩耍也樂於參與敏捷度等犬類競賽。牠的牧羊本能並未完全消失，對動作有敏銳的覺察能力，因此可能導致牠會有要把朋友和家人「趕在一起」的衝動。盡早開始社會化過程可以避免這個特點變得煩人。

長毛牧羊犬和所有原本是工作犬的狗一樣，若運動量不足或長時間缺乏陪伴就會焦躁不安，可能開始亂叫。不過，只要讓牠每天跑步發洩精力，即使在小房子、甚至公寓裡都能飼養。

這種狗的毛長而濃密，需要定期梳理以免打結或纏成一片。濃密的底毛一年會蛻毛兩次，在這些時候需要更頻繁梳理。

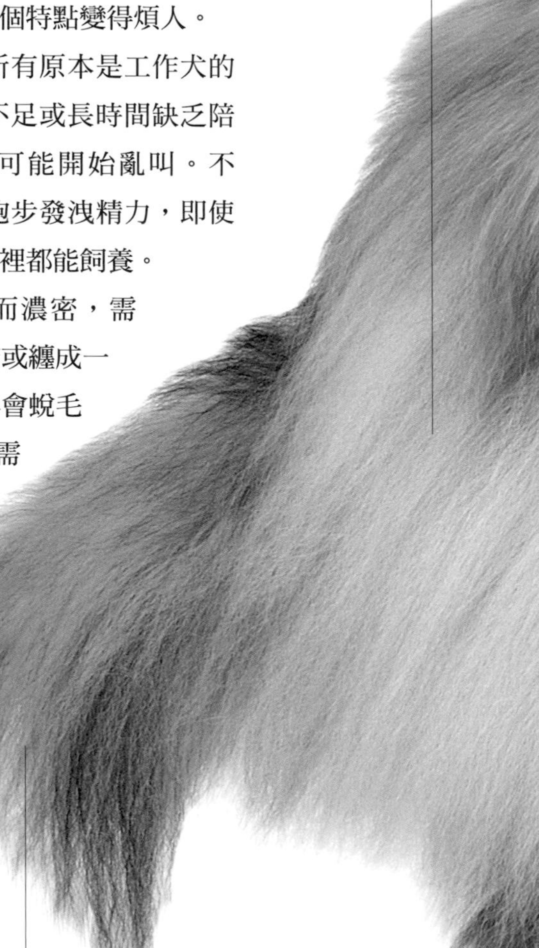

臀部有大量飾毛

尾巴飾毛蓬鬆

跗關節以下短毛

忠誠的朋友：「萊西」

第一部萊西電影《靈犬萊西》（Lassie Come Home）是根據小說改編，描述萊西的貧窮飼主將牠賣給富裕的公爵，但萊西卻從公爵家逃跑，歷經千山萬水、重重艱險，終於回到原本的家。在這部電影之後又拍了好幾部續集和影集，顯現萊西的勇氣以及對人類朋友的忠誠。雖然萊西是個「女生」的名字，但所有演出的狗都是雄性。最早擔綱演出的狗「夥計」（Pal）在接受訓練成為電影明星之前，其實是很不乖的狗。

1994年電影海報

幼犬
半豎耳
黑色眼珠，表情聰明而好奇
臉部毛短
濃密的白色鬃毛
被毛長且非常濃密，觸感粗糙
頭部細長，尖端漸細
貂色帶白

短毛牧羊犬 Smooth Collie

身高	體重	壽命	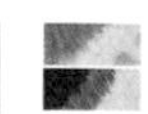
51-61公分	18-30公斤	10年以上	淺褐色帶白色 黑棕白色相間

好幫手

人類利用狗協助視障、聽障及其他身障人士已經有很長一段時間，而今有一項新計畫打算用狗來協助阿茲海默症患者。該計畫選擇了短毛牧羊犬，最後證明成果斐然。這些狗受的訓練是引導飼主回家，或是待在飼主身旁直到救援人員到來（下圖）；牠的胸背帶上裝有用來定位的GPS。這些受過訓練的狗忠心而專注，最特別的是往往不需要飼主下令即可工作，也能處理飼主因疾病而產生的劇烈情緒起伏。

這個品種的牧羊犬愈來愈稀有，個性冷靜而友善，十分適合老年人或家裡有幼兒的家庭飼養

短毛牧羊犬雖是獨立犬種，但許多生理特徵都和長毛牧羊犬（見52頁）相同。這兩個犬種都是蘇格蘭農場的牧羊犬後代。早期牧羊犬的體型比現代牧羊犬小，口鼻部較短，但在19世紀，育犬者為了狗展而培育出身高較高、體態較優美的牧羊犬。短毛牧羊犬和長毛牧羊犬一樣，都是因為維多利亞女王的推廣而普及，女王的犬舍裡同時飼養了這兩種牧羊犬。

如今短毛牧羊犬的知名度遠低於長毛牧羊犬。英國畜犬協會把短毛牧羊犬列為「弱勢本土種」（Vulnerable Native Breed），意思是這個品種每年領取血統書的新生犬不到300隻；2010年只有54隻新生犬領取血統書。短毛牧羊犬在其他國家又更罕見。

短毛牧羊犬有時擔任牧羊犬或看門犬，但也是理想的寵物犬，喜歡與人接近。這種狗性格溫和而友善，需要給予大量的陪伴、運動和精神鼓勵。短毛牧羊犬與長毛牧羊犬一樣，在敏捷度與服從度競賽中都有傑出表現。短毛容易打理，只需一般性梳理即可。

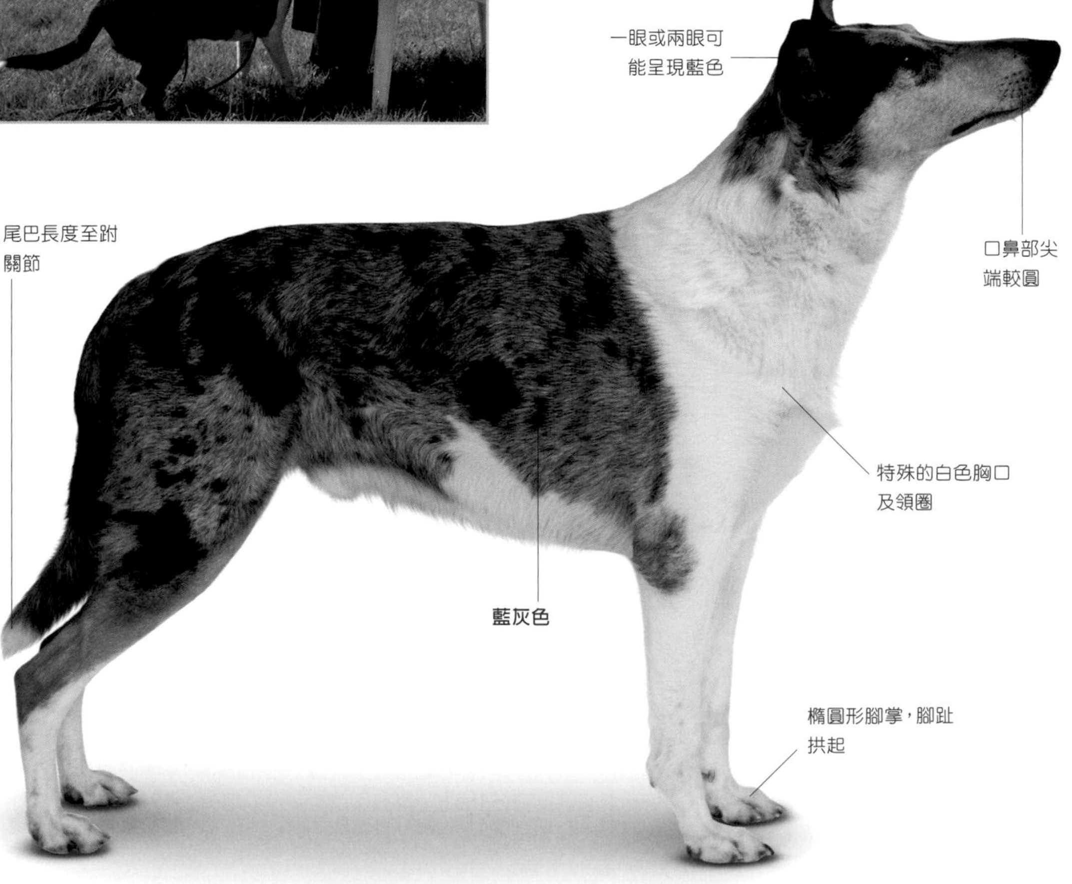

喜樂蒂牧羊犬 Shetland Sheepdog

身高 35-38公分
體重 6-17公斤
壽命 10年以上

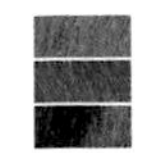

貂色
藍灰色
黑褐色
黑白色

這種小型牧羊犬最早源於蘇格蘭本土北方外海的昔得蘭群島（Shetland Islands），個性吃苦耐勞，適應力強。喜樂蒂牧羊犬天生活力充沛，但容易訓練且親人，對家庭生活適應良好，也是忠心的寵物。為了維持被毛美觀，必須定期梳理。

伯瑞犬 Briard

身高 58-69公分
體重 35公斤
壽命 10年以上

灰石色
黑色

這種活潑的大型犬在原生地法國主要擔任羊群的放牧及守衛犬。伯瑞犬膽子大，保護性強，但沒有攻擊性，只要給予規律的運動和足夠的奔跑與玩耍空間，是絕佳的家庭陪伴犬。毛長而濃密，需要時常梳理，因此有一定的照顧難度。

英國古代牧羊犬 Old English Sheepdog

身高	體重	壽命	灰色
56-61公分	27-45公斤	10年以上	各種深淺的灰、灰棕色或藍色。身體與後半部為單一毛色，沒有白色斑塊花紋。

得利油漆狗

對全世界許多英語系國家而言，英國古代牧羊犬已和國際知名品牌得利油漆畫上等號。第一部以狗為主角的得利油漆廣告於1961年推出，廠商認為這種毛茸茸的大狗能賦予廣告場景一種吸引人的「居家」感。50多年來，英國古代牧羊犬一直是得利油漆的廣告明星，有的甚至還有私家司機接送。這些狗和這個品牌以互惠模式雙雙揚名全球；如今仍常有人說英國古代牧羊犬是「得利油漆狗」。

這個性情溫和而聰明的品種需要時常梳理，以維持被毛蓬鬆

英國古代牧羊犬源於英格蘭西南部，是從前用來守衛牲口、防止狼群入侵的強健大型犬的後代，也是長鬚牧羊犬（見右頁），甚至是南俄羅斯牧羊犬（見右頁）的後代。到了19世紀中葉，已經有人開始用這種狗驅趕牲口到市集。這種牧羊犬通常會被施以剪尾手術，表示牠是工作犬，可以免稅，因此至今仍有人稱呼英國古代牧羊犬為短尾牧羊犬（Bobtail Sheepdog）。

這個品種在1970及80年代因出現在電影和廣告中而大受歡迎，但後來似乎已失去大眾寵愛；2012年只有316隻新生英國古代牧羊犬領取英國畜犬協會的血統書，該協會因而將英國古代牧羊犬列入瀕危品種的觀察名單。

這種體型龐大又強壯的狗需要大量運動，毛總是濃密而蓬鬆。過去牧羊人除了幫羊群剪毛，也會幫牧羊犬剪毛，用這些毛來織布。但現代英國古代牧羊犬的毛實在太多，必須持續照料以避免打結糾纏。

長鬚牧羊犬 Bearded Collie

身高 51-56公分
體重 20-25公斤
壽命 10年以上

沙色
紅棕色
藍色
黑色

在20世紀中葉以前，長鬚牧羊犬只有蘇格蘭和英格蘭北部的人知道，當地人以這種狗作為牧羊犬。如今牠因為外型優美、性情溫和，成為許多人欣賞的寵物。不過這種狗比較喜歡寬廣的鄉村居家空間，而非擁擠的都會環境。

波蘭低地牧羊犬 Polish Lowland Sheepdog

身高 42-50公分
體重 14-16公斤
壽命 12-15年

任何顏色

波蘭低地牧羊犬原本是歐洲北部的平原的牧犬和守衛犬，個性討喜，有一身蓬鬆的長毛，吃苦耐勞而動作敏捷。雖然四肢發達，但頭腦一點也不簡單，可針對各種用途加以訓練。運動和梳理是飼主的日常重要工作。

荷蘭斯恰潘道斯犬 Dutch Schapendoes

身高 40-50公分
體重 12-20公斤
壽命 13-14年

任何顏色

荷蘭斯恰潘道斯犬動作敏捷、活力充沛、頭腦聰明，是完美的天生牧羊犬，工作時彷彿腳上有彈簧，可以高速奔跑，毫不費力地跳過路上的任何障礙。斯恰潘道斯犬個性溫和，適合作為陪伴犬，但活動量不足的時候會無精打采。

南俄羅斯牧羊犬 South Russian Shepherd Dog

身高 62-65公分
體重 48-50公斤
壽命 9-11年

灰白色
稻稈色
黃白色

這種大型牧羊犬來自俄羅斯大草原，主要並非用於放牧，而是負責保護牲口，防止凶猛的捕食動物。南俄羅斯牧羊犬反應迅速，支配性強，並有強烈的保護本能，這個品種又稱為Ovtcharka（俄語「牧羊者」之意），飼主必須及早建立威權。

潘布魯克威爾斯柯基犬 Pembroke Welsh Corgi

身高	體重	壽命	毛色
25-30公分	9-12公斤	12-15年	淡黃褐色與貂色

非常聰明而有自信的看門犬，叫聲十分宏亮，只要給予足夠的運動，是理想的家庭寵物

潘布魯克威爾斯柯基犬是兩種柯基犬中較多人知道的品種，與卡提根威爾斯柯基犬（見60頁）的差別在於耳朵略小，體格較瘦、五官較清秀，而且有些個體沒有尾巴。潘布魯克威爾斯柯基犬的歷史比另一種柯基犬短，但仍可追溯至1107年，當時法蘭德斯織布工人與農民開始將狗從歐洲引進西威爾斯。19世紀時這兩種柯基犬曾經雜交，而潘布魯克威爾斯柯基犬於1934年獲得承認為獨立品種。

自古以來柯基犬一直在威爾斯擔任牧牛犬及守衛犬。牠低矮的身形與敏捷的動作很適合輕咬牲口腳跟，因此用於驅趕牛群、羊群和小馬到市集。今天這種警覺性高又活潑的小型犬偶爾仍會用於放牧或犬類敏捷賽。牠是絕佳的看門犬，很喜歡家庭生活，但有時可能會因牧犬本能而咬人腳跟，不過只要從小訓練，可以把這種情形降到最低。柯基犬容易發胖，需要十分規律的飲食和運動。

潘布魯克威爾斯柯基犬最著名的特徵是「精靈之鞍」，也就是肩部的被毛厚度與生長方向和身上其他地方不同。傳說這種狗是精靈的坐騎，這項特徵因此得名。

女王的愛犬

英國王室以愛狗聞名，在所有犬種中，又以潘布魯克威爾斯柯基犬與溫莎王室關係最親密。英王喬治六世，也就是英國現任女王伊莉莎白二世的父親，在1933年買了第一隻皇家柯基犬——羅札佛金鷹（Rozavel Golden Eagle，綽號「杜基」Dookie）。女王自18歲起便開始飼養和繁殖潘布魯克威爾斯柯基犬。她的狗蒙提（Monty，現已去世）還曾與女王一同演出一段詹姆士．龐德電影，在2012年倫敦奧運開幕典禮上放映。

卡提根威爾斯柯基犬 Cardigan Welsh Corgi

身高 28-31公分
體重 11-17公斤
壽命 12-15年

任何顏色
白毛可以有，但不該是主色。

威爾斯柯基犬於1930年代分成兩個品種。相較於近親潘布魯克威爾斯柯基犬（見第58頁），卡提根威爾斯柯基犬較少被當成家庭寵物，兩者的主要差別在於卡提根威爾斯柯基犬略圓的耳朵較大，且身體較長。這種狗個性十足，即使是狹小的居住環境也能適應良好。

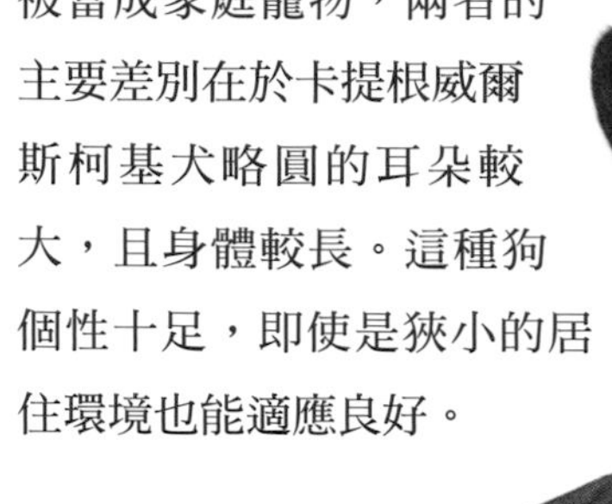

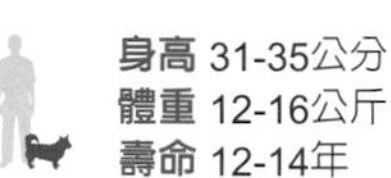

瑞典牧牛犬 Swedish Vallhund

身高 31-35公分
體重 12-16公斤
壽命 12-14年

鐵灰色
紅色
紅色和灰色被毛可能混雜咖啡色或黃色毛。

乍看之下與威爾斯柯基犬（見上一段及58頁）很相似的瑞典牧牛犬，過去一直作為牧牛之用，非常吃苦耐勞，至今瑞典仍有農場用牠來牧牛。瑞典牧牛犬較少被人當成寵物飼養，但因性格開朗，因此愈來愈有名氣，也愈來愈多人欣賞。

紐西蘭牧羊犬 New Zealand Huntaway

身高 50-61公分
體重 18-30公斤
壽命 12-14年

三色
深色斑紋
目前可能有其他顏色。

紐西蘭牧羊犬並無品種標準，由於是混種狗，血統可能包含德國牧羊犬（見42頁）、羅威那犬（83頁）和邊境牧羊犬（51頁），因此尚未獲得任何畜犬協會承認。紐西蘭牧羊犬是在紐西蘭培育出來的工作用牧羊犬，不但是優秀的工作犬，也有愈來愈多人把牠當成家犬飼養。

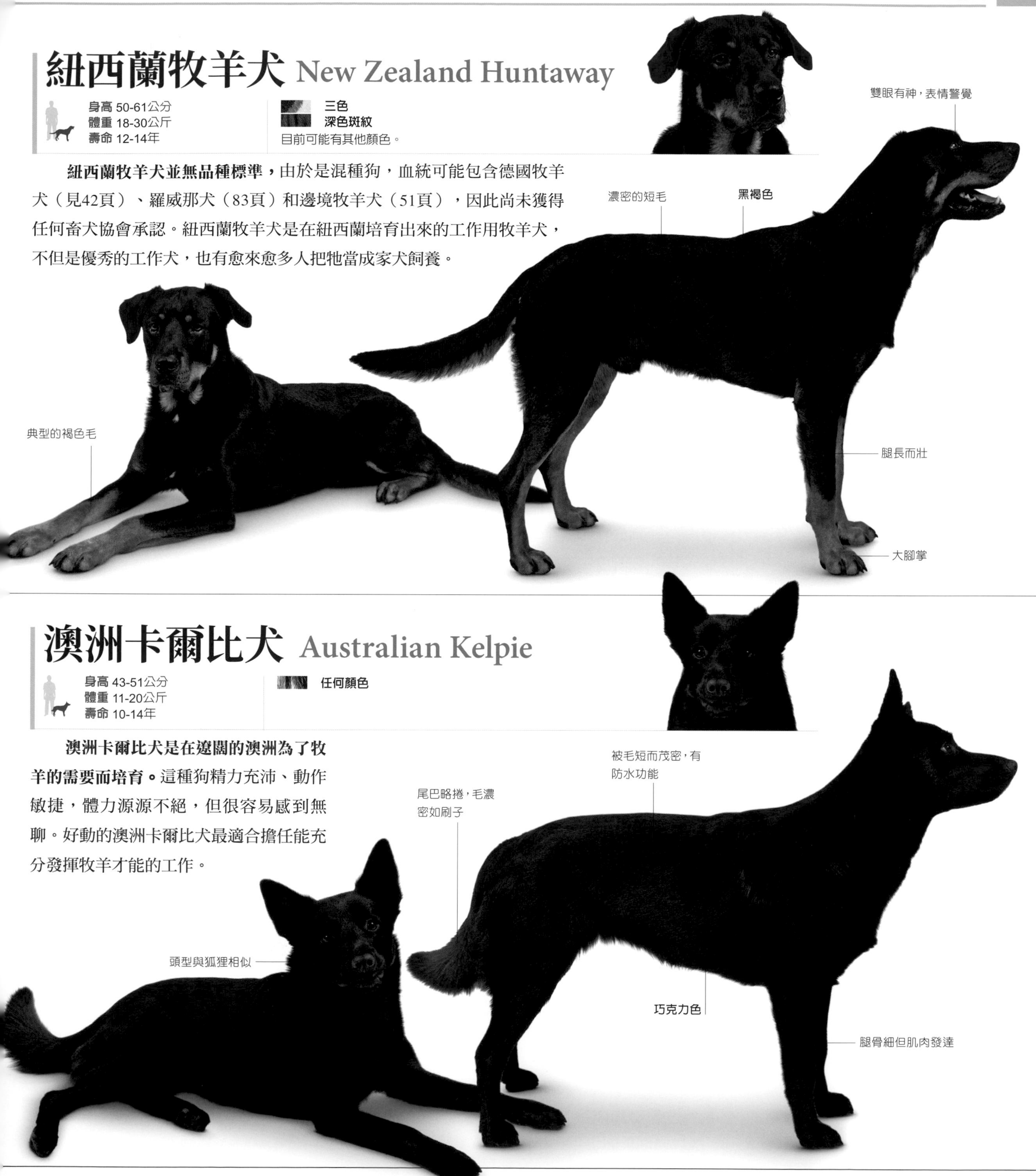

澳洲卡爾比犬 Australian Kelpie

身高 43-51公分
體重 11-20公斤
壽命 10-14年

任何顏色

澳洲卡爾比犬是在遼闊的澳洲為了牧羊的需要而培育。這種狗精力充沛、動作敏捷，體力源源不絕，但很容易感到無聊。好動的澳洲卡爾比犬最適合擔任能充分發揮牧羊才能的工作。

澳洲牧牛犬 Australian Cattle Dog

身高	體重	壽命
43-51公分	14-18公斤	10年以上

澳洲牧牛犬強壯、吃苦耐勞、牧牛技巧純熟，非常值得信賴，但對陌生人警覺性很高

澳洲牧牛犬過去廣泛運用於驅趕牛隻與守衛工作，又名澳洲腳跟犬（Australian Heeler），培育於19世紀，當時牧人需要一種狗，能管得住澳洲廣大牧場上半野生的牛群，並能在崎嶇的地面及酷熱下長途奔跑。1840年代有一個名叫湯馬斯・霍爾（Thomas Hall）的牧場主把某些牧羊犬與澳洲野犬雜交，培育出「霍爾的腳跟犬」（因為這種狗會輕咬牛隻的腳跟來驅趕牛群）。這些狗繼而與大麥町（見286頁）、牛頭㹴（197頁）及卡爾比犬（一種黑褐色的牧犬）雜交，到1890年代終於建立了澳洲牧牛犬這個品種。

雜交結果使得澳洲牧牛犬具有強烈的畜牧本能，兼具澳洲野犬強悍、安靜的個性，以及大麥町能與馬匹一起工作的能力。許多澳洲牧牛犬仍有牧羊犬祖先所具有的藍灰色毛。這個品種最著名的特徵就是平常跑起來步伐輕鬆，耐力持久，而且爆發力強，能夠瞬間加速。

作為家庭寵物，澳洲牧牛犬有許多優點：吃苦耐勞、警覺性高、對飼主忠心耿耿，不過由於有澳洲野犬的血統，因此天生對陌生人多疑。另外由於是特別為了勞動及長途跋涉而培育，因此需要大量運動。理想上，這種狗需要以堅定的態度對待並給予工作，以消耗精神與體力，否則牠會容易無聊，開始不聽話。這種狗十分聰明也樂於討好飼主，因此並不難訓練，在放牧、服從與敏捷度競賽等活動中都有絕佳的表現。

最長壽的狗

澳洲牧牛犬以強壯健康著稱，而有一隻名叫「布魯伊」（Bluey）的澳洲牧牛犬，更是金氏世界紀錄中最長壽的狗，蟬聯了84年。布魯伊生於1910年6月，飼主是一對澳洲夫婦雷斯（Les）與艾絲瑪．霍爾（Esma Hall）。這隻狗從事牧羊及牧牛工作20多年（下圖），主食是袋鼠肉和鴯鶓肉。布魯伊最後於1939年11月過世，享年29歲5個月又7天。2023年，布魯伊的紀錄被一隻名叫波比（Bobi）、年已30歲的葡萄牙守衛犬打破。

蘭開夏腳跟犬 Lancashire Heeler

身高 25-30公分
體重 4-7公斤
壽命 15年

肝褐色

蘭開夏腳跟犬聰明、強悍、工作技巧佳，最早在英格蘭北部擔任牧牛犬，表現極為稱職。這個品種可能是潘布魯克威爾斯柯基犬（見58頁）與曼徹斯特㹴（212頁）雜交而成。這種一臉聰明相的小型犬「咬腳跟」的傾向不如其他腳跟犬明顯，只要經過仔細訓練，很適合成為家庭寵物。

貝加馬斯卡犬 Bergamasco

身高 54-62公分
體重 26-38公斤
壽命 10年以上

淺黃褐色與淺灰黃色
黑色
可能有白色花紋。

強壯的貝加馬斯卡犬是牧羊犬也是守衛犬，主要生活在義大利北部山區艱苦的戶外環境中。被毛有防水性，摸起來厚實而油膩，十分容易糾結，不過一旦自然捲成一簇簇，梳理時間就可大幅縮短。貝加馬斯卡犬樂於與人相處且忠心，但需要以堅定的態度控管。

波密犬 Pumi

身高 38-47公分
體重 8-15公斤
壽命 12-13年以上

奶油色
灰色
金色

胸口和腳趾可能有小面積白毛。

波密犬於18世紀在匈牙利培育而成，是以匈牙利波利犬（見下一段）與來自德國和法國的㹴犬配種而成。波密犬是傑出的牧犬和優秀的全能農場犬，作為家庭寵物犬也同樣出色。這種狗大膽而精力充沛，需要大量活動才能保持神采奕奕。

匈牙利波利犬 Hungarian Puli

身高 36-44公分
體重 10-15公斤
壽命 12年以上

白色
灰色
淺黃褐色

胸口與腳掌可能有小面積白毛。

一般認為匈牙利波利犬是由亞洲的馬札爾游牧民族帶到中歐，是傳統的牧犬。這種狗親人且學習能力強，是理想的家庭寵物，但如果缺乏玩樂與陪伴，很容易覺得無聊。如繩索般的被毛需要特別照顧。

可蒙犬 Komondor

身高	體重	壽命
60-80公分	36-61公斤	不到10年

這種孔武有力的大型犬不適合新手飼養，需要經驗豐富的飼主花大量時間照顧

可蒙犬是欽察人（Cuman）從現今的中國往西遷移到多瑙河流域時帶進匈牙利的守衛犬的後代。有關這種狗的文獻最早可追溯至16世紀中期，但可能在這之前幾百年就已經存在。一直到20世紀初，匈牙利以外的地區才知道有這個品種。

可蒙犬過去主要用於保護綿羊、山羊和牛隻，抵擋野狼和熊的侵擾。飼主讓這些狗和羊群一起生活，獨立工作，保衛牲口不受捕食者攻擊。二次大戰期間，可蒙犬被用來守護軍事設施，陣亡的可蒙犬很多，最後幾乎滅絕。不過，少數熱心的育犬者挽救了幾隻可蒙犬。如今在匈牙利和美國可蒙犬的數量最多，負責守衛牲口，防止郊狼等捕食者入侵。

可蒙犬平時安靜自持，但遇上危險時仍會毫不畏懼地面對威脅，具有強烈的守衛本能，能忠心守衛家園，不過還是比較適合生活在戶外或擔任農場犬，而非家庭寵物。可蒙犬天性獨立，加上體型龐大且孔武有力，因此只適合擁有豐富訓犬經驗及廣大生活空間的飼主。為了維護可蒙犬特殊的流蘇狀長毛，每天梳理是必須的。

白色

長尾巴，尖端略捲起

幼犬

披著羊毛的狗

可蒙犬不但看起來像牠要保護的匈牙利本土綿羊，也被當成綿羊對待。幼犬從小就和綿羊一起飼養，終年與綿羊一同生活，以免綿羊畏懼。可蒙犬也會視綿羊為群體的一分子加以保護。如果從小和人類一起長大，就會對家庭成員產生類似的保護天性。可蒙犬還會像綿羊一樣每年夏天剪毛，這些如同羊毛一般的被毛是冬天保暖用的。

艾迪犬 Aidi

身高 53-61公分
體重 23-25公斤
壽命 約12年

淺黃褐色 **咖啡色**（右圖）
黑色
淺黃褐色、咖啡色和黑色毛都可能夾雜白毛。

艾迪犬又名阿特拉斯山犬（Atlas Mountain Dog），幾世紀以來一直是摩洛哥游牧民族的守衛犬。艾迪犬忠心、大膽，時時保持警覺，以保護飼主和主人家的財產。但也因為守衛本能強烈，不見得適合家庭生活。

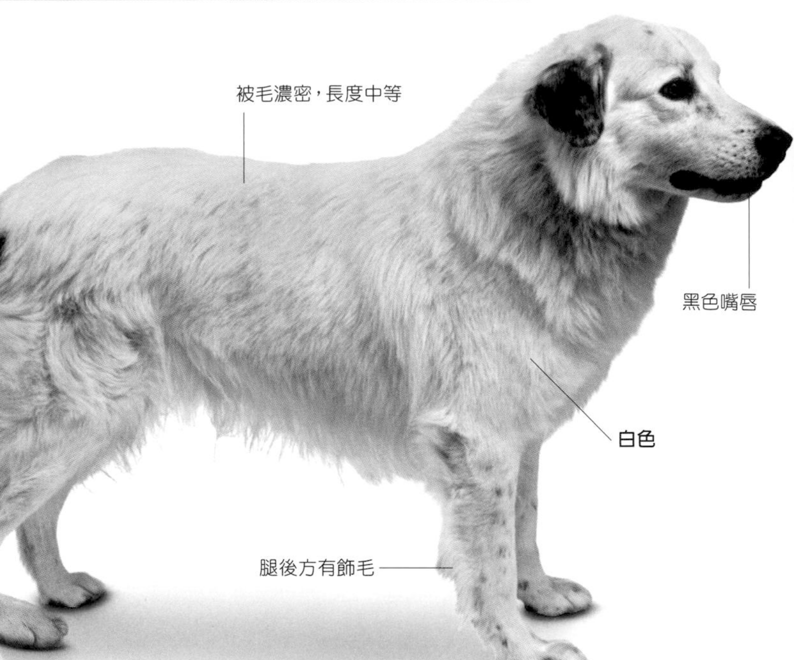

澳洲牧羊犬 Australian Shepherd

身高 46-58公分
體重 18-29公斤
壽命 10年以上

紅色、紅斑紋
黑色
所有毛色都可能帶有褐色毛。

澳洲牧羊犬並非原產於澳洲，而是在美國培育而成。這個名字是取自牠的祖先，過去使用那些狗的巴斯克（Basque）牧羊人在19世紀末移民到澳洲，後來才遷往美國。澳洲牧羊犬至今仍常擔任牧場犬與追蹤犬，但有愈來愈多人把牠當成寵物飼養。

希臘牧羊犬 Hellenic Shepherd Dog

身高 60-75公分
體重 32-50公斤
壽命 12年

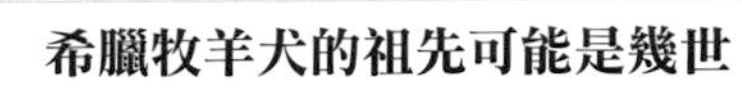

多種顏色

希臘牧羊犬的祖先可能是幾世紀以前土耳其移民帶進希臘的牧羊犬。這種狗強悍、勇敢，是天生的守衛犬和羊群領袖，有絕佳的工作犬特質，但由於主導性太強，不適合在家中作為可靠的陪伴犬。分成長毛和短毛兩個類型。

馬瑞馬牧羊犬 Maremma Sheepdog

身高 60-73公分
體重 30-45公斤
壽命 10年以上

自古以來義大利中部平原的牧羊人一直用馬瑞馬牧羊犬來守護羊群。這種外型英挺的狗很有氣勢，擁有一身華麗濃密的白毛，雖然很有魅力，但需要專家訓練。馬瑞馬牧羊犬和許多針對戶外工作而培育的品種一樣，並不是理想的家庭寵物。

科西努犬 Cursinu

身高 46-58公分
體重 不詳
壽命 10年以上

這種狗在法國科西嘉島（Corsica）已存在100年以上，但直到2003年才在法國獲得承認。科西努犬精力充沛、動作迅速、多才多藝，可當成獵犬或牧犬。雖然能夠適應家庭生活，但還是最適合把牠當成工作犬。

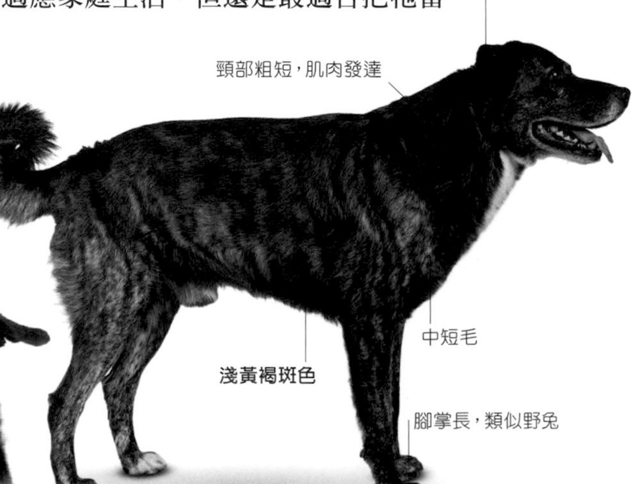

羅馬尼亞牧羊犬 Romanian Shepherd Dog

身高	體重	壽命
59-78公分	35-70公斤	12-14年

米白色
黑色

布柯維納牧羊犬可能只有白色、米白色、黑色或灰白色，並帶有其他顏色的毛斑。

喀爾巴阡山牧羊犬

馬魯索斯犬

羅馬尼亞牧羊犬據說是古代馬魯索斯犬與當地家犬雜交產生的後代，是令人印象深刻的狗。古代馬魯索斯犬主要用於打仗、狩獵（如下圖約公元前645年的浮雕）、守護財產及保衛牲口。亞里斯多德（公元前384至322年）曾說，那些牧羊犬「比其他的狗都大，而且面對野生動物攻擊時勇氣十足」。這些都是至今仍被用來守衛牲口的羅馬尼亞牧羊犬所具備的重要特質。

這種狗警覺性高又勇敢，需要廣大的空間和奔跑的自由，可能對陌生人非常多疑

在羅馬尼亞的喀爾巴阡山脈地區，牧羊人仰賴體型龐大而健壯的狗在各種天候下守衛羊群。當地人透過雜交培育出數個特殊的類型，主要有喀爾巴阡山牧羊犬（Carpatin）、布柯維納牧羊犬（Bucovina）和米利泰克牧羊犬（Mioritic）。體型纖瘦、外型像狼的喀爾巴阡山牧羊犬源自羅馬尼亞東部海拔較低的喀爾巴阡山多瑙河地區；體型較大的「馬魯索斯」布柯維納牧羊犬，則是在東北部山區培育而成；長毛的米利泰克牧羊犬則來自北部地區。所有類型都十分強壯、勇敢，可保護牲口不受野狼、熊和大山貓等捕食者侵擾。自1930年代起開始有人努力保育這三種牧羊犬。所有羅馬尼亞牧羊犬品種均已在21世紀初獲得世界畜犬聯盟（FCI）暫時承認。

羅馬尼亞牧羊犬在原生國以外鮮為人知。所有類型都比較適合戶外而非室內生活，也都很少當成陪伴犬飼養。羅馬尼亞牧羊犬具有強烈的守衛本能，領域性很強，對陌生人很多疑。需要大量活動，也必須從小教養及嚴格訓練。

喀爾巴阡山牧羊犬

米利泰克牧羊犬

阿彭策爾牧牛犬 Appenzell Cattle Dog

身高 50-56公分
體重 22-32公斤
壽命 12-13年

哈瓦那棕色

阿彭策爾牧牛犬最初培育的目的是為了在高山農場上擔任牧犬與守衛犬，但也已經很能適應都市生活。這個品種在瑞士深受一部分人士喜愛，但在其他地方還很少人知道。阿彭策爾牧牛犬熱情，警覺性高，活力充沛，最好讓牠有事情做。

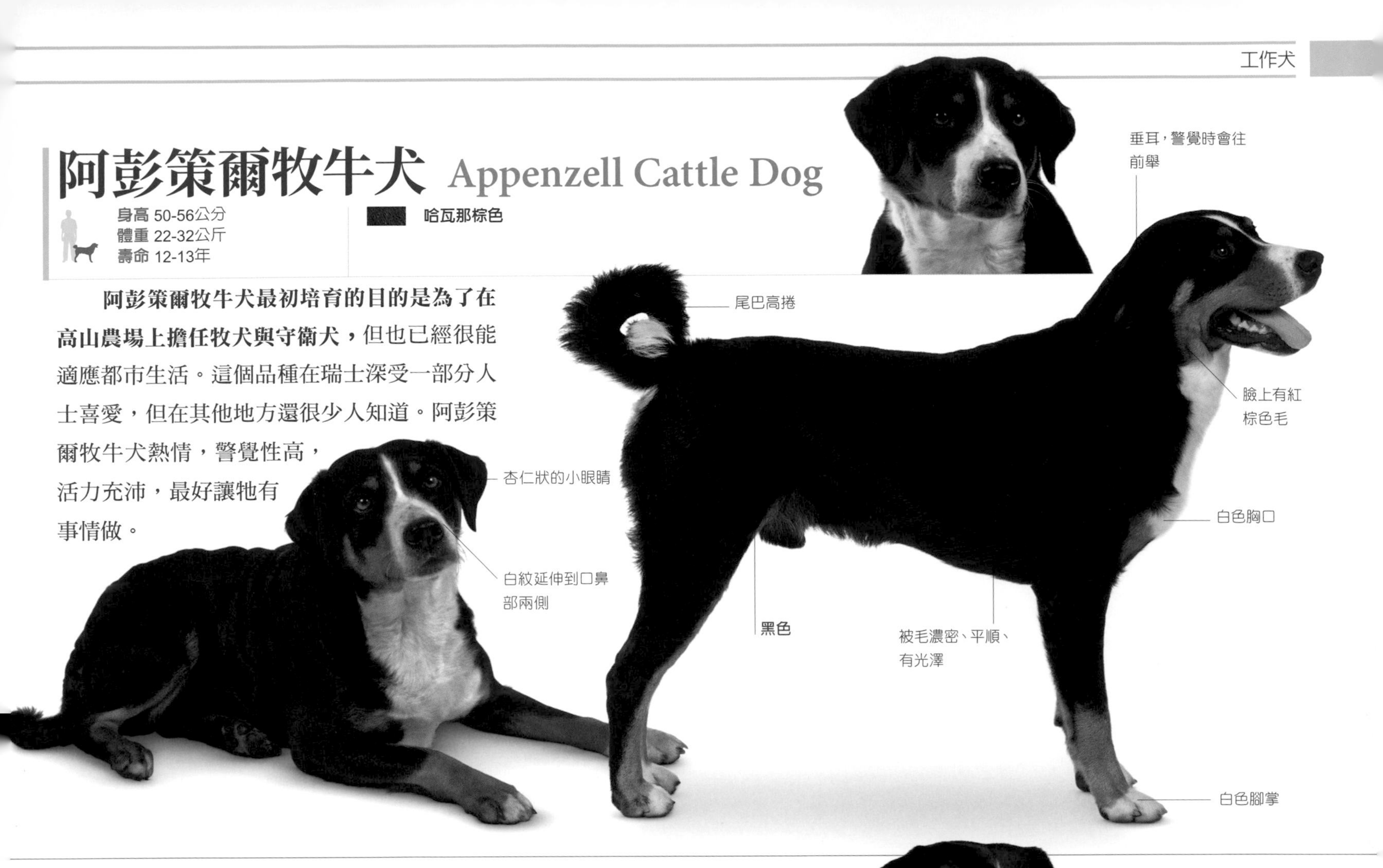

恩特布山犬 Entlebucher Mountain Dog

身高 42-50公分
體重 21-28公斤
壽命 11-15年

在幾個歷史悠久的瑞士山犬品種中，恩特布山犬體型最小，這種牧牛犬源自恩特勒布赫山谷（Entlebuch），有愈來愈多人把牠當成家犬飼養。恩特布山犬個性活潑、有自信，居家行為良好，但有強烈的保護本能，對陌生人警覺性高。

伯恩山犬 Bernese Mountain Dog

身高	體重	壽命
58-70公分	32-54公斤	不到10年

用途廣泛的伯恩山犬擁有美麗的花色和迷人的個性，天性敦厚，喜歡家庭生活

伯恩山犬的名稱源自於瑞士的伯恩州（Berne），這種迷人的狗在當地是傳統的全能農場犬，也用於拉車運送牛奶、乳酪等商品到市集。19世紀瑞士開始引進其他品種，伯恩山犬的數量因而逐漸減少。最初的復育工作是由法蘭茲・薛藤李伯（Franz Schertenlieb）發起，他走遍瑞士各地尋找伯恩山犬，後來一位瑞士籍教授亞伯特・海姆（Albert Heim）也投身於伯恩山犬的保育及推廣。1907年伯恩山犬品種協會成立，這個品種在20世紀期間受到全球歡迎。

伯恩山犬的外表和個性都極具魅力，如今已是常見的家犬。這種狗成熟的速度較慢，因此保留幼犬習性的時間也比其他品種來得長。雖然體型壯碩，但並沒有太過強烈的支配慾。喜歡人類陪伴，也需要長時間與人類相處，不能經常拘禁在畜欄或庭院中。個性親人，與兒童相處也很安全。近年來有許多人將伯恩山犬當成「治療犬」，用於陪伴老年人、病童或有特殊需求的人。今天仍有人用伯恩山犬來擔任農場犬和搜救犬。

伯恩山犬醒目的三色被毛需要時常梳理，以維持柔順的觸感和特有的柔軟光澤。牠的被毛濃密厚重，不適合太溫暖的氣候。

拉車犬

過去買不起馬匹的人會用狗來拉車，因此培育出伯恩山犬這類品種。伯恩山犬在夏天把牛奶（後來則是乳酪）從牛隻吃草的山區運往山下的谷地，因此當地人也稱伯恩山犬為「乳酪犬」。沒有運送工作要做時，則負責管理牲口和守護財產。

大瑞士山地犬 Greater Swiss Mountain Dog

身高 60-72公分
體重 36-59公斤
壽命 8-11年

體型龐大、強壯、引人注目的大瑞士山地犬原產於瑞士阿爾卑斯山地區，過去主要用於拉車運送乳製品、牧牛和守衛等工作。到了20世紀初，這種狗幾乎完全消失，在熱心人士的培育下才免於滅絕，不過目前仍非常稀有。大瑞士山地犬是道地的工作犬，但性情隨和，因此也適合擁有充裕空間的人用來作為陪伴犬。

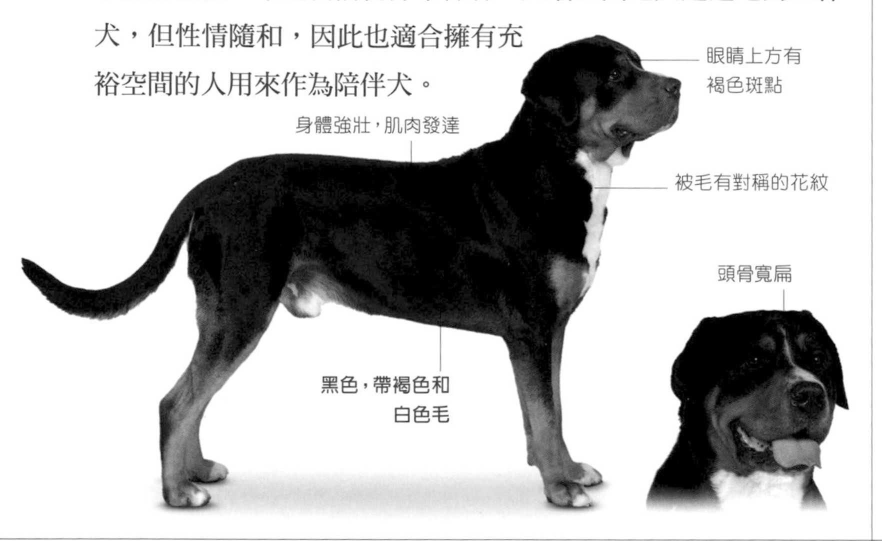

白色瑞士牧羊犬 White Swiss Shepherd Dog

身高 53-66公分
體重 25-40公斤
壽命 8-11年

這種純白色的牧羊犬最早在1970年代由北美洲引進瑞士，經過20年的培育，終於在1991年於瑞士獲得承認為正式犬種。這種狗性情溫和，智慧高，很適合作為工作犬或陪伴犬。有中毛和長毛兩個類型。

安那托利亞牧羊犬 Anatolian Shepherd Dog

身高 71-81公分
體重 41-64公斤
壽命 12-15年

任何顏色

這個吃苦耐勞、孔武有力的犬種一直擔任牲口守衛犬，至今仍是土耳其的工作犬。安那托利亞牧羊犬具有勇氣和獨立的精神，也懂得尊重堅定而關愛的飼主的權威。如果將這種狗當成寵物飼養，必須從小開始訓練和教養。

土耳其坎高犬 Turkish Kangal Dog

身高 70-80公分
體重 40-65公斤
壽命 12-15年

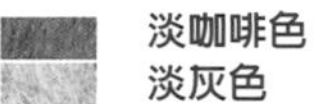

淡咖啡色
淡灰色
只有腳掌和胸口有白毛。

土耳其坎高犬是土耳其國犬，這種獒犬類的高山犬原產於土耳其中部，主要用於守護牲口，抵禦野狼、胡狼和熊的侵擾。坎高犬對飼主家庭有強烈的保護慾，性格獨立，需要經驗豐富的飼主和大量運動。

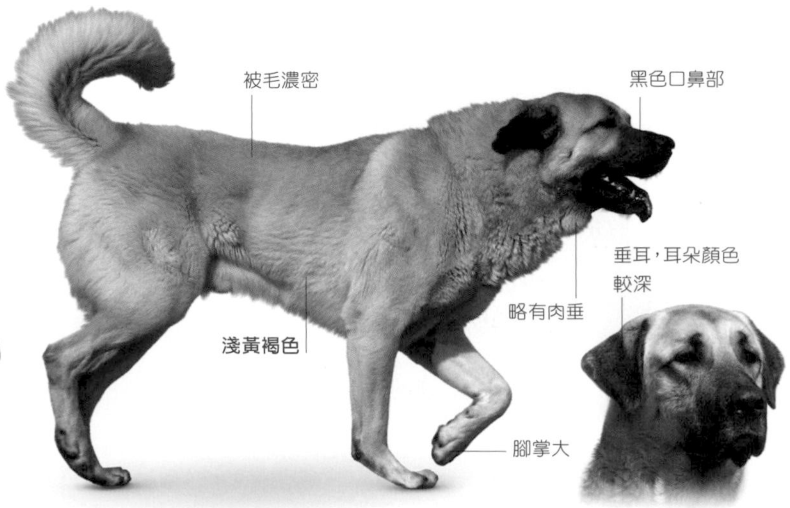

阿卡巴士犬 Akbash

身高 69-79公分
體重 34-59公斤
壽命 10-11年

這個力量強大的土耳其犬種主要用來守護牲口，可能已存在數千年之久；北美洲有農場以阿卡巴士犬守衛牲口與財產。阿卡巴士犬最適合工作犬的生活，也需要經驗豐富的飼主教養，以免出現行為問題。有中毛和長毛兩個類型。

中亞牧羊犬 Central Asian Shepherd Dog

身高 65-78公分
體重 40-79公斤
壽命 12-14年

多種顏色

數百年來，中亞地區（也就是今天的哈薩克、土庫曼、塔吉克、烏茲別克、吉爾吉斯）的游牧民族一直用這種狗來保護牲口。這個稀有的犬種在前蘇聯透過選育繁殖出來，需要及早社會化。中亞牧羊犬分為短毛與長毛兩種。

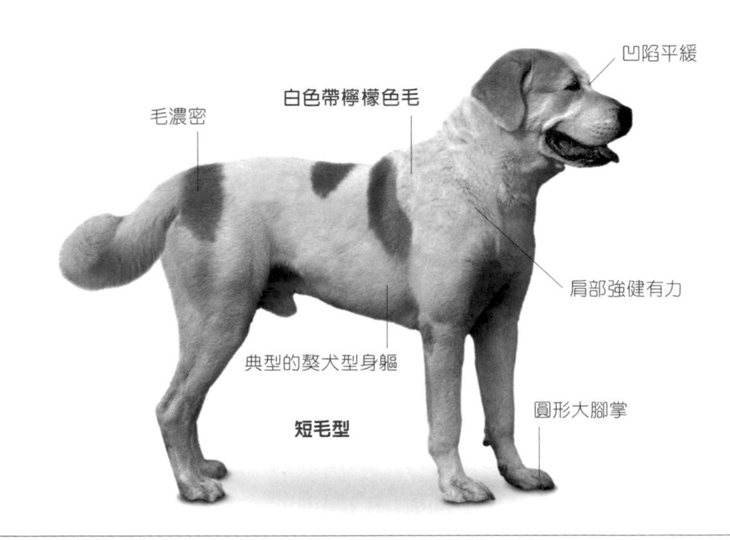

高加索牧羊犬 Caucasian Shepherd Dog

身高 65-75公分
體重 45-70公斤
壽命 10-11年

各種顏色

這種牧羊犬是以各種大型犬配種而成，過去在高加索地區用來負責守衛牲口。1920年代首先在前蘇聯進行選育繁殖，後來在德國繼續進行。高加索牧羊犬是絕佳的看門犬，但必須細心訓練才能成為理想的陪伴犬。

蘭伯格犬 Leonberger

身高 72-80公分
體重 45-77公斤
壽命 超過10年

沙色
紅色
可能有白毛。

蘭伯格犬得名於巴伐利亞城鎮蘭伯格，於19世紀中期以聖伯納犬（見76頁）與紐芬蘭犬（79頁）雜交培育而成。兩次世界大戰後蘭伯格犬幾乎絕跡，所幸後來數量回升，並因宏偉的外型和友善的天性而受到喜愛。

西藏獒犬 Tibetan Mastiff

身高	體重	壽命		
61-66公分	39-127公斤	10年以上	灰石色 金色 黑色	黑色和灰石色可能都帶有褐色毛。

體型較小的獒犬之一，個性獨立且極為忠心，但需多花時間訓練與社會化

西藏獒犬是全世界最古老的犬種之一，傳統上是喜馬拉雅山區的游牧民族用來保護牲口的護衛犬，也用於保衛村莊與寺廟。飼主通常會讓西藏獒犬在夜間自由活動以看守村莊，或在男主人趕牲口到較高的牧草地時，留下來保護牧人的家人。

西藏獒犬的祖先隨著匈奴王阿提拉和成吉思汗的軍隊西進，成為今天某些巨型馬鲁索斯犬的品種起源。從18世紀開始就陸續有少量西藏獒犬出口到西方，但要到1970年代，藏獒才在英國打開知名度。西藏獒犬在中國也開始受到歡迎，中國人認為這種狗能帶來健康與財富。

西藏獒犬在原生國可能還是非常龐大凶猛。不過在西方，經過選育和訓練，西藏獒犬的攻擊性已大幅降低。這種狗有強烈的保護本能，對兒童尤其明顯，因此是理想的家犬和陪伴犬，不過個性較獨立，不會過度親人。藏獒完全成熟的時間較長，也需要徹底而穩定的訓練。

雌藏獒一年發情一次，不像一般的狗一年發情兩次。這種狗需要時常梳理，不適合溼熱的氣候，但由於沒有皮屑，比較不容易引起過敏。

全世界最貴的狗

西藏獒犬在原生地以外的地區仍不普遍，但這個古老的品種在中國已成為身分地位的象徵。2011年，一隻名為「轟動」的幼犬以人民幣1000萬元的成交價賣給一名中國煤礦大亨，成為全世界最昂貴的狗。轟動之所以受到青睞除了血統純正之外，也因為牠是紅毛獒犬，在中國紅色是好運的象徵。

幼犬

紐波利頓犬 Neapolitan Mastiff

身高	體重	壽命	多種顏色
60-75公分	50-70公斤	最多10年	

海格的巨大寵物

在魔法男孩哈利．波特的故事中，牙牙是霍格華茲學院獵場看守員半巨人魯伯．海格飼養的狗。海格外表嚇人，但內心溫柔，以喜愛飼養危險寵物聞名，總是忽略牠們凶猛的天性。牙牙和牠的主人一樣，看起來凶猛但其實很友善，叫聲遠比他的攻擊來得凶狠。雖然書中的牙牙是「野豬獵犬」，但電影選擇以紐波利頓犬演出這個角色，因為這種狗的塊頭和外型正好符合牙牙的特色。下圖為牙牙在《哈利波特：混血王子的背叛》巴黎北站首映會的紅毯上。

飼主只要有責任感，並且擁有廣大的空間，這個重量級犬種會是忠心耿耿的陪伴犬

這個雄壯威武的犬種是羅馬競技場上馬魯索斯鬥犬和羅馬軍隊戰犬的後代。羅馬軍隊帶著這些戰犬走遍歐洲，產生了各式各樣的獒犬品種。在義大利拿坡里（Naples）一帶的獒犬培育者（Mastinari）的培育下，這個品種流傳了下來，在當地擔任護衛犬。當時紐波利頓犬雖然極受珍視，數量卻不斷減少，直到1940年代透過熱心人士的推廣才打開知名度，包括作家皮耶羅．史坎吉亞尼（Piero Scanziani），他還有自己的育犬舍。如今紐波利頓犬已被奉為義大利國犬。

紐波利頓犬的外表讓人望之生畏：高大的身材、極具份量的大頭、嚴肅的表情。雖然身體粗重，但在飼主或領域受到威脅時還是能迅速而敏捷地採取行動。如今義大利軍方和警方均以這種狗為軍犬或警犬，農場和鄉村別墅也以紐波利頓犬為守衛犬。

紐波利頓犬可以成為冷靜、友善、對家人忠心的狗，但需要果決、有能力的飼主幫助牠充分社會化。這種狗體型龐大，需要廣大的生活空間，照顧的開銷不低。

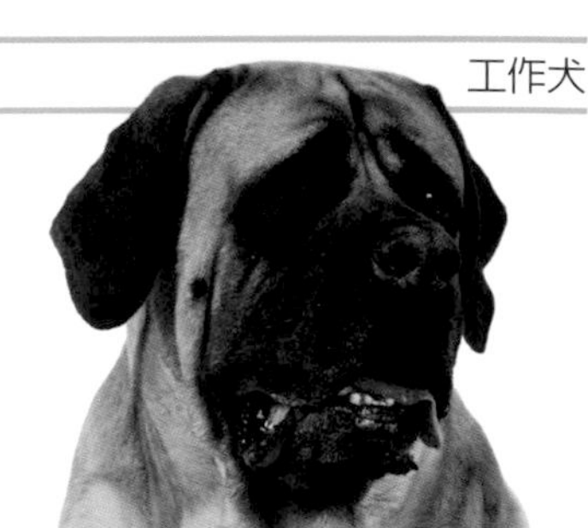

英國獒犬 Mastiff

身高 70-77公分
體重 79-86公斤
壽命 不到10年
杏色
斑色
身體、胸口和腳掌可能有一些白毛。

外表脅迫力十足，但個性平靜親人，這種聰明的守衛犬需要有人陪伴才能正常發展

英國獒犬是最古老的英國品種之一，也是從馬魯索斯犬發展出的另一個品種，據推測可能是在羅馬人占領時期帶進英國。幾世紀後，英國獒犬在威廉・莎士比亞的《亨利五世》中成為「戰犬」：在1415年的亞金科特戰役（Battle of Agincourt）中，一隻英國獒犬保衛受傷的主人皮爾斯・李爵士（Sir Piers Legh），勇膽對抗法國士兵。中世紀時的英國人也常以獒犬類的狗來守衛家園、保衛牲口，防止野狼襲擊，此外也用牠們來鬥狗、鬥牛和鬥熊。後來這些活動被禁，英國獒犬的數量也減少。

純種英國獒犬最早出現在19世紀的鄉間大莊園，但到了二次大戰結束時，該品種在英國的數量已經銳減。後來從美國進口個體進行復育，數量才開始回升，並逐漸受到歡迎。

英國獒犬雖然過去做的都是殘暴的工作，但其實性情溫和、友善、喜歡陪伴，尤其是人的陪伴。體型龐大或許是這個品種在居住、飼育和運動等方面最大的缺點。英國獒犬聰明可訓練，但需要經驗豐富且體力好的飼主嚴格控管，確保牠的守衛本能不會失控。

運動中的英國獒犬

過去英國獒犬的外型和現在很不一樣，體格較輕盈，也比今天的英國獒犬高約10公分。埃德沃德・邁布里奇（Eadweard Muybridge）在19世紀末拍攝的這一系列開創性照片，是他的動物運動大型研究的一部分。這些照片讓人得以觀察像英國獒犬這種不太好動的品種如何運動，再與邁布里奇拍攝的靈猩（見126頁）等四肢發達的犬種比較。

鬥牛獒 Bullmastiff

身高 61-69公分
體重 41-59公斤
壽命 不到10年

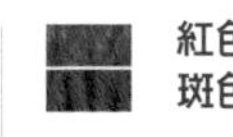

紅色
斑色

鬥牛獒是古代英國獒犬與鬥牛犬（見右頁）的混種，作為獵場看守人的守衛犬。這個品種的個性比許多其他類型的獒犬更可靠，因此也是聰明且忠誠的家犬。鬥牛獒魁梧結實的身體裡藏著活潑的個性和無窮的精力。

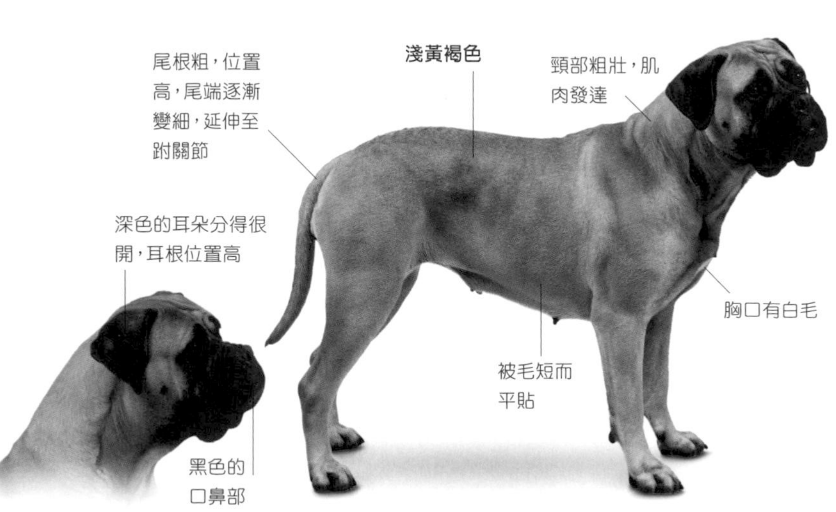

布羅荷馬獒 Broholmer

身高 70-75公分
體重 40-70公斤
壽命 6-11年

黑色

布羅荷馬獒傳統上是獵犬，之後成為農場守衛犬，而今幾乎都是家犬。這個品種到20世紀中期幾乎消失，後來由熱心人士復育並「重建」，但在原生國丹麥以外仍十分少見。

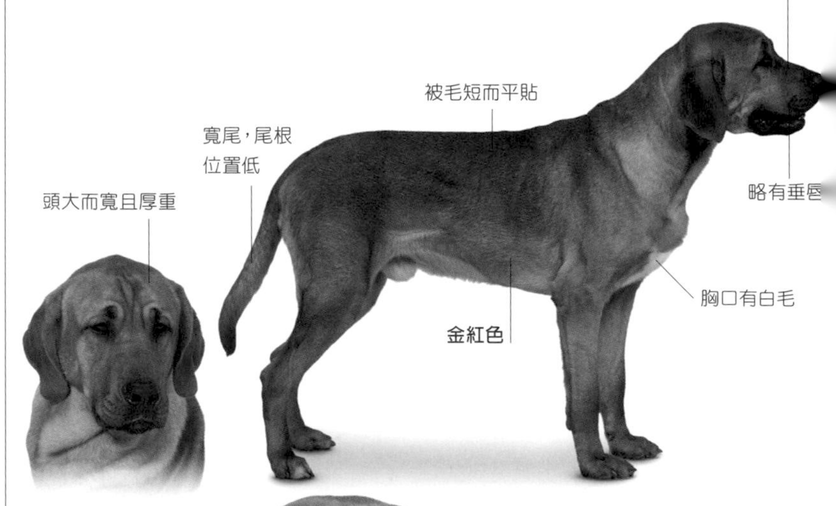

土佐犬 Tosa

身高 55-60公分
體重 37-90公斤
壽命 10年以上

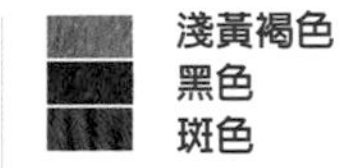

淺黃褐色
黑色
斑色

土佐犬是以日本鬥犬與鬥牛犬（見右頁）、英國獒犬（93頁）、大丹犬（96頁）等西方犬種漸進雜交而成的品種，體型十分龐大魁梧，且擁有潛在的鬥犬本能，因此只適合專家級的飼主飼養。

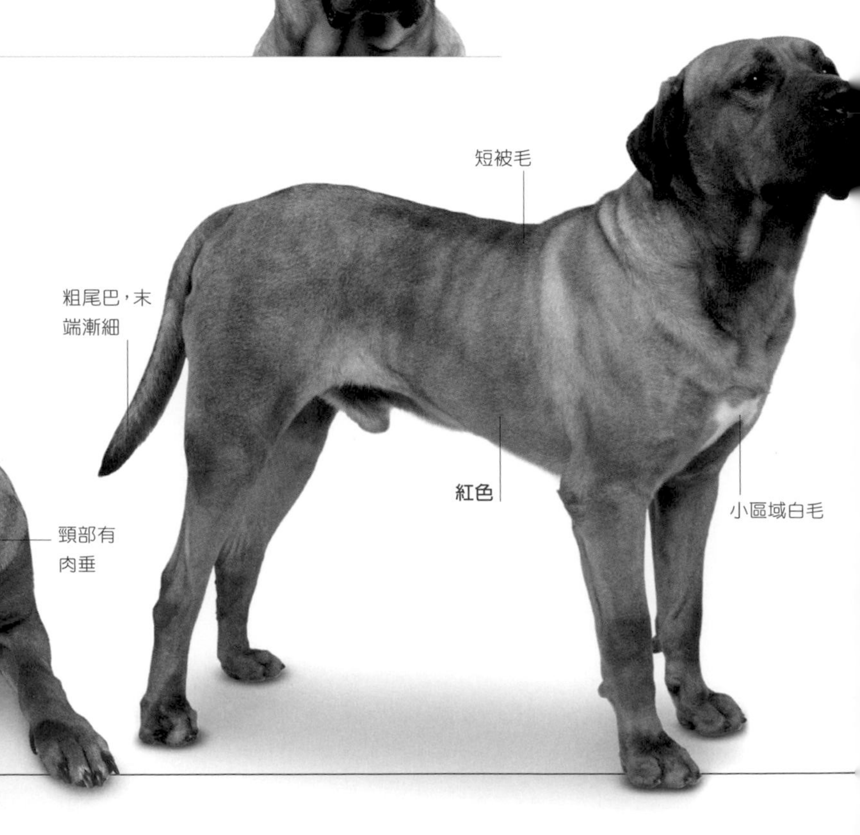

鬥牛犬 Bulldog

身高 38-40公分 | 體重 23-25公斤 | 壽命 內不到10年 | 多種顏色

鬥牛犬的個性鮮明，在英國已成為勇氣、決心與毅力的象徵

鬥牛犬是傳統的英國品種，小型獒犬的後代，原本用於引誘牛隻打鬥，因而得名。這種狗在鬥牛時會從下方攻擊公牛，咬住公牛的鼻子或咽喉不放。鬥牛犬頭顱寬大，下顎突出，強勁的咬力聲名遠播，牠的鼻子退縮到嘴巴後方，因此不必鬆口就能呼吸。

英國在1835年禁止鬥牛活動，但自19世紀中期以後，這種狗開始出現在狗展上。育犬者開始培育生理特徵更誇張的鬥牛犬，同時盡可能降低攻擊的天性，因此現代鬥牛犬與牠凶猛的祖先差異很大。

現在大家都知道鬥牛犬是性情溫和又可愛的陪伴犬，但牠確實還是保留著頑固的個性和保護的本能，這些特性雖然還是需要飼主調教，不過鮮少發展成攻擊行為。鬥牛犬體格矮胖，一身橫肉，頭上布滿皺紋，還有個朝天鼻，雖稱不上漂亮，卻極有特色。雖然跑起來步態蹣跚，但還是需要大量運動以避免過重。

英國鬥牛犬

鬥牛犬已經成為傳統英國特質的象徵。18世紀漫畫家詹姆斯．吉爾雷（James Gillray）創造的知名虛構人物約翰．布爾（John Bull）身邊就有一隻鬥牛犬；這一人一狗代表著純樸正直的英國人，喜歡他的食物，也不畏懼一戰。頑強的「鬥牛犬精神」也在兩次世界大戰中發揮（如下圖一次大戰的明信片），這個形象大概和英國首相邱吉爾最密不可分，邱吉爾在1940年發表演說，呼籲已經準備作戰的英國人民勇敢挺身而出，保國抗敵。

大丹犬 Great Dane

身高	體重	壽命	
71-76公分	46-54公斤	不到10年	藍色 黑色 斑色

大丹犬非常高大，但溫和又親人，作為家庭寵物雖然容易照顧，但需要廣大的空間

大丹犬被稱為「犬中阿波羅」，也就是希臘太陽神，這種狗優雅而尊貴的氣質加上高大的身材，著實讓人印象深刻。在古埃及和古希臘藝術作品中都可見到與大丹犬類似的狗。雖然品種的名字讓人聯想到丹麥，但現代的大丹犬品種最早出現在18世紀的德國，用來獵熊和野豬。一般相信最早的德國「野豬獵犬」應該是獒犬類與愛爾蘭獵狼犬的混種，再與靈猩雜交，才產生這種高大、靈敏、能夠大步奔馳的狗，而且速度和力量均足以壓制大型獵物。

大丹犬是身高最高的犬種之一，曾數度創下狗身高的金氏世界紀錄。2012年的紀錄保持者是一隻名為宙斯的大丹犬，從地面到肩胛骨的高度是112公分，和小馬差不多高。

雖然外型令人畏懼，但平易近人的大丹犬其實是「溫柔的巨犬」，對人及其他動物通常都很友善。這種狗經常需要人類陪伴，且飼養費用可能很高，不過也能得到很大的回報。只要給予足夠的空間，能讓牠自由活動、舒服地躺著，牠就可以滿足了。此外，牠也是非常有效的守衛犬。大丹犬需要大量運動，但不應讓幼犬太常跑來跑去，以免牠生長迅速的骨骼無法承受奔跑時的壓力。

主人翁史酷比

卡通狗史酷比（Scooby Doo）是美國動畫公司漢納巴伯拉（Hanna-Barbera）製作的一部長壽電視卡通的主角。史酷比的創作人高本嚴（Iwao Takamoto）的靈感來自一位飼養大丹犬的女性友人。高本嚴聽了這位朋友描述這種理想的純種狗之後，把其中特色以搞笑的方式誇大，創造出一個身材高瘦、個性膽小、表情愚蠢的角色。雖然史酷比膽小如鼠，但每次仍能和牠衰運連連的人類朋友夏奇（Shaggy，下圖）拯救朋友，擊敗敵人贏得勝利！

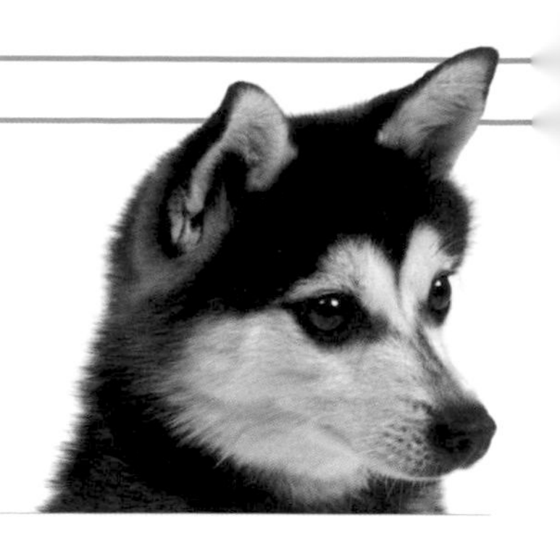

阿拉斯加克利凱犬 Alaskan Klee Kai

身高	體重	壽命	任何顏色
玩賞型：最高33公分 迷你型：33-38公分 標準型：38-44公分	玩賞型：最多4公斤 迷你型：4-7公斤 標準型：7-10公斤	10年以上	

新品種

這種玩賞型的絨毛犬是由阿拉斯加的琳達．史裴林（Linda Spurlin）與家人共同培育而成。他們把阿拉斯加和西伯利亞哈士奇犬與小型犬雜交，創造出這種新的迷你哈士奇犬，命名為「克利凱犬」，在因紐特語中的意思是「小狗」。阿拉斯加克利凱犬目前仍屬罕見，但已獲得部分組織承可為正式犬種，今天在美國及其他幾個國家有專門的育犬團體。

這種活潑又好奇的迷你哈士奇犬對飼主信賴有加，但對陌生人非常多疑

這種迷你版的西伯利亞哈士奇犬（見101頁）是在1970年代培育而成，要作為家犬。阿拉斯加克利凱犬依體型可分為三種：玩賞型、迷你型和標準型。依毛型則可分為標準型（短毛）與豐滿型（毛略長而濃密）。

阿拉斯加克利凱犬喜歡有人陪伴，也喜歡被當成家中成員。不過牠和體型較大的近親哈士奇犬不同，對陌生人很有戒心，因此需要細心訓練，從小社會化。被戲弄時可能會咬人，所以必須教導家裡的兒童用溫柔的方式對待牠。這種狗頭腦聰明、好奇心旺盛，喜歡參加服從度與敏捷度比賽，還有的可以訓練成治療犬。

阿拉斯加克利凱犬適合飼養在空間有限的居家環境裡，但和體型較大的哈士奇犬一樣精力充沛，需要大量運動，包括每天長途散步，以維持良好的身心健康。此外牠十分愛吠叫，尤其是對家人「說話」的時候，因此很適合擔任看門犬。一年蛻毛兩次，如果是豐滿毛型則需定期梳理。

加拿大愛斯基摩犬 Canadian Eskimo Dog

身高 50-70公分
體重 18-40公斤
壽命 10年以上

任何顏色
任何花色皆可。

加拿大愛斯基摩犬又稱因紐特犬（Inuit Dog），是全世界最古老的雪橇犬品種之一，可在最惡劣的環境中生存，生性喜歡和狗群一起奔跑，也喜歡有其他的狗或人類作伴。訓練時態度要堅定，內容最好要有趣。

奇努克犬 Chinook

身高 55-66公分
體重 25-32公斤
壽命 10-15年

奇努克犬是20世紀初在美國培育的雪橇犬，以獒犬、格陵蘭犬（見100頁）和牧羊犬多次雜交而成。該品種個性活潑而溫馴，喜歡玩耍，是傑出的全能型家犬。

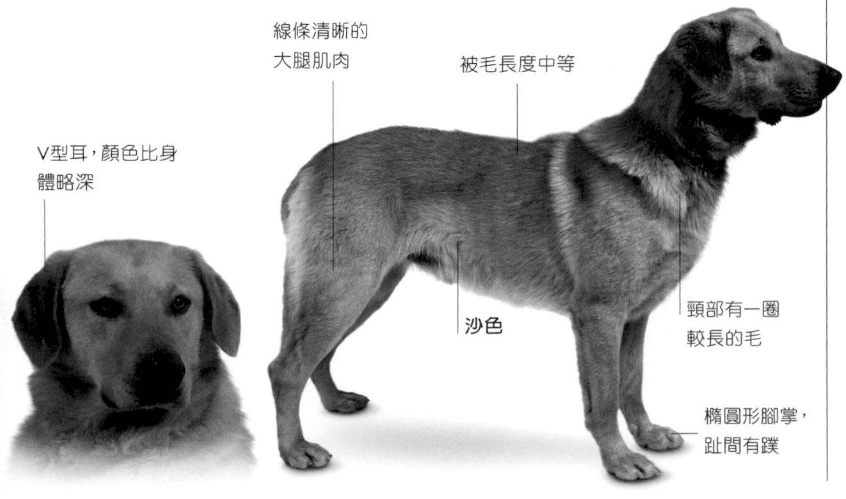

卡累利阿熊犬 Karelian Bear Dog

身高 52-57公分
體重 20-23公斤
壽命 10-12年

這種不知恐懼為何物的獵犬原產於芬蘭，主要用來制伏大型獵物，主要是熊和駝鹿。卡累利阿熊犬有強烈的戰鬥本能，雖然對人不會產生攻擊性，但與其他狗相處可能會發生問題。不太可能適應家庭生活。

薩摩耶犬 Samoyed

身高	體重	壽命
46-56公分	16-30公斤	12年以上

這種充滿吸引力的狗雖然被毛不易照料，不過開朗的個性很適合當成家庭寵物

美麗的薩摩耶犬最初是西伯利亞游牧民族薩摩耶人所培育，用於放牧、保護馴鹿和拉雪橇。雖然是吃苦耐勞的戶外工作犬，但也是很居家的狗，會安分地待在飼主的帳棚裡享受人類的陪伴。薩摩耶犬於1800年代引進英國，大約十年後才首次出現在美國。許多傳說和毫無根據的故事都把薩摩耶犬與19世紀末、20世紀初的極地探險行動扯在一起，但其實薩摩耶犬很可能是到極地探險的全盛時期，才出現在前往南極洲的雪橇隊中。

現代的薩摩耶犬仍保留了和藹可親的個性，當年正是這種特質讓牠成為游牧民族重視的家庭成員。牠特有的「微笑」表情，表現出親人的天性，以及想要和每個人當朋友的渴望。不過由於薩摩耶犬最早是作為守衛犬，至今仍保留了守衛的本能。雖然完全沒有攻擊性，但會對任何讓牠起疑的事物吠叫；非常需要陪伴，喜歡從事體力與心智活動。薩摩耶犬聰明活潑，一旦覺得無聊或孤單就會出現脫序行為，可能到處挖洞或設法逃出圍籬。對體貼的管教方式反應良好，但訓練時需要保持耐心和恆心。

薩摩耶犬必須每天梳毛，才能讓華麗、亮眼的毛皮保持柔順和獨特的銀白色光澤。蛻毛季節時底毛可能會大量脫落，但除非氣候很溫暖，否則薩摩耶犬通常一年蛻毛一次。

幼犬

尾巴長且毛蓬鬆，向上捲到背部，垂向一邊

游牧民族的夥伴

過去薩摩耶犬對西伯利亞飼主的生活很重要，如今對某些偏遠地區的族群而言依舊如此（右圖）。游牧民族靠狗來保衛馴鹿群和營地，牠們不但是工作犬，也是家庭成員。薩摩耶犬可以自由進出主帳棚（choom，即家庭帳棚），與家人共享食物，並和兒童共眠，替他們保暖。薩摩耶人尊崇狗，而薩摩耶犬也對人發展出明顯的溫柔態度與同理心。

尖端圓鈍的豎耳，有濃密的毛
深色眼珠，黑色眼眶
背部強健寬闊
頸部有一圈較長且較濃密的毛
白色
頭骨寬，呈楔型
被毛濃密柔軟，外層毛的尖端呈銀色
典型的「微笑」表情
前肢後方有飾毛

西西伯利亞萊卡犬
West Siberian Laika

身高 51-62公分
體重 18-22公斤
壽命 10-12年

 多種顏色

外型英挺的西西伯利亞萊卡犬在原生國非常受歡迎，主要用來在西伯利亞森林中狩獵。這種狗強壯而有自信，具有追逐獵物（不論大小）的強烈慾望。性情穩定，但因為隨時處在狩獵狀態，因此不適合多數家庭飼養。

東西伯利亞萊卡犬
East Siberian Laika

身高 53-64公分
體重 18-23公斤
壽命 10-12年

白色
黑褐色夾淺斑（karamis）
雜色

這種俄羅斯獵犬在原生國和斯堪地那維亞地區很受歡迎。東西伯利亞萊卡犬是為了工作的目的而培育，個性吃苦耐勞、活潑有自信。雖然具有追逐大型獵物的強烈本能，但可以控制。性情平穩，對人友善。

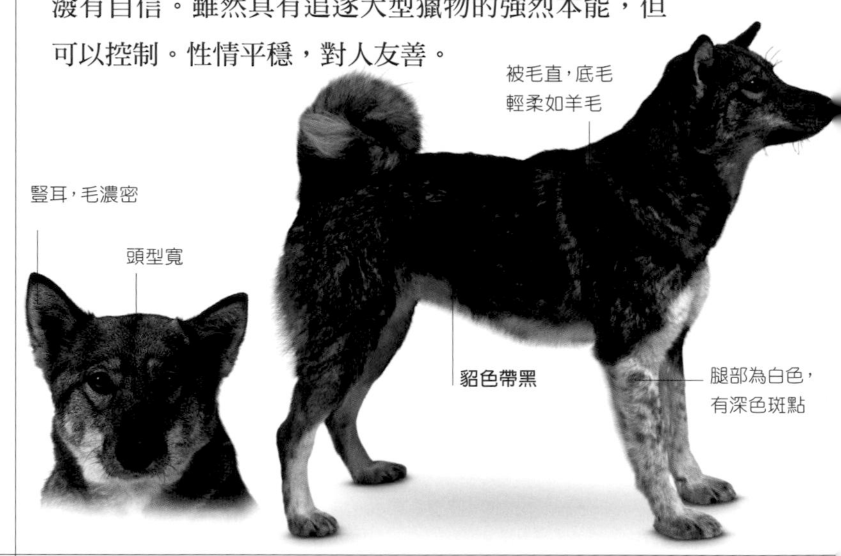

俄歐萊卡犬 Russian-European Laika

身高 48-58公分
體重 20-23公斤
壽命 10-12年

白色
黑色

俄歐萊卡犬到1940年代初才被認可為獨立犬種。這種萊卡犬強壯但四肢纖細，過去主要在俄羅斯北部森林用於狩獵，是穩定的工作犬，在傳統的獵犬工作上表現傑出，但對家庭生活適應不良。

芬蘭狐狸犬 Finnish Spitz

身高 39-50公分
體重 14-16公斤
壽命 12-15年

芬蘭狐狸犬的培育是用來獵捕小型獵物，而今在斯堪地那維亞地區仍用於娛樂性打獵活動。這種狗外型細緻，類似狐狸，有華麗的毛皮，熱愛玩耍，因此成為深具魅力的家庭寵物。天性喜歡吠叫，必須從小加以抑制。

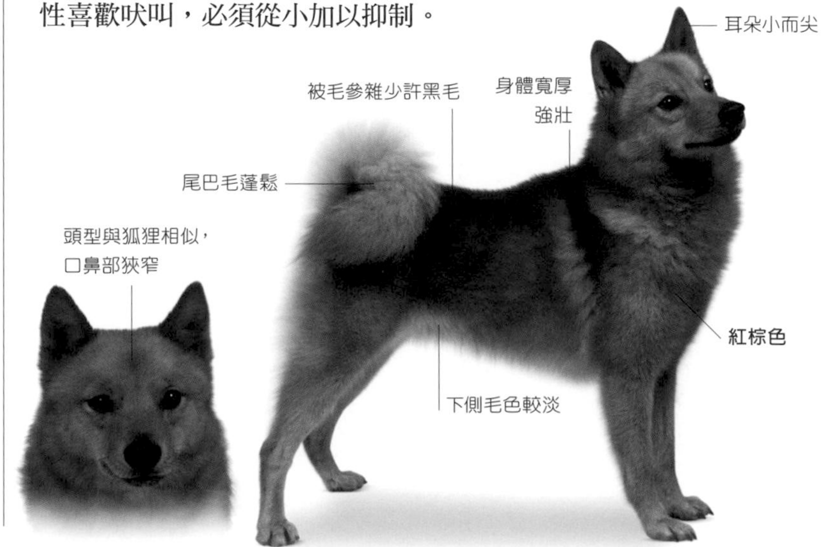

芬蘭拉普蘭獵犬 Finnish Lapphund

身高 44-49公分
體重 15-24公斤
壽命 12-15年

 任何顏色

芬蘭拉普蘭獵犬是由拉普蘭（Lapland）當地的薩米人（Sami）以馴鹿牧犬和守衛犬雜交而成，在芬蘭或其他地方都愈來愈受歡迎。這種狗親人、忠心，適應力強，工作意願高，但也同樣樂於作為家庭寵物及守衛犬。

拉普蘭畜牧犬 Lapponian Herder

身高 46-51公分
體重 最重30公斤
壽命 11-12年

由芬蘭拉普蘭獵犬（左）、德國牧羊犬（見42頁）及牧羊犬雜交而成，於1960年代被認可為獨立犬種。拉普蘭畜牧犬又名拉賓波羅柯拉犬（Lapinporokoira），至今仍為馴鹿獵人的工作犬，有時也被當成家犬飼養。個性冷靜而友善。

瑞典拉普赫德犬 Swedish Lapphund

身高 40-51公分
體重 19-21公斤
壽命 9-15年

 咖啡色 黑咖啡色
胸口、腳掌和尾巴尖端可能有白毛。

瑞典拉普赫德犬除了毛色以外，其他特徵都與芬蘭拉普蘭獵犬（上）相似，過去由游牧民族薩米人當成馴鹿牧犬飼養。這個品種在瑞典是受歡迎的家犬，但在其他地方不太常見。喜歡與人作伴，獨處太久就會亂吠。

瑞典獵麋犬 Swedish Elkhound

身高 52-65公分
體重 最重30公斤
壽命 12-13年

體型龐大而挺拔的瑞典獵麋犬又名Jämthund，源自瑞典北部的森林區，主要用於獵麋鹿、熊和山貓。這個品種是瑞典軍方常見的軍犬，也是瑞典的國犬。瑞典獵麋犬能與家人和睦相處，但與其他狗或寵物在一起時則必須小心控管。

挪威獵麋犬 Norwegian Elkhound

身高 49-52公分
體重 20-23公斤
壽命 12-15年

一般相信挪威獵麋犬已在斯堪地那維亞地區存在數百年之久，過去用於追蹤獵物，由於身體健壯，也用於拉雪橇。這種狗不怕寒冷潮溼的氣候，喜歡待在戶外。具有強烈的狩獵本能，需要耐心訓練。

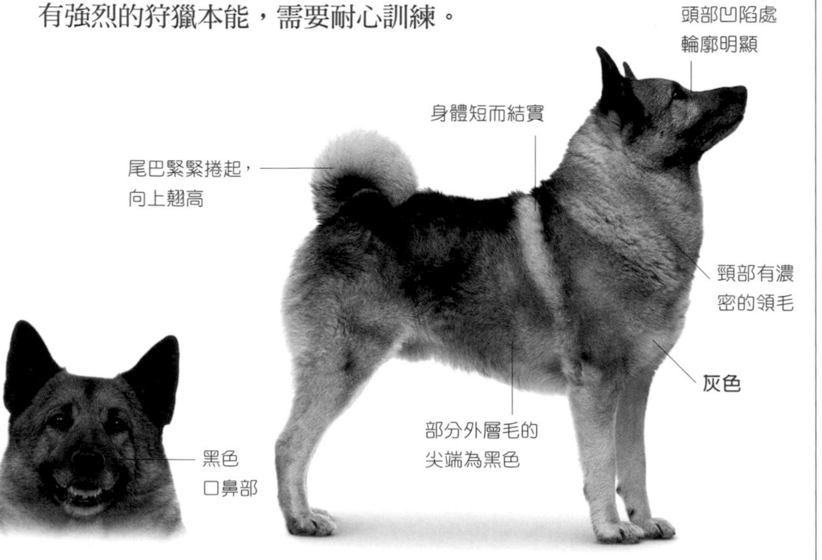

黑色挪威獵麋犬 Black Norwegian Elkhound

身高 43-49公分
體重 18-27公斤
壽命 12-15年

黑色挪威獵麋犬的體型比灰毛的挪威獵麋犬（左）小，也較罕見。原本用於追蹤獵物，但也可以當成雪橇犬、牧犬、守衛犬或家庭陪伴犬。生性喜歡吠叫，但可以訓練牠聽從命令停止吠叫。

北海道犬 Hokkaido Dog

身高 46-52公分
體重 20-30公斤
壽命 11-13年

多種顏色

北海道犬是由移居日本北海道的愛奴人所引進，因此又稱為愛奴犬（Ainu　Dog）。體型中等，但膽大而勇猛，可作為獵熊犬。只要小心訓練和教養，北海道犬也可以是理想的陪伴犬和家庭守衛犬。

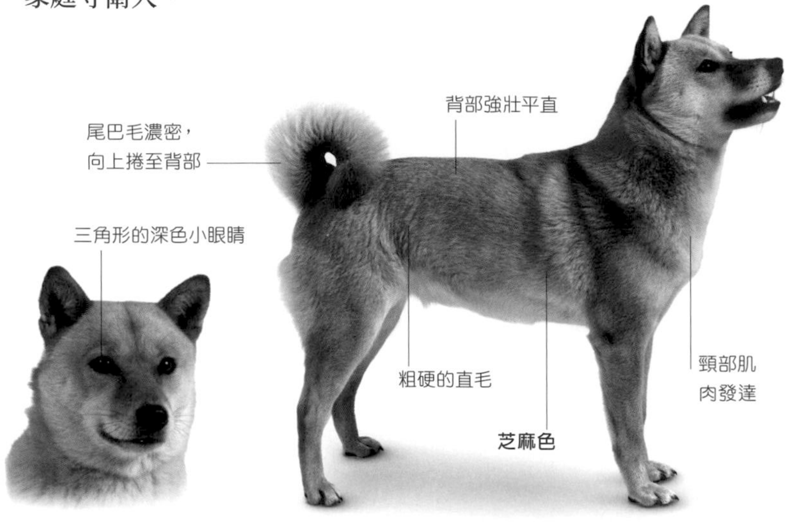

紀州犬 Kishu

身高 46-52公分
體重 13-27公斤
壽命 11-13年

紀州犬可能是在數百年前培育而成，在日本多山的九州地區用來獵捕大型獵物，如今雖然罕見，但備受重視。這也是日本國寶犬之一，個性沉靜且忠心，但因具有強烈的追逐本能，若當成陪伴犬可能難以管教。

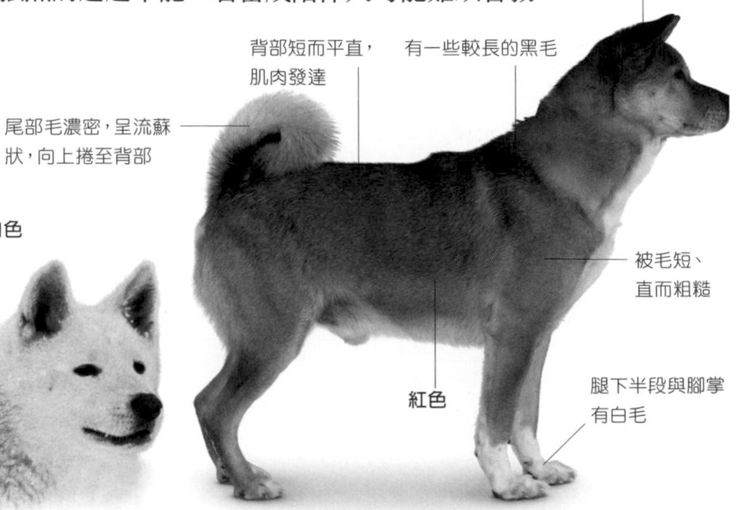

秋田犬 Akita

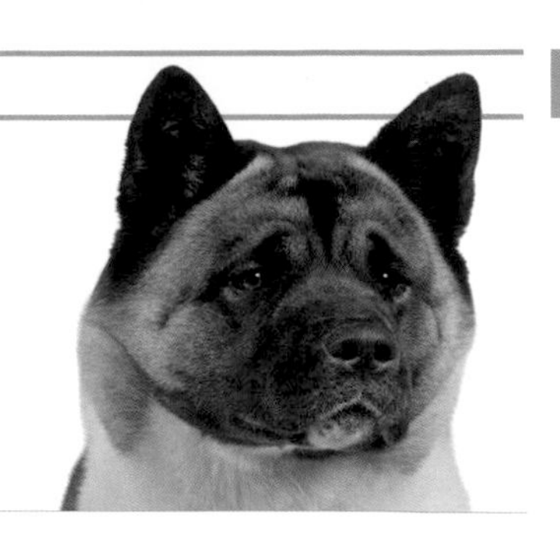

身高
美國種：61-71公分
日本種：58-70公分

體重
美國種：29-52公斤
日本種：34-45公斤

壽命
10-12年

任何顏色

強壯的秋田犬性情多變，需要經驗豐富的飼主管教，以免出現偏差行為

這個體型龐大、孔武有力的品種，是日本本州島地勢崎嶇的秋田縣用於獵捕鹿、熊、山豬等大型獵物的獵犬的後代。日本秋田犬是在19世紀培育而成，最初作為鬥犬和獵犬。這個犬種是日本的國寶，被視為福氣的象徵。

美國的第一隻秋田犬是在1937年海倫・凱勒（Helen Keller）回美國時帶入。二次大戰結束後，返家的美國大兵帶回了更多秋田犬，這些狗是美國秋田犬的起源，也就是今天所稱的「秋田犬」。美國秋田犬已獲得許多國家承認，是有別於日本秋田犬的獨立品種，而且比牠的日本祖先體型更大，更有氣勢。

秋田犬外型極為俊美，具有恬靜端莊的氣質，對人類家庭忠心耿耿且充滿保護慾，尤其善與兒童相處，不過對其他的狗則顯得跋扈。秋田犬需要由經驗豐富的飼主飼養，而且必須從小訂立明確的規矩，以免出現偏差行為。

忠犬八公

八公生於1923年，是一隻日本秋田犬。每天他的主人上野教授去上班時，八公就會跟著他到東京的澀谷車站等一整天，再陪著他走回家。1925年上野教授在工作時驟逝，但八公仍繼續等待他回家，一共等了十多年。忠心耿耿的八公因此成為國民英雄，牠去世時，日本還為此哀悼一天。後來澀谷車站立了一尊八公銅像（下圖），每年舉行紀念儀式。

美國秋田犬

日本秋田犬

鬆獅犬 Chow Chow

身高	體重	壽命	顏色	
46-56公分	21-32公斤	8-12年	奶油色 金色 紅色	藍色 黑色

鬆獅犬長相俊俏，擁有一身像泰迪熊的被毛，對飼主忠心耿耿，但對陌生人可能不太搭理

這個類型的狗在中國至少有2000年的歷史；早在大約公元前150年的一幅淺浮雕中，就有獵人帶著與鬆獅犬相似的狗。這種狗原本的用途包括獵鳥、守衛牲口、在冬天拉雪橇等等。此外有些人也把鬆獅犬當成肉與皮毛的來源。這種狗受到皇帝與貴族的喜愛，公元8世紀時，唐代一名皇帝就飼養了5000隻類似鬆獅犬的狗。

直到18世紀末，才有少數幾隻鬆獅犬引進西方。英國人把鬆獅犬取名為Chow Chow，這個詞單純是指由東亞帶回來的珍品。19世紀末有更多鬆獅犬進口到英國，連維多利亞女王也養了一隻，可見牠受歡迎的程度。鬆獅犬在1890年首度出現在美國，但直到1920年代才比較普遍。

如今鬆獅犬通常當成寵物飼養。這種狗天性冷淡，但對家人十分忠誠，對陌生人則有警戒心。此外可能有支配慾，因此必須嚴格訓練並從小教養。鬆獅犬只需要中等程度的運動量，不過每天散步所帶來的心智刺激對牠有益。牠最著名的特徵包括濃密的毛、類似獅鬃的領毛、皺眉的表情，和藍黑色的舌頭。可分為兩個類型：長毛鬆獅犬擁有極為濃密而豎起的毛，短毛鬆獅犬則有茂密的短毛。

幼犬

寵物療法的先驅

如今有各式各樣的狗作為「治療犬」，安撫不安或壓力大的人。最早的治療助理犬是一隻名為喬菲（Jo-Fi）的鬆獅犬，與心理分析之父西格蒙德．佛洛伊德（Sigmund Freud）一起工作（下圖，約1935年攝於奧地利）。喬菲在患者接受治療時會與佛洛伊德一同待在診間，接收有關患者心理狀態的暗示。喬菲對於沉默或沮喪的人會靠近，對緊張的人會遠離。佛洛伊德表示，喬菲對患者，尤其是兒童，具有一種讓人平靜、安心的作用。

長毛鬆獅犬

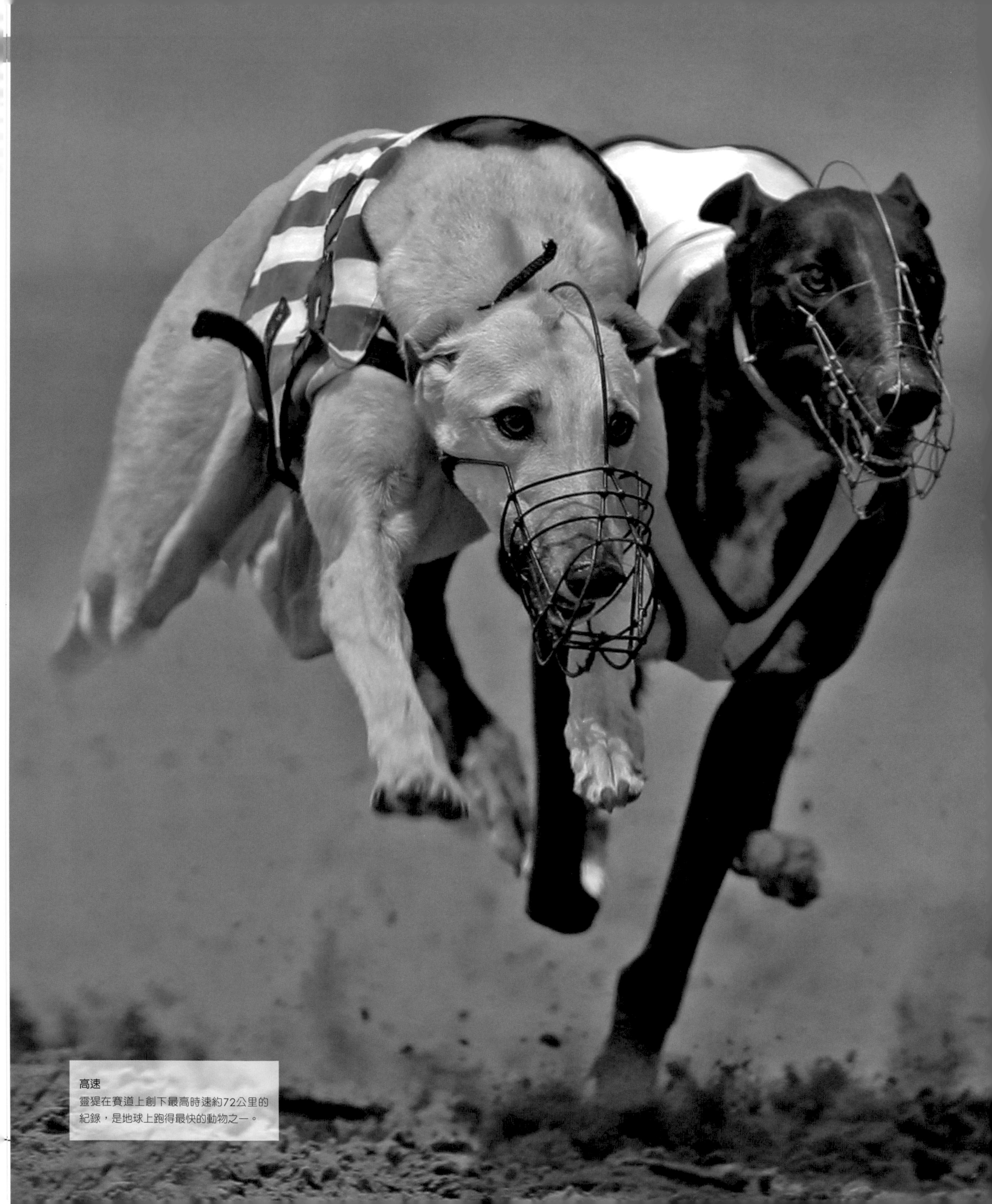

高速

靈猩在賽道上創下最高時速約72公里的紀錄，是地球上跑得最快的動物之一。

鬆獅犬 Chow Chow

身高 46-56公分 | 體重 21-32公斤 | 壽命 8-12年

奶油色
金色
紅色

藍色
黑色

鬆獅犬長相俊俏，擁有一身像泰迪熊的被毛，對飼主忠心耿耿，但對陌生人可能不太搭理

這個類型的狗在中國至少有2000年的歷史；早在大約公元前150年的一幅淺浮雕中，就有獵人帶著與鬆獅犬相似的狗。這種狗原本的用途包括獵鳥、守衛牲口、在冬天拉雪橇等等。此外有些人也把鬆獅犬當成肉與皮毛的來源。這種狗受到皇帝與貴族的喜愛，公元8世紀時，唐代一名皇帝就飼養了5000隻類似鬆獅犬的狗。

直到18世紀末，才有少數幾隻鬆獅犬引進西方。英國人把鬆獅犬取名為Chow Chow，這個詞單純是指由東亞帶回來的珍品。19世紀末有更多鬆獅犬進口到英國，連維多利亞女王也養了一隻，可見牠受歡迎的程度。鬆獅犬在1890年首度出現在美國，但直到1920年代才比較普遍。

如今鬆獅犬通常當成寵物飼養。這種狗天性冷淡，但對家人十分忠誠，對陌生人則有警戒心。此外可能有支配慾，因此必須嚴格訓練並從小教養。鬆獅犬只需要中等程度的運動量，不過每天散步所帶來的心智刺激對牠有益。牠最著名的特徵包括濃密的毛、類似獅鬃的領毛、皺眉的表情，和藍黑色的舌頭。可分為兩個類型：長毛鬆獅犬擁有極為濃密而豎起的毛，短毛鬆獅犬則有茂密的短毛。

幼犬

寵物療法的先驅

如今有各式各樣的狗作為「治療犬」，安撫不安或壓力大的人。最早的治療助理犬是一隻名為喬菲（Jo-Fi）的鬆獅犬，與心理分析之父西格蒙德・佛洛伊德（Sigmund Freud）一起工作（下圖，約1935年攝於奧地利）。喬菲在患者接受治療時會與佛洛伊德一同待在診間，接收有關患者心理狀態的暗示。喬菲對於沉默或沮喪的人會靠近，對緊張的人會遠離。佛洛伊德表示，喬菲對患者，尤其是兒童，具有一種讓人平靜、安心的作用。

長毛鬆獅犬

四國犬 Shikoku

身高 46-52公分
體重 16-26公斤
壽命 10-12年

芝麻色與黑芝麻色

四國犬過去是在日本偏遠山區做為山豬獵犬，由於難以取得用來雜交，因此仍保留了純正的血統。四國犬韌性強、動作敏捷，熱衷於追逐其他動物，訓練難度高，但能與牠喜愛和信任的人建立深厚的感情。

珍島犬 Korean Jindo

身高 46-53公分
體重 9-23公斤
壽命 12-15年

白色
紅色
黑褐色

該品種以發源地韓國珍島（Jindo）為名，在韓國常見但在其他地方則較少見。珍島犬過去用於獵捕大型與小型獵物，因此牠喜愛追逐其他動物的本性可能難以控制。

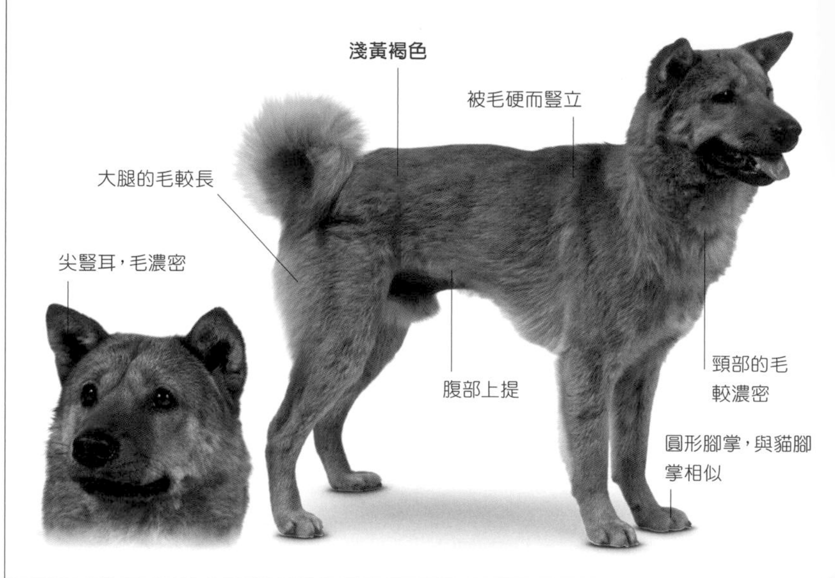

柴犬 Japanese Shiba Inu

身高 37-40公分
體重 7-11公斤
壽命 12-15年

白色　黑褐色
紅毛狗可能有黑色被毛（紅芝麻色）。

柴犬是日本體型最小的獵犬，也是日本的國寶，在原生地已有數百年的歷史。柴犬大膽而活潑，是快樂的家犬，但如果沒有從小教養可能很不可靠，在戶外必須控制牠的狩獵本能。

紅色
被毛粗硬
尾巴緊緊捲起，毛較長
小三角耳略微向前傾
身體下側為白毛
圓形腳掌與貓腳掌相似

甲斐犬 Kai

身高 48-53公分
體重 11-25公斤
壽命 12-15年

各種紅斑色

甲斐犬是日本最古老、血統最純正的原生犬種之一，於1934年被列為日本國寶。這種狗是活潑好動的獵犬，通常成群活動，但也能相當程度扮演好家庭陪伴犬的角色，不過不建議新手飼主飼養。

銀狐犬 Japanese Spitz

身高 30-37公分
體重 5-10公斤
壽命 12年以上

銀狐犬長得很像迷你版的薩摩耶犬（第106頁），但並無證據顯示兩者源自於同一祖先。這個開朗活潑的犬種原產於日本，但在全球各地都深受喜愛。銀狐犬特有的行為是不停吠叫，但透過訓練即可控制。

金塔馬尼犬 Kintamani-Bali Dog

身高 44-57公分
體重 13-18公斤
壽命 約14年

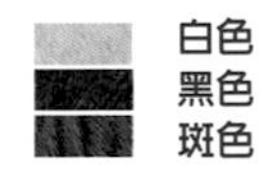

白色
黑色
斑色

原生於峇里島的金塔馬尼犬如今已成為印尼的國犬，品種名取自這種狗的原生山區地名。在當地作為守衛犬，以聰明、警覺性高著稱，但性情溫和，容易訓練。金塔馬尼犬1985年第一次在峇里島的狗展上亮相，在峇里島很受歡迎，但在其他地方依然罕見。

歐亞犬 Eurasier

身高 48-60公分
體重 18-32公斤
壽命 12年以上

任何顏色
毛色不應為全白色、肝色，或帶有白色毛斑。

歐亞犬是現代品種，1960年代在德國以鬆獅犬（見112頁）、德國絨毛狼犬（117頁）和薩摩耶犬（106頁）雜交而成，但仍十分稀有。歐亞犬是理想的寵物犬，性情平和、冷靜，但又有警覺性，隨時可與家人建立深厚感情。

義大利狐狸犬 Italian Volpino

身高 25-30公分
體重 4-5公斤
壽命 最多16年

紅色

過去一個世紀以來，這種外型美麗的小狗一直是義大利人的最愛，是貴族備受寵愛的寵物，也是農民的守衛犬。義大利狐狸犬一見到陌生人便會立刻吠叫，對體型更大的守衛犬發出警告，表示可能有問題發生。這種狗活潑愛玩，幾乎在任何居家環境中都能適應。

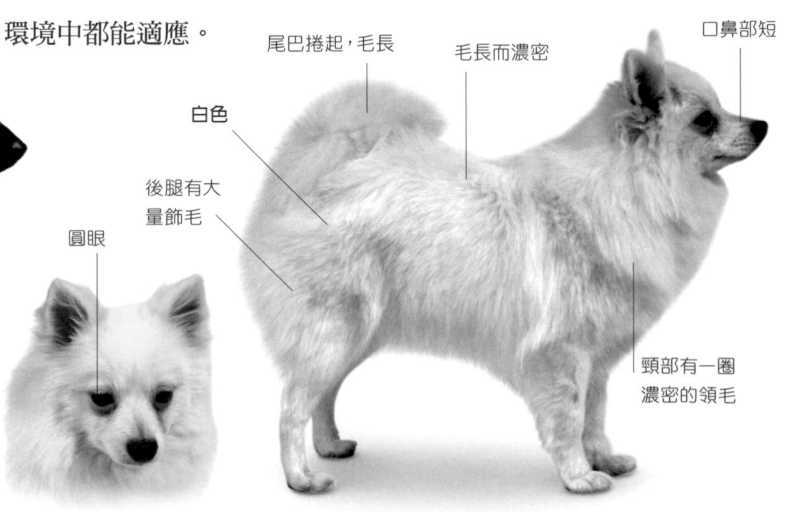

德國絨毛犬 German Spitz

大型

身高	體重	壽命	多種顏色
小型：23-29公分 中型：30-38公分 大型：42-50公分	小型：8-10公斤 中型：11-12公斤 大型：17-18公斤	14-15年	

活潑開朗的德國絨毛犬有優秀的守衛本能，學習速度快，適合各種家庭

德國絨毛犬有三種體型，其中小型、中型已獲得畜犬協會（KC）認證，而大型德國絨毛犬則獲得世界畜犬聯盟（FCI）認證。三種都是北極游牧民族牧犬的後代。

德國絨毛犬過去主要作為獵犬、牲口牧犬及守衛犬；牠濃密的底毛和粗硬的被毛可以在溼冷的環境中提供保護。到了19世紀，德國絨毛犬較常當成寵物和展犬飼養。部分德國絨毛犬也出口到美國，進而衍生出美國愛斯基摩犬（見121頁）。每種體型的德國絨毛犬都屬罕見犬種。

德國絨毛犬喜歡受人關愛，但個性獨立，若無堅定的領導，可能會變得任性，因此需要細心訓練。只要能教會兒童尊重犬隻，德國絨毛犬也能與兒童相處融洽。這些開朗、親人的狗一旦在家中的地位確立，會是適合各年齡層飼主的絕佳寵物。毛極為濃密，必須每天徹底梳理以避免糾結。

愈老愈有智慧？

在19世紀的一則德國寓言故事中（下圖），一隻絨毛犬智取一隻想偷牠骨頭的巴哥犬。雖然絨毛犬品種是否真的比巴哥犬聰明並無定論，但絨毛犬確實是最古老的犬種類型之一。1750年德國博物學家布豐伯爵（Count Buffon）根據他對德國絨毛犬的認識，表示絨毛犬是所有家犬的祖先。現代的基因證據支持布豐的理論，顯示部分絨毛犬的起源時間較早，但如今沒有任何一個品種可視為所有品種的祖先，哪個品種比較聰明也尚無定論。

史奇派克犬 Schipperke

身高 25-33公分
體重 6-8公斤
壽命 12年以上

多種顏色

這個品種又名比利時駁船犬（Belgian Barge Dog），過去由河上的法蘭德斯船夫飼養，用於守衛駁船，避免老鼠過度繁殖。在居家環境中，史奇派克犬仍保持守衛的天性，對陌生人具警戒心。這種狗個性活潑可愛，是讓人愉快的寵物。

凱斯犬 Keeshond

身高 43-46公分
體重 15-20公斤
壽命 12-15年

凱斯犬在18世紀是荷蘭的河上船員與農夫的守衛犬。這種狗不具攻擊性，聰明而外向，加上天性友善，是人見人愛的陪伴犬。凱斯犬學習力強，與人類和其他寵物都能相處融洽。

德國絨毛狼犬 German Wolfspitz

身高 43-55公分
體重 27-32公斤
壽命 12-15年

德國絨毛狼犬是目前已知最古老的歐洲犬之一，也是凱斯犬（左）的起源品種，在部分國家這兩個品種並無特別區分。德國絨毛犬極易訓練，也渴望成為家庭的一分子。對陌生人有戒心，因此時常吠叫，不過沒有攻擊性。

博美犬 Pomeranian

身高	體重	壽命	任何單色
22-28公分	2-3公斤	12-15年	毛色不應帶有黑色或白色。

個性親人的博美犬雖然體型嬌小卻勇敢且具有保護慾，是絕佳的家庭寵物

博美犬是體型最小的德國絨毛犬（見116頁），在某些國家又稱為「侏儒絨毛犬」（Zwergspitz或Spitz nain）。博美犬的名字取自波美拉尼亞（Pomerania）地區（現今的波蘭北部和德國東北部），過去博美犬在當地主要作為牧羊犬。

早期波美拉尼亞地區的博美犬體型遠比今天的品種龐大，體重可達14公斤，且通常為白色。這種絨毛犬自1760年代起從歐洲大陸輸入英國；這類型的狗都以起源地為名，通稱為「博美犬」。

到了19世紀，博美犬經過選育，體型縮小至「玩賞犬」的大小，部分原因在於維多利亞女王對小型犬的熱愛。育種人士從德國及義大利進口不同顏色的小型絨毛犬來加以改良（並消除舊品種博美犬愛咬人的習性）。1891年博美犬育犬者在英國成立社團，1900年在美國也成立社團。20世紀期間，博美犬的主要特徵，包括體型嬌小、華麗的「蓬鬆毛球」外型和活潑的個性，都進一步精緻化。

博美狗聰明而活潑，是親人的寵物，也喜歡人類的陪伴，會對飼主產生深厚的感情，不過需要堅定但溫柔的訓練，以免支配性過強。以這麼小的狗來說，博美犬跑起來非常快，因此不繫繩時須多加留意。被毛雖然濃密但不難打理，只是需要每隔幾天梳一次。

幼犬

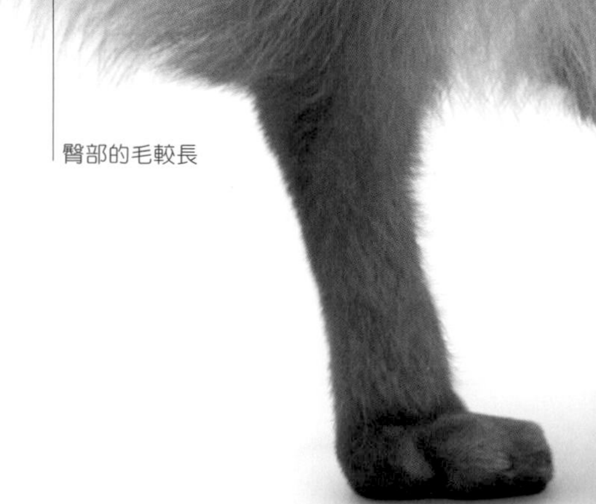

臀部的毛較長

皇室眷顧

1761年英王喬治三世之妻夏洛特王后來到英國時，帶了幾隻白色絨毛犬作伴。這些狗的體型雖然遠比今天的博美犬大，但很受當時德國宮廷喜愛。這種狗在英國也馬上受到歡迎，並出現在庚斯博羅（Gainsborough）的好幾幅畫作中，包括《早晨散步》（The Morning Walk，右圖）。維多利亞女王1888年在義大利之行中取得幾隻體型較小的博美犬，並進口了幾隻到英國之後，這種狗的人氣更進一步高漲。

1785年湯馬斯・庚斯博羅所繪的威廉・哈列特夫婦（《早晨散步》）

尾巴極為蓬鬆，向
上捲至背部
小豎耳
橘色
略呈橢圓形的深色
眼珠，眼眶為黑色
頸部、肩部、胸部有
豐沛的長毛
臉部有短毛，與
狐狸相似
毛柔軟蓬鬆
腿下半部的毛較短

冰島牧羊犬 Icelandic Sheepdog

身高 42-46公分
體重 9-14公斤
壽命 12-15年

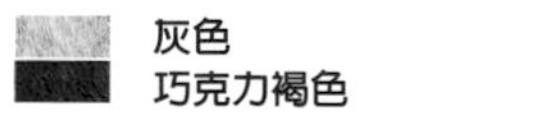

灰色
巧克力褐色
黑色
褐色和灰色個體可能有黑色面具。

吃苦耐勞又健壯的冰島牧羊犬又名弗里亞犬（Friaar Dog），由早期殖民者帶到冰島。冰島牧羊犬可在崎嶇的地面及淺水區敏捷移動，加上喜歡吠叫，因此極適合當成牲口牧犬。若當成寵物飼養，需要給予大量運動。分為長毛和短毛兩型。

挪威海鸚犬 Norwegian Lundehund

身高 32-38公分
體重 6-7公斤
壽命 12年

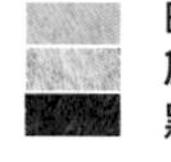

白色
灰色
黑色
黑色與灰色個體帶有白毛；白色個體則帶有深色毛。

挪威海鸚犬的動作特別敏捷，頭能向後轉過肩膀，前腿能向兩側伸展，除了這些特點之外，每個腳掌還有雙懸爪，能讓牠在地勢危險的地方抓鳥巢，因此過去是用來抓海鸚的獵犬。若當成寵物飼養則需要大量訓練和運動。

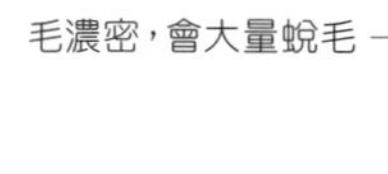

北歐絨毛犬 Nordic Spitz

身高 42-45公分
體重 8-15公斤
壽命 15-20年

這種體型輕盈的小型絨毛犬是瑞典的國犬，當地人稱之為Norbottenspets，意思是「來自波斯尼亞郡的絨毛犬」。北歐絨毛犬過去用於獵捕松鼠，後來則用來捕禽鳥。眼神明亮、尾巴蓬鬆的北歐絨毛犬不難訓練，但需要規律運動。

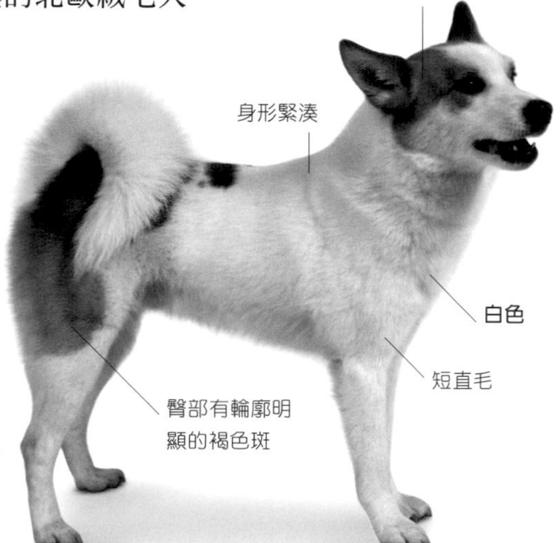

挪威布哈德犬 Norwegian Buhund

身高 41-46公分
體重 12-18公斤
壽命 12-15年

紅色
被毛為紅色、小麥色與淡狼貂色的個體，臉部、耳朵以及尾巴尖端可能有黑毛。

這種體型中等、動作靈活的農場犬過去用於防禦熊和野狼入侵。今天的挪威布哈德犬需要大量運動與持續訓練才會顯得朝氣蓬勃。這種狗喜歡吠叫，一年有兩次大量蛻毛期，因此可能不適合注重居家整潔的飼主。

美國愛斯基摩犬 American Eskimo Dog

身高 迷你型：23-30公分；玩賞型：30-38公分；標準型：38-48公分
體重 迷你型：3-5公斤；玩賞型：5-9公斤；標準型：9-18公斤
壽命 12-13年

這種狗雖然名為愛斯基摩犬，卻不是真正的愛斯基摩品種，而是源自德國，可能在19世紀由德國殖民者帶至美國。美國愛斯基摩犬過去曾在巡迴馬戲團中表演雜耍，學習能力強，具有強烈取悅他人的意願。依體型可分為玩賞型、迷你型與標準型。

蝴蝶犬 Papillon

身高	體重	壽命	毛色
20-28公分	2-5公斤	14年	白色 黑白色 白毛種可能有除了肝色以外任何顏色的毛斑。

蝴蝶犬秀氣開朗，但絕對不嬌弱，是討喜又聰明的陪伴犬

蝴蝶犬擁有一對長了流蘇毛的豎耳，看起來有如蝴蝶的翅膀，因此得名（papillon就是法文的蝴蝶）。這種狗是文藝復興時期以後歐洲皇室喜愛的「迷你長耳獵犬」的後代。這類型的狗常出現在描繪貴族、或致贈貴族的畫作中，例如提香於1538年所繪的《烏爾比諾的維納斯》（Venus of Urbino）。17世紀法國引進類似的狗，飼養在路易十四的王宮裡，到了18世紀成為龐巴度夫人（Madame de Pompadour）和瑪麗・安東尼（Marie Antoinette）的愛犬。

蝴蝶犬的耳朵最早是垂耳；這類型的蝴蝶犬存在至今，稱為法連尼犬（Phalène，也就是法文的「蛾」）。19世紀末，現代的豎耳蝴蝶犬開始出現，而今這種蝴蝶犬遠比垂耳蝴蝶犬更常見。不論是豎耳或垂耳，耳朵上都有蝴蝶犬著名的流蘇般柔順長毛。英國和美國視蝴蝶犬和法連尼犬為同一品種，因為同一窩幼犬可能同時出現這兩種類型。世界畜犬聯盟把這兩種蝴蝶犬歸類為歐陸玩具小獵犬（Continental Toy Spaniel）。

如今蝴蝶犬最常當成寵物或展犬飼養。這種活潑、聰明的狗熱愛人類陪伴，喜歡大量玩耍與運動。有些蝴蝶犬可能比較神經質，因此必須從小訓練，學會與其他的狗和陌生人相處。牠柔順纖細的長毛需要每天梳理以避免糾結。

長毛尾巴向上翹至背部

有長流蘇毛的「蝴蝶翅膀」耳

垂耳，兩耳間的頭頂呈圓形

三色

蝴蝶犬

白色帶有黑色毛斑

法連尼犬

法國宮廷的玩賞犬

過去玩賞犬屬於奢侈品，只有富人養得起。在公元1500年前後的肖像畫中，開始有類似小獵犬的小型犬出現在主人身邊，外型與蝴蝶犬相似。這種狗在歐陸的人氣持續攀升，到了18世紀，蝴蝶犬已成為法國宮廷的最愛；下圖尚・巴蒂斯・熱魯茲（Jean Baptiste Greuze）1774年所繪的波赫沙夫人（Madame de Porcin）畫像中就有蝴蝶犬。瑪麗・安東尼也把蝴蝶犬當成閨房犬飼養，據說在1793年，她還帶著愛犬西斯貝（Thisbe）一起上斷頭臺。

高速
靈猩在賽道上創下最高時速約72公里的紀錄，是地球上跑得最快的動物之一。

視獵犬

視獵犬又稱銳目獵犬（gazehound），是犬中的飛毛腿，主要利用敏銳的視力鎖定、追蹤獵物。視獵犬具有流線型的曲線和輕盈的體態，但爆發力十足，並具有絕佳的彈性，能在追捕獵物時高速奔跑與轉彎。這個類型的狗大多培育來獵捕特定獵物。

考古證據顯示早在數千年前，人類打獵時身邊就已經帶著體型精瘦的長腿犬，但現代視獵犬的早期發展過程至今仍未完全明朗。據了解很可能是與包括㹴犬在內的不同犬種多次雜交，才產生靈緹（見126頁）、惠比特犬（128頁）等典型的視獵犬。

大多數視獵犬都可輕易看出屬於同一類型。人類透過選育，培養出有助於提升速度的特徵，包括強壯而柔軟的背部以及運動員般的體格，讓牠在全速奔馳時身軀能夠大幅伸展；步伐跨距長，四肢靈活，後腿及臀部強壯，以提供推進力。另一項特徵就是頭型窄長，鼻梁沒有明顯的凹陷，或甚至如俄國獵狼犬（第132頁）根本沒有凹陷。用於獵捕與叼起小型獵物的視獵犬，通常在全速奔跑時會把頭壓低。視獵犬另一項常見的特徵，就是具有深厚的胸膛，可容納比一般的狗更大的心臟以及良好的肺活量。這一組的狗大多擁有短毛或柔順光滑的毛；只有阿富汗獵犬（136頁）的毛特別長。

視獵犬優雅而高貴，一直是富人與權貴人士偏愛的獵犬。古埃及法老飼養的狗就是靈緹，至少是和現代靈緹極為相似的追獵犬。阿拉伯酋長過去好幾個世紀也一直用薩路基獵犬（第131頁）在沙漠中獵捕瞪羚，至今還是偶爾會這麼做。在前蘇聯，雄壯的俄國獵狼犬受到貴族甚至皇室的青睞，特別飼養來追捕與獵殺野狼。

如今視獵犬主要用於賽跑和追獵，也常做為寵物飼養。視獵犬通常沒有攻擊性，有時略嫌冷漠，是深具吸引力的家庭寵物，不過帶到戶外時需要謹慎管理，運動時最好繫上狗鏈。視獵犬追逐小動物的本能可能強烈到足以讓牠把一切服從訓練拋在腦後，牠一旦把某個東西視為獵物、開始追逐，就幾乎不可能制止。

靈猩 Greyhound

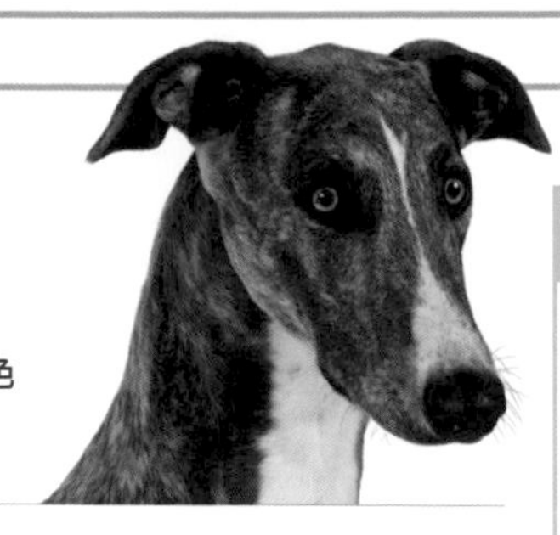

身高	體重	壽命	任何顏色
69-76公分	27-30公斤	11-12年	

靈猩的速度驚人，是容易調教且溫馴的家庭寵物，只要短暫的激烈運動就能讓牠滿足

靈猩源自英國，過去曾經以為牠最早的祖先是大約公元前4000年埃及墓室壁畫上描繪的纖瘦獵犬。不過DNA證據顯示雖然兩者外表相似，靈猩的血緣其實與牧犬更相近。另一個可能的祖先是名為Vertragus的古凱爾特犬，用於狩獵和追蹤野兔。

體型龐大、行動敏捷的視獵犬大約在公元1000年出現於英國。起初大多用於狩獵，但在中世紀時期只有貴族才養得起。到了18世紀，上流階層開始流行獵兔活動，也建立了第一批靈猩血統簿。

敏捷強壯的靈猩衝刺速度可達時速72公里，是針對跑步而培育的犬類。如今靈猩仍用於追獵活動，但在賽狗場上更為常見。有人也會把靈猩培育成展犬；參加狗展的靈猩體型通常比賽犬大。

愈來愈多人喜歡以從賽狗場上退休的靈猩作為寵物。這種狗個性溫和、飼養容易，只需要適度運動即可，但由於體型纖瘦、毛皮單薄，可能需要注意保暖。

飛毛腿米克

英國第一隻著名的靈猩賽犬是一隻由牧師飼養的愛爾蘭犬。米克（Mick the Miller）生於1926年，幼年時體弱多病，卻在愛爾蘭贏得15場比賽的冠軍，後來又贏得1929年在倫敦白城（White City）舉行的比賽，並在525碼項目中打破世界紀錄。自1929年至1931年，米克（右圖）贏得一系列重大比賽的冠軍，成為民眾最喜愛的賽犬。米克退休後賺到了2萬英鎊的配種費，也參與電影演出，最後於1939年過世。

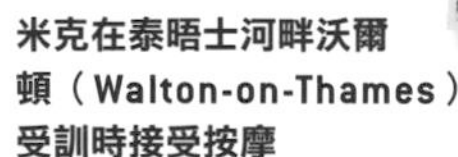

米克在泰晤士河畔沃爾頓（Walton-on-Thames）受訓時接受按摩

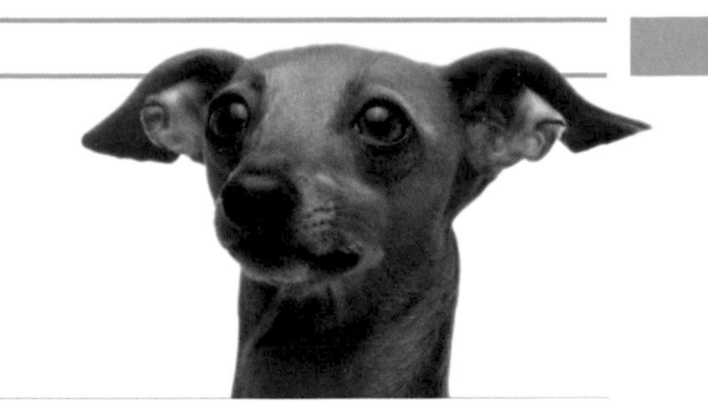

義大利靈猑 Italian Greyhound

身高	體重	壽命	多種顏色
32-38公分	4-5公斤	14年	黑色與藍色類型會有褐色毛，但不應為斑色。

這種皮膚光滑的迷你型靈猑喜歡物質享受，體型和牠需要的運動量不成比例

這種迷你靈猑原產於地中海國家——在2000年前的土耳其與希臘藝術作品中已有類似小型靈猑的狗，而在淹沒龐貝的熔岩中也發現過一隻類似的狗。到了文藝復興時期，迷你型的靈猑成了深受義大利宮廷喜愛的寵物。17世紀被帶到英國之後，深受英國及其他歐洲王室宮廷的喜愛。

義大利靈猑每天都需要運動和精神刺激。這種狗體型嬌小，但跑得很快，衝刺速度可達時速64公里。十分聰明有活力，具有強烈的追逐本能。從牠過去的貴族生活可知義大利靈猑喜歡被人寵愛，通常對飼主家庭非常忠心，需要經常與人互動，否則可能會覺得無聊而調皮搗蛋。雖然體格纖細，但實際上並不瘦弱，不過仍可能被粗魯的兒童或其他體型較大的狗弄傷。

義大利靈猑被毛短、皮膚薄，容易受到溼冷的天氣影響，因此冬季外出時需要加穿衣服。

國王的知己

普魯士國王腓特烈大帝（Frederick the Great of Prussia，圖右，圖為描摹18世紀繪畫的木版畫）據說飼養了50隻以上的迷你猑型靈　，甚至在七年戰爭（1756至1763年）時還在鞍囊中帶了一隻上戰場。這隻狗過世後，腓特烈大帝把牠葬在自己最喜歡的住所，也就是位於波次坦（Potsdam）的無憂宮（San-ssouci Palace），並表示死後將與狗同葬，但繼位的國王不允許。腓特烈大帝卒於1786年，直到1991年才終於將他遷葬，完成他的遺願。

成犬與幼犬

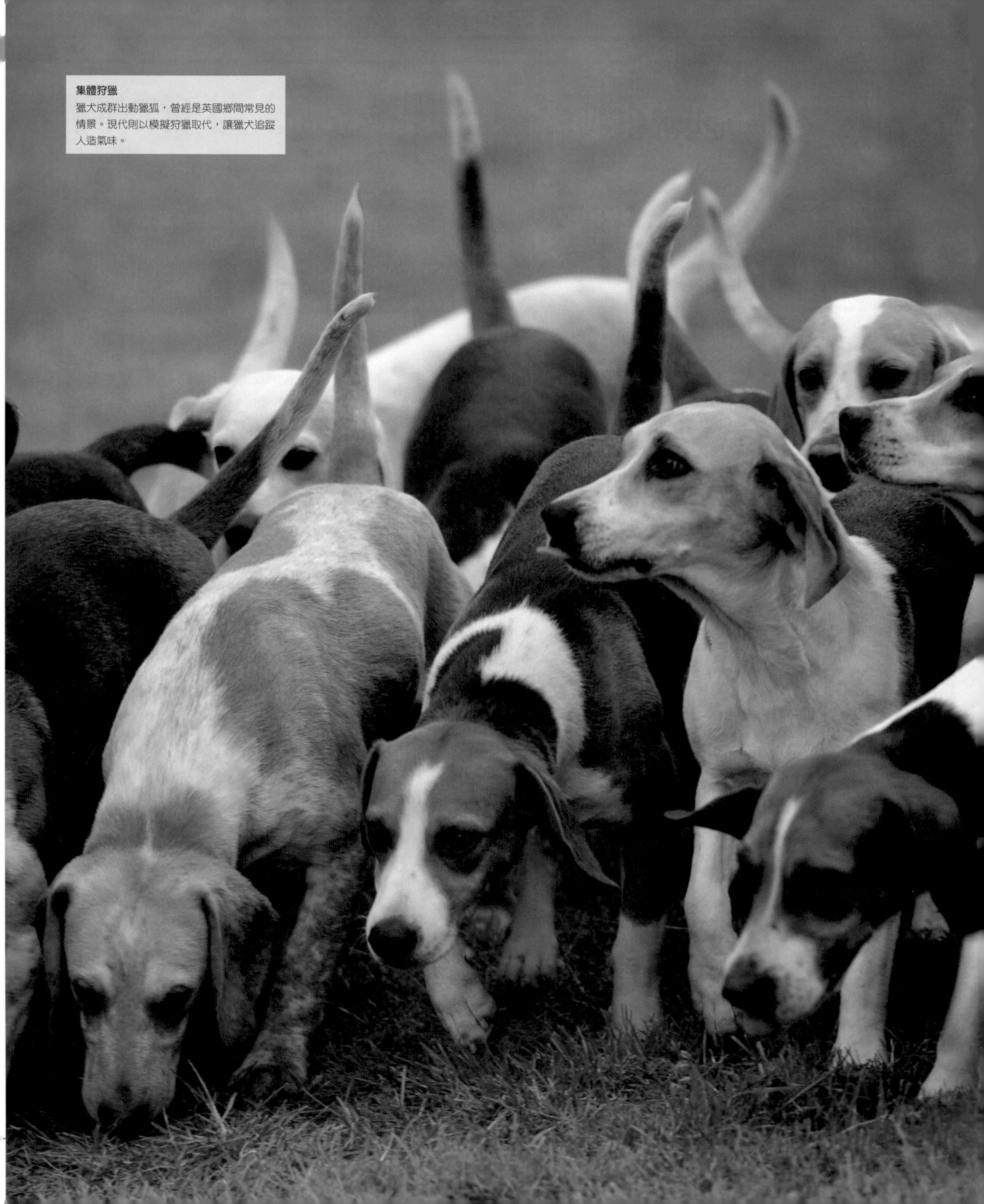

集體狩獵

獵犬成群出動獵狐，曾經是英國鄉間常見的情景。現代則以模擬狩獵取代，讓獵犬追蹤人造氣味。

嗅獵犬

狗最重要的能力，就是敏銳的嗅覺，而鼻子最靈敏的狗則非嗅獵犬莫屬。不同於視獵犬（見124-25頁）利用眼睛，嗅獵犬是循著氣味追蹤獵物。這一類的狗通常會成群狩獵，天生就懂得跟著氣味（即使是幾天前留下的氣味），一心一意地追蹤下去。

我們不知道人類究竟是從什麼時候開始發現某些狗具有憑嗅覺狩獵的非凡能力。現代嗅獵犬的起源，或許可以追溯到古代獒犬類的狗，這些狗是由商人從現今的敘利亞地區帶進歐洲；到了中世紀，帶著成群的嗅獵犬打獵已經成了許多地方盛行的活動，獵物包括狐狸、野兔、鹿和野豬。這項活動在17世紀傳到了北美洲，由帶著自家獵狐犬的英國殖民者引進。

嗅獵犬體型有大有小，但通常口鼻部發達，裡面充滿了氣味受器，鬆弛溼潤的嘴唇也有助於偵測氣味；此外還有長墜耳。這類獵犬往往力量勝過速度，身體強壯，上半身尤其強健有力。現今已知的嗅獵犬品種都是經過選育，選擇標準除了根據牠們追蹤的獵物體型，也根據獵場的地區特性。例如，英國獵狐犬（見158頁）為了陪伴騎馬的主人在大多空曠的地形中打獵，所以跑得比較快，體型也較輕盈。米格魯（152頁）的外型與英國獵狐犬相似，但體型小得多，用來獵捕野兔，有時須鑽進茂密的灌叢，主人則徒步跟著牠。某些短腿型的狗是培育來追蹤或挖掘地底的獵物。小型嗅獵犬中最著名的就是臘腸犬（170頁），這種小獵犬非常敏捷，擅長在狹窄的地方鑽進鑽出。獵獺犬（142頁）則是在河流與溪流中捕獵物，有時甚至大多時候都在游泳，因此有防水毛皮，腳趾間的蹼也比多數狗更寬。

由於英國已禁止帶獵犬打獵，英國獵狐犬和哈利獵兔犬（第154頁）等英國犬種的未來出現了變數。雖然群獵犬通常很合群，善於和其他狗相處，但作為家庭寵物卻很難令人滿意。這種狗需要空間，通常很愛叫，而且對任何氣味都有強烈的追蹤本能，可能導致難以訓練。

大格里芬旺代犬 Grand Griffon Vendéen

身高	體重	壽命
60-68公分	30-35公斤	12-13年

淺黃褐色
黑褐色
黑白相間
三色

淺黃褐色類型表層可能有黑毛。

書記犬

「格里芬」（griffon）源自法文的greffier，意思是「書記」。大格里芬旺代犬（以及其他格里芬犬種）的祖先是白色剛毛獵犬。15世紀最早開始飼養這類型狗的人之一是法國書記，因此早期被稱為「書記犬」（greffier dog），簡稱為格里芬。後來格里芬就用來泛指多個類型的長毛獵犬。

這種比例完美又熱情的獵犬不但聰明，也喜歡家庭生活，但最適合生活在鄉間

格里芬旺代犬有四種，都原產於法國西部的文迭（Vendée）地區。大格里芬旺代犬正如其名，是其中體型最大、歷史最悠久的品種。牠的祖先包括15世紀的「書記犬」淺黃布列塔尼格里芬犬（見149頁、現已絕種的格里芬德布雷斯犬（Griffon de Bresse），以及來自義大利的長毛獵犬。

該品種自古用於獵捕鹿和野豬等大型獵物，至今用途未變。大格里芬旺代犬主要以群獵方式，或繫上狗鍊跟著獵人打獵。這種狗樂於追蹤氣味，即使是在茂密的林下灌叢中也不受影響；毛有兩層，包括濃密的底毛和粗硬的被毛，可以在各種植被與氣候下提供保護。

大格里芬旺代犬的毛色有黑色、白色、褐色與淺黃褐色等各色混雜。多種淺黃褐色類型的毛末端都帶有黑色，傳統稱為「野兔色」、「狼色」、「獾色」或「野豬色」。

這種狗的叫聲悅耳，個性迷人，有強烈的追蹤本能，心智也很獨立，需要細心訓練和嚴格管教。此外也需要廣大的空間和每天大量運動。

格里芬尼韋奈犬 Griffon Nivernais

身高 53-62公分
體重 23-25公斤
壽命 12-15年

這個品種是最古老的法國獵犬之一，擁有英國獵狐犬（見158頁）和獵獺犬（142頁）的血統。格里芬尼韋奈犬主要用於追蹤野豬，具有絕佳的耐力，可以獨立工作，但通常成群狩獵。在茂密的植被中，牠粗硬蓬亂的毛有保護作用。

中型格里芬旺代犬 Briquet Griffon Vendéen

身高 48-55公分
體重 16-24公斤
壽命 12年

淺黃褐色帶黑色表層毛
黑褐色
黑白色
黑色、褐色與白色

中型格里芬旺代犬體型適中，比例良好，這種外型俊美、意志堅定的獵犬用於追蹤野豬和獐，是以大格里芬旺代犬（左頁）培育出的縮小版。這種獵犬通常成群出獵，但只要讓牠從小開始習慣，也能適應都會生活。

巴吉度獵犬 Basset Hound

身高	體重	壽命	多種顏色
33-38公分	18-27公斤	10-13年	任何經認證的獵犬顏色。

這種身形低矮、耳朵超大的狗是絕佳的追蹤犬，狩獵本能強烈，但也是非常親人的寵物

「巴吉度」類型的品種原產於法國；這個名字源自法文的bas，意思是「低矮」，形容這種狗低矮的身形和短腿。這個類型的狗已經在法國存在數世紀之久，但直到1585年撰寫的法國狩獵教材，才首度提及「巴吉度」犬這個名字。這種狗會以緩慢的步調追蹤氣味，非常適合徒步打獵的人。1789年法國大革命後，有愈來愈多平民飼養巴吉度品種，通常用來獵捕兔子和野兔。

巴吉度獵犬在1863年的巴黎狗展中首度引起廣大注意。英國人在1870年代開始進口這種狗，而英國最早的巴吉度獵犬品種標準則是在19世紀末正式訂立。

今天的某些巴吉度獵犬仍成群或單獨用於狩獵和追蹤。這個犬種很適合追蹤狐狸、野兔、負鼠、雉雞等小型獵物，也適合在茂密的遮蔽物中工作。這種完美的嗅探犬具有十分敏銳的嗅覺和強烈的追蹤本能；一旦開始追蹤某個氣味，可能會心無旁騖地持續追蹤，不受任何干擾。

巴吉度獵犬大多當成家庭寵物飼養，非常聰明、冷靜、忠心而親人，但個性可能較固執，需要溫柔而堅定的訓練。

HUSH PUPPIES®商標犬

巴吉度獵犬是鞋類品牌Hush Puppies®的知名商標犬。這個品牌起源於1950年代的美國，當時有一句諺語「吠叫的狗」，形容疲累的腳，而要讓愛叫的狗安靜下來，可以用俗稱「安靜的小狗」（hush puppies）的油炸玉米餅，於是有一位銷售經理認為可以用這個當作品牌名稱，來稱呼他們舒適的鞋子。巴吉度獵犬放鬆的表情很快成為該品牌的商標。1980年代，一隻名叫傑森的狗出現在幾則幽默的文宣品和電視廣告中，使這個品牌在全世界大獲成功。

HUSH PUPPIES®的1965年雜誌廣告

矮版的尋血獵犬

巴吉度獵犬的短腿是由一種遺傳疾病造成，這種疾病也會導致四肢變形，通常是O型腿。巴吉度獵犬的速度雖然比不上牠體型較大的近似品種，卻能有效追蹤氣味，並讓徒步的獵人能輕鬆跟上。

大格里芬旺代短腿犬 Grand Basset Griffon Vendéen

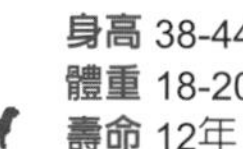

身高 38-44公分
體重 18-20公斤
壽命 12年

白橘色

這種巴吉度類型的格里芬旺代獵犬原產於法國，用來獵捕野兔，如今用於追蹤從兔子到野豬等各種獵物。短腿的大格里芬旺代短腿犬在追蹤獵物時英勇頑強，可在茂密灌木叢等高難度的鄉間環境中工作。

白色帶黑灰色與橘色毛
長墜耳
鼻子明顯，鼻孔大
服貼的硬毛與濃密的底毛

小格里芬旺代短腿犬 Petit Basset Griffon Vendéen

身高 33-38公分
體重 11-19公斤
壽命 12-14年

小格里芬旺代短腿犬是法國體型最小的格里芬旺代犬種，也是警覺性高、活潑且精力充沛的獵犬，能夠一整天在外狩獵。這種狗的腿短，身長是身高的兩倍，有濃密粗糙的被毛，很適合在茂

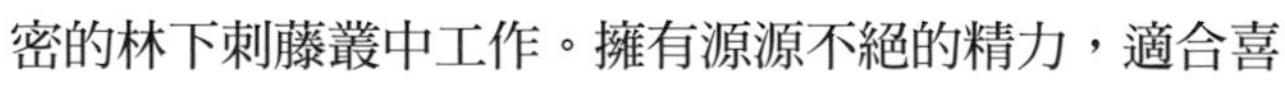

密的林下刺藤叢中工作。擁有源源不絕的精力，適合喜歡戶外活動的人當成家犬飼養。

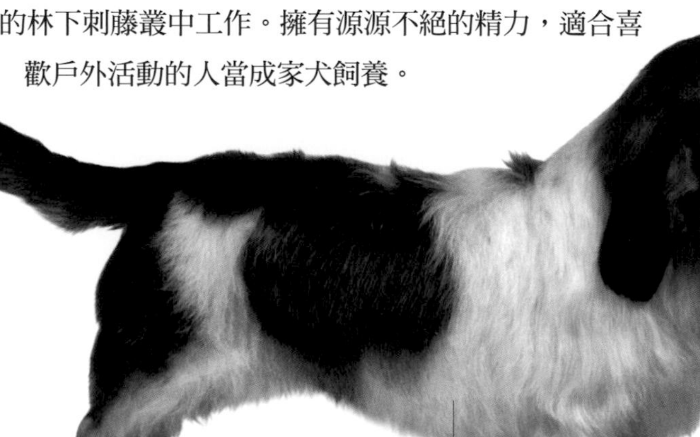

阿蒂西亞諾曼短腿犬

Basset Artesien Normand

身高 30-36公分
體重 15-20公斤
壽命 13-15年

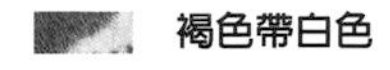 褐色帶白色

這種長身體的矮犬來自法國阿托瓦（Artois）和諾曼第（Normandy）地區，最著名的特長就是能單獨或以小群體的模式搜索、追蹤，並將野兔、兔子和鹿從藏身處趕出來追逐。這種優雅的獵犬叫聲十分低沉，不太像這麼小的狗會發出的聲音。和許多獵犬一樣需要經驗豐富的飼主訓練。

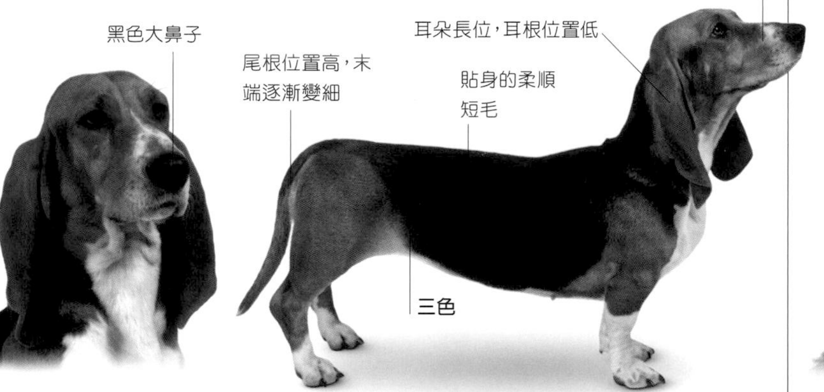

淺黃布列塔尼短腿犬

Basset Fauve de Bretagne

身高 32-38公分
體重 16-18公斤
壽命 12-14年

這種靈巧的全能法國獵犬與牠的血統來源淺黃布列塔尼格里芬犬（下）具有相同特質，勇敢，嗅覺靈敏，適合追蹤和搜救等工作。毛雖然長，但只需每週梳理一次即可。

淺黃布列塔尼格里芬犬

Griffon Fauve de Bretagne

身高 47-56公分
體重 18-22公斤
壽命 12-13年

淺黃布列塔尼格里芬犬是最古老的法國獵犬之一，血統可追溯至16世紀，原產於布列塔尼地區，用於防止野狼入侵，而今已成為全能型獵犬和活潑的家犬。牠的短腿表親就是淺黃布列塔尼短腿犬（上）。

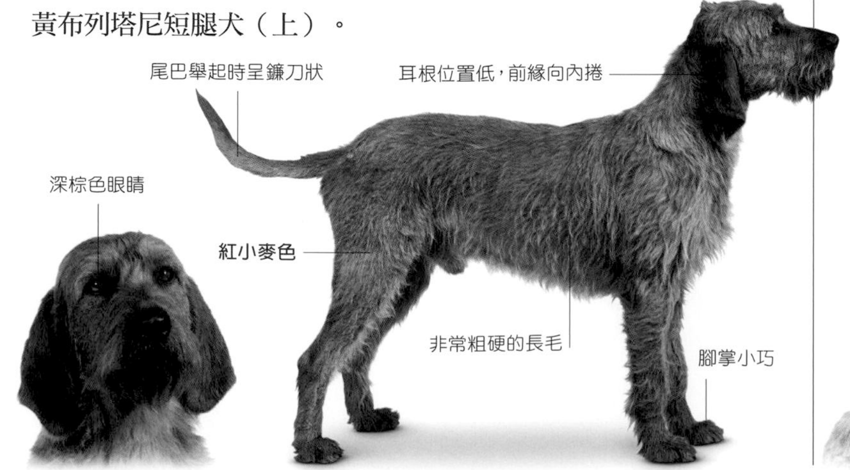

伊斯特里亞硬毛獵犬

Istrian Wire-haired Hound

身高 46-58公分
體重 16-24公斤
壽命 12年

伊斯特里亞硬毛獵犬對狩獵具有無窮的堅持與熱情，與同類型的柔毛品種（見150頁）相似。由於生性固執，可能難以訓練，因此並非理想的寵物。這種狗在原產地克羅埃西亞的伊斯特里亞半島稱為Istarski Oštrodlaki Gonic。

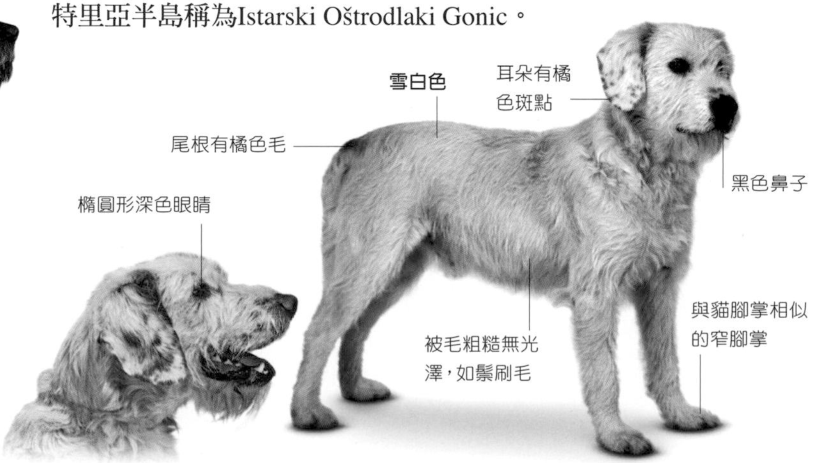

伊斯特里亞柔毛獵犬
Istrian Smooth-coated Hound

身高 44-56公分
體重 14-20公斤
壽命 12年

伊斯特里亞柔毛獵犬主要用來在克羅埃西亞廣大開闊的地形獵捕野兔與狐狸，這種俊美而健壯的獵犬在原產地名為Istarski Kratkodlaki Gonic，擁有一身讓人驚豔的雪白毛。這種狗在伊斯特里亞半島主要當成工作犬，但在鄉村家庭也會是理想的家犬。

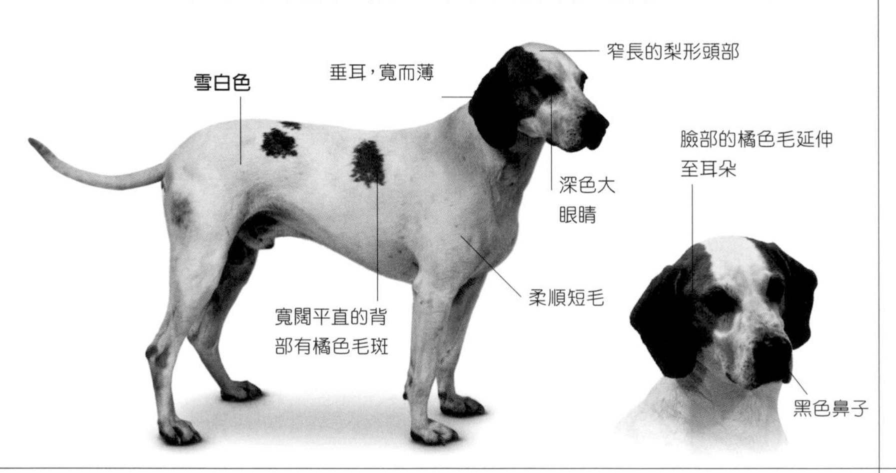

斯塔利亞粗毛山地獵犬
Styrian Coarse-haired Mountain Hound

身高 45-53公分
體重 15-18公斤
壽命 12年

紅色

中等體型的斯塔利亞粗毛山地獵犬能在崎嶇陡峭的地形中行動自如，用於在奧地利和斯洛維尼亞山區狩獵，是冷靜、性情溫和的寵物。斯塔利亞粗毛山地獵犬又名潘廷恩獵犬（Peintingen Hound），是以18世紀培育出這種狗的人為名，他最初用來雜交的是漢諾威嗅獵犬（見175頁）和伊斯特里亞硬毛獵犬（149頁）。

奧地利黑褐獵犬
Austrian Black and Tan Hound

身高 48-56公分
體重 15-23公斤
壽命 12-14年

奧地利黑褐獵犬又名Brandlbracke，是凱爾特獵犬（Celtic Hound）的後代，在原產地很受歡迎，牠的嗅覺非常敏銳，方向感佳，被用來尋找野兔並追蹤受傷的動物。這種狗工作態度積極，個性沉穩。

西班牙獵犬 Spanish Hound

身高 48-57公分
體重 20-25公斤
壽命 11-13年

西班牙獵犬的血統可追溯至中世紀，又名Sabueso Español，是針對專門用途、獨立工作的獵犬，可以遵照經驗豐富的飼主的指令，花一整天追蹤獵物。這種狗的身高差異極大，雄性體型遠大於雌性。

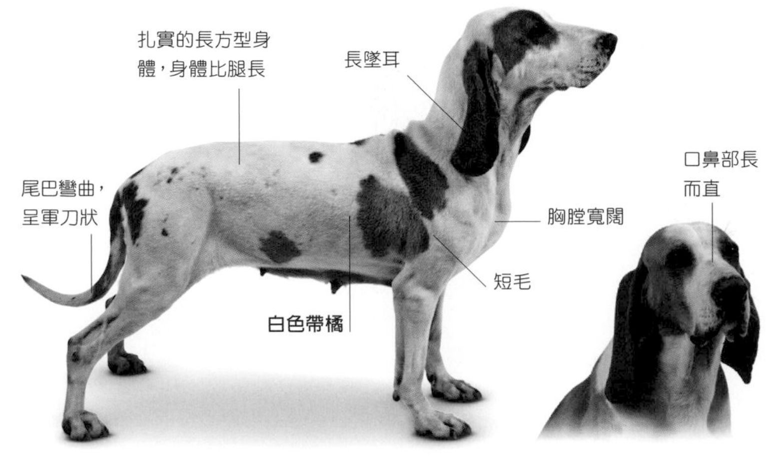

義大利獵犬 Segugio Italiano

身高	體重	壽命	毛色
48-59公分	18-28公斤	10-14年	小麥色 黑褐色

文藝復興獵犬

義大利獵犬外型獨特，結合了視獵犬的體型和嗅獵犬的頭型，顯示牠集速度、耐力和追蹤等技巧於一身。在16、17世紀的歐洲繪畫（下圖，約公元1515年至1520年，法蘭德斯彩繪圖手抄本中的一幅圖）與雕塑作品中，都可見到外型相似的狗。當時獵捕野豬是奢華的活動，參加成員包括騎著馬的貴族、穿制服的樂師和數百隻狗。到了文藝復興末期，這種聲勢浩大的狩獵活動已不盛行，也不再需要飼養這麼多狗。

對喜愛戶外活動的家庭來說，這種聰明而可愛的獵犬是理想的陪伴犬

一般相信這個類型的義大利獵犬起源於前羅馬時期，可能是埃及獵犬的後代，原本是野豬獵犬，今天較常被農民飼養，用來追蹤野兔與兔子，是很受賞識的全能型獵犬。義大利獵犬是短跑好手，但也有長途奔馳的體力，以及鍥而不捨追蹤氣味的毅力；此外牠的狩獵技巧非比尋常，會先對野兔或兔子展開追蹤（品種名稱來自義大利的seguire一字，意思就是「追蹤」），再把獵物趕向獵人，因此獵人可以單獨工作。

義大利獵犬通常沉著冷靜，工作時會發出獨特、興奮的高頻叫聲。目前大多作為工作犬飼養，只要妥善訓練，能與兒童和其他犬隻和睦相處。這種狗需要開闊的空間和每天大量運動，才能發洩精神和體力。義大利獵犬通常個性謹慎，但即使受過良好訓練，發現兔子時仍可能拔腿就跑。可分為硬毛型和短毛型兩種。

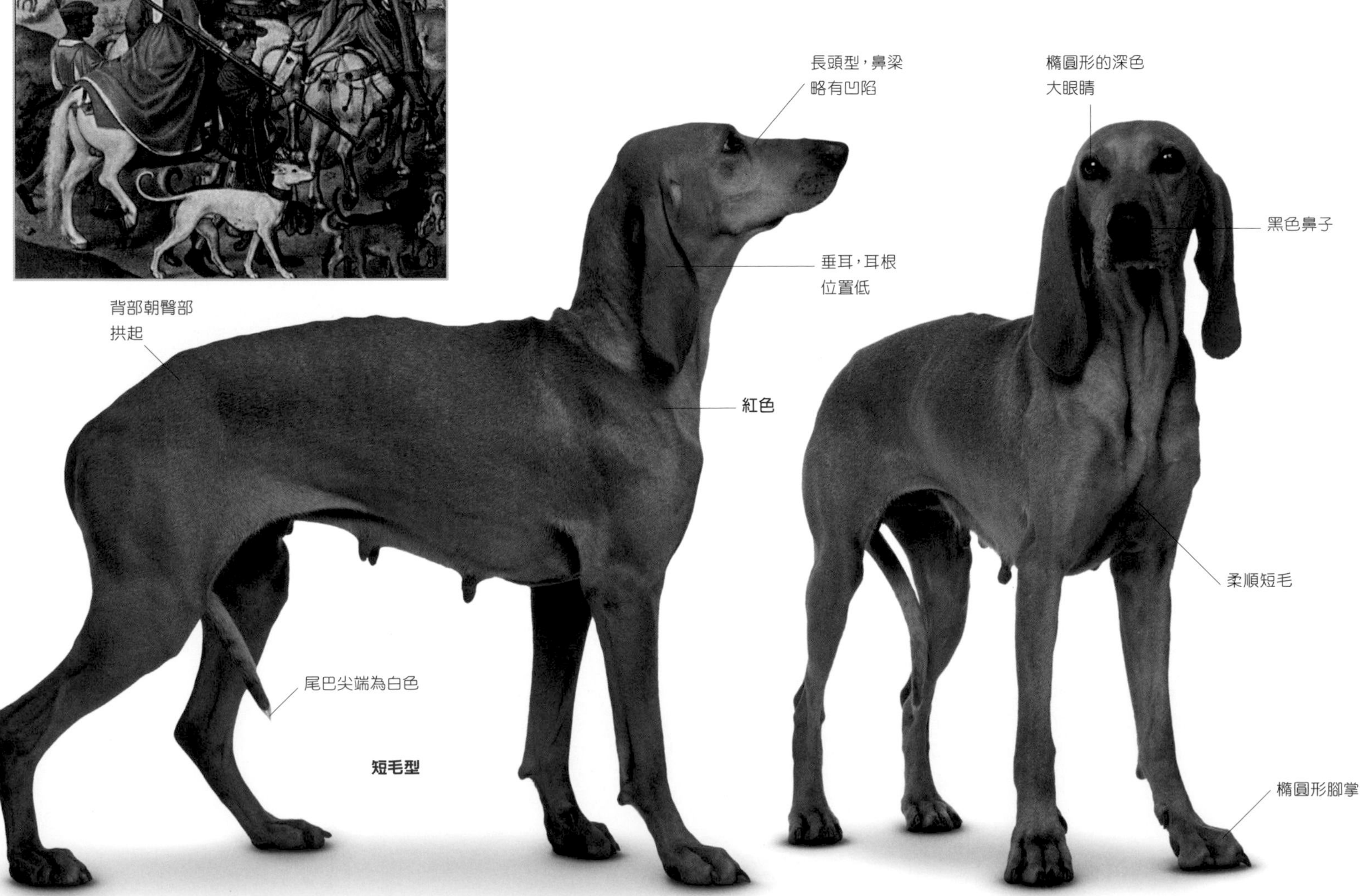

米格魯獵犬 Beagle

身高	體重	壽命	
33-40公分	9-11公斤	13年	多種顏色

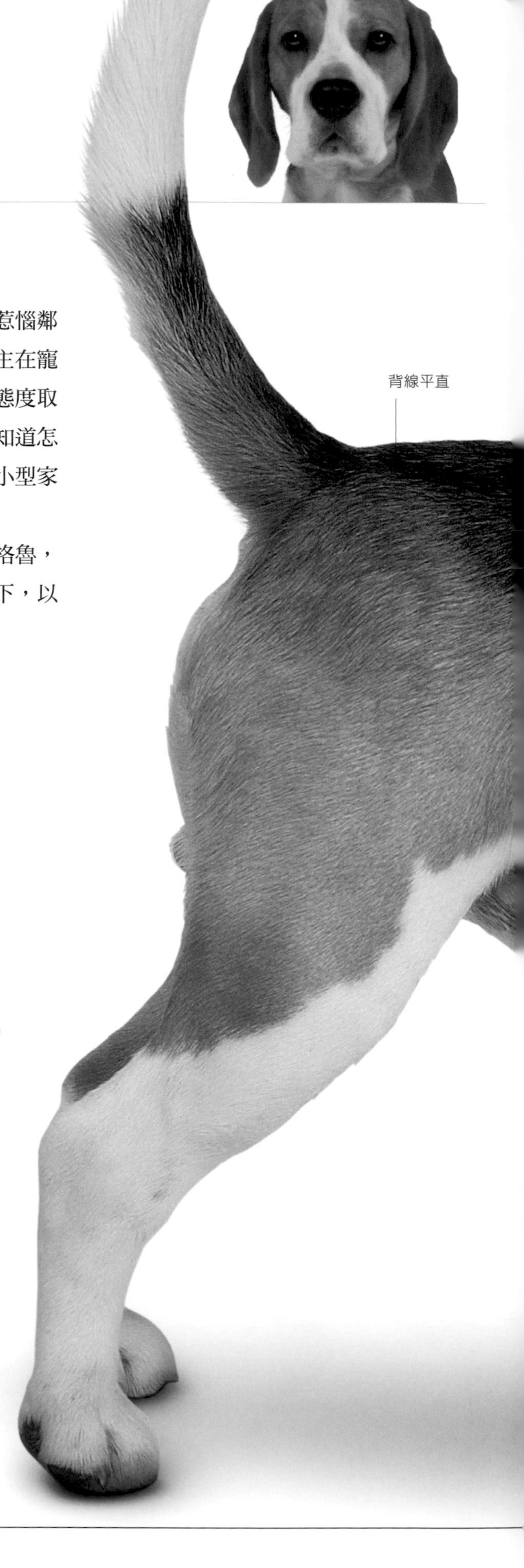

米格魯是最受歡迎的嗅獵犬之一，活潑、隨遇而安，具有強烈的追逐本能

米格魯體型健壯而扎實，帶有愉快的氣質，像極了迷你版的英國獵狐犬（見158頁）。這種狗的血統起源不明，但似乎歷史悠久，可能是從哈利犬（154頁）等其他英國嗅獵犬發展而來。英格蘭人自16世紀起開始飼養成群的米格魯型小獵犬，用於獵捕野兔和兔子，但直到1870年代，才有了現代米格魯的公認品種標準。此後這種狗一直特別受到大眾喜愛，起初用於狩獵，如今則當成寵物飼養。執法單位也一直利用這種全能型獵犬來嗅聞毒品、爆裂物和其他非法物品。

米格魯具有友善與包容的天性，是理想的寵物，不過必須給予牠大量的陪伴與運動，無法長時間獨處，否則可能導致行為問題。米格魯是典型的嗅獵犬，極為活潑且有強烈的追蹤氣味本能，如果讓牠單獨待在圍籬不夠堅固的花園裡，或沒有繫狗鍊讓牠自由奔跑，牠可能會馬上跑掉，幾個小時不見蹤影。米格魯叫聲宏亮，有吵鬧之虞，如果叫得太過分可能會惹惱鄰居。所幸米格魯相對容易訓練，飼主在寵愛之餘，最好也能以堅定而明確的態度取得主導權。米格魯能和年齡夠大、知道怎麼對待狗的兒童相處愉快，不過與小型家庭寵物在一起時則不可掉以輕心。

目前美國已承認兩種體型的米格魯，根據到肩膀的高度可分為33公分以下，以及33到38公分兩種。

幼犬

史奴比：沉默的主角

史奴比是查爾斯．舒茲（Charles M. Schulz）的長青四格漫畫《花生米》（Peanuts）中的米格魯犬。漫畫中，這隻米格魯常常坐在牠狗屋的屋頂上。史奴比擁有諷刺的世界觀和豐富想像力，總是將自己幻想成迷人的角色，包括一次大戰中的空軍王牌戰將。1969年舒茲把史奴比畫成登月太空人，結果真正參與美國太空總署（NASA）阿波羅十號登月行動的太空人，就以這隻著名的米格魯犬為他們的登月艙命名。

《花生米》漫畫中的史奴比

鼻梁凹陷明顯
臉上有典型的褐色毛
鞍部為黑色
三色
黑色鼻子
墜耳，尖端圓鈍
尾巴下半截至
末端為白色
臉上有白紋

小獵兔犬 Beagle Harrier

身高 46-50公分
體重 19-21公斤
壽命 12-13年

這種迷人的小型獵犬比米格魯獵犬（見152頁）大，但比哈利獵兔犬（右）小，一般相信血統就包含了這兩個品種。小獵兔犬在法國以外的地區並不常見，在法國則是從19世紀末開始用於獵捕小型獵物。性情討喜，是理想的家庭寵物。

哈利獵兔犬 Harrier

身高 48-55公分
體重 19-27公斤
壽命 10-12年

這種外型俊美、擁有古典比例的英國獵犬過去常用於群獵，可能是小型版的英國獵狐犬（第158頁）。哈利獵兔犬原本由徒步獵人用於獵捕野兔，而後則由騎馬獵人用於獵捕狐狸。如今這種狗是絕佳的戶外陪伴犬，也是敏捷度競賽場上的常客。

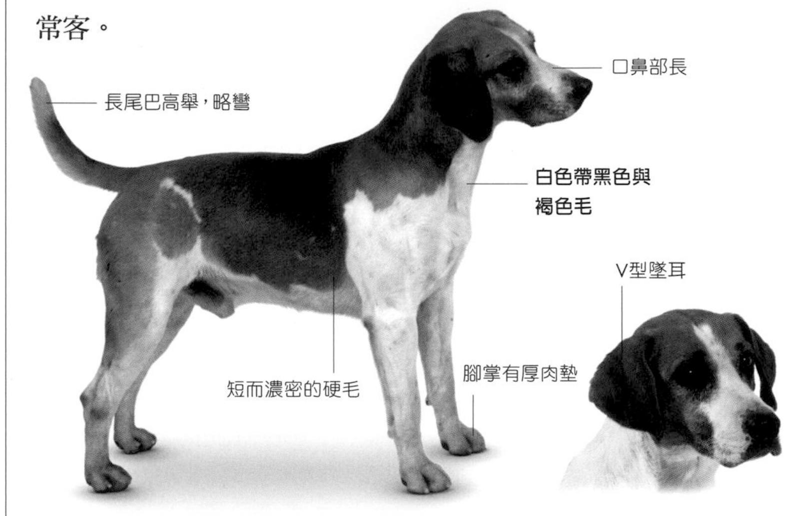

英法小獵犬
Anglo-Français de Petite Vénerie

身高 48-56公分
體重 16-20公斤
壽命 12-13年

 **褐色與白色**

又名小英法犬（Petit Anglo-Français），是數百年前在法國以英國及法國嗅獵犬混種而成。英法小獵犬今天已不常見，主要分布於歐陸，仍用於獵捕小型獵物。

瓷器犬 Porcelaine

身高 53-58公分
體重 25-28公斤
壽命 12-13年

瓷器犬可能是法國最古老的群獵獵犬，原產於法國與瑞士邊界的法蘭西康提（Franche-Comte），由於一身美麗的白毛宛如上了釉一般帶有獨特的光澤，因而得名。主要用於獵捕鹿和野豬。如果要當成寵物飼養，必須給予大量運動，訓練須講究技巧。

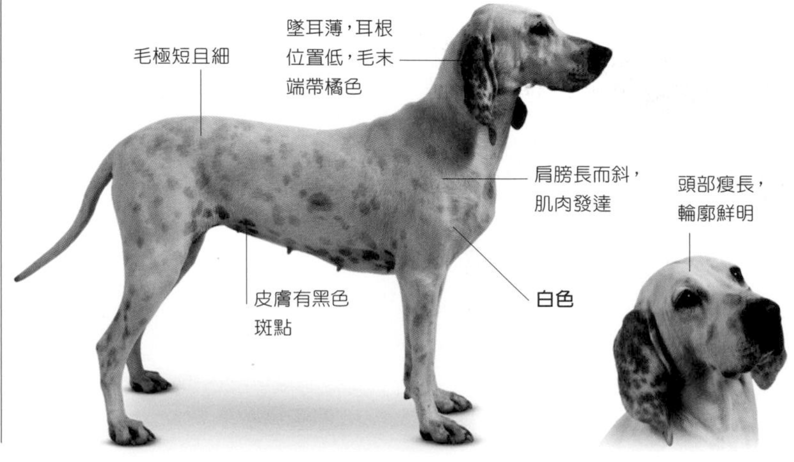

席勒獵犬 Schillerstövare

身高 49-61公分
體重 15-25公斤
壽命 10-14年

席勒獵犬是少有的瑞典犬種，因狩獵時的速度與耐力而受到重視，尤其是在雪地中的表現。被毛濃密，在原產地的氣候中能有效保暖。席勒獵犬是獨立而非群獵型的追蹤犬，會發出深沉的喉音來明確指出野兔或狐狸等獵物的所在位置。該品種是以牠的培育者，農場主人佩爾・席勒（Per Schiller）為名。

漢彌爾頓獵犬 Hamiltonstövare

身高 46-60公分
體重 23-27公斤
壽命 10-13年

這種俊美、隨和的獵犬喜歡在原野中漫步，把小型獵物趕出來，是由瑞典畜犬協會創辦人阿道夫・派翠克・漢彌爾頓伯爵（Count Adolf Patrick Hamilton）培育而成。漢彌爾頓獵犬血統包含英國獵狐犬（見158頁，因此又稱為瑞典獵狐犬）、霍爾斯汀獵犬（Holstein Hound）、漢諾威獵犬（Hanovarian Haidbrake）和寇爾蘭德獵犬（Courlander Hound）。

斯莫蘭獵犬 Smålandsstövare

身高 42-54公分
體重 15-20公斤
壽命 12年

這種瑞典獵犬又名Småland Hound，起源於16世紀，名字取自瑞典南部斯莫蘭茂密的森林，也就是這種獵犬獵捕狐狸和野兔的地方。斯莫蘭獵犬的被毛是獨特的黑褐色，與羅威那犬（第83頁）相似。

哈爾登獵犬 Halden Hound

身高 50-65公分
體重 23-29公斤
壽命 10-12年

哈爾登獵犬喜歡在開闊的雪地上高速追逐。和其他作為狩獵陪伴犬的挪威犬種一樣，在原生國以外的地區知名度不高。原產於挪威東南方的哈爾登，是以英國獵狐犬（見158頁）和當地的米格魯雜交而成。

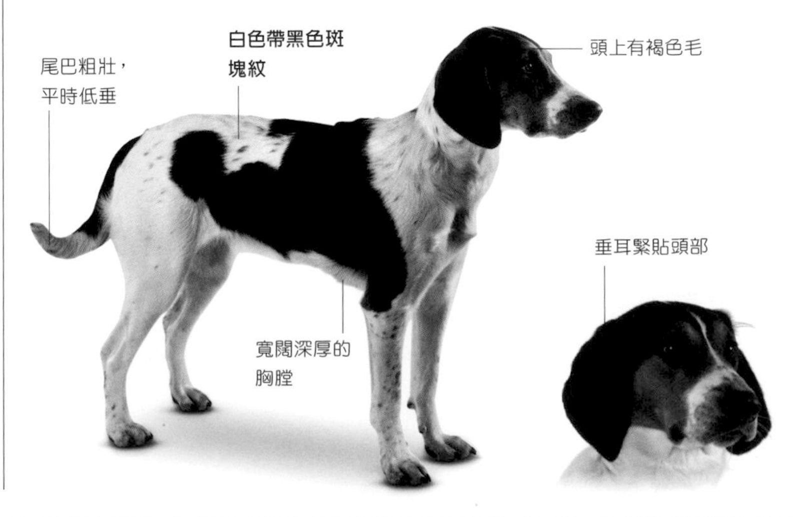

挪威獵犬 Norwegian Hound

身高 47-55公分
體重 16-23公斤
壽命 11-14年

三色

挪威獵犬又名鄧克爾犬（Dunker），個性可靠而友善，不狩獵時容易管教，主要用於在最冷可達攝氏零下15度的雪地中追蹤野兔。這種獵犬原本以威爾罕・鄧克爾上尉（Captain Wilhelm Dunker）為名，在1800年代初期以其他挪威和俄羅斯野兔獵犬培育而成。

芬蘭獵犬 Finnish Hound

身高 52-61公分
體重 21-25公斤
壽命 12年

芬蘭獵犬是目前芬蘭最受歡迎的獵犬，主要在國內積雪的森林裡幫獵人驅趕野兔和狐狸。狩獵時活力十足，但在家中卻是隨和而聽話的寵物。雖然通常都很沉著，但有時對陌生人會怕生。

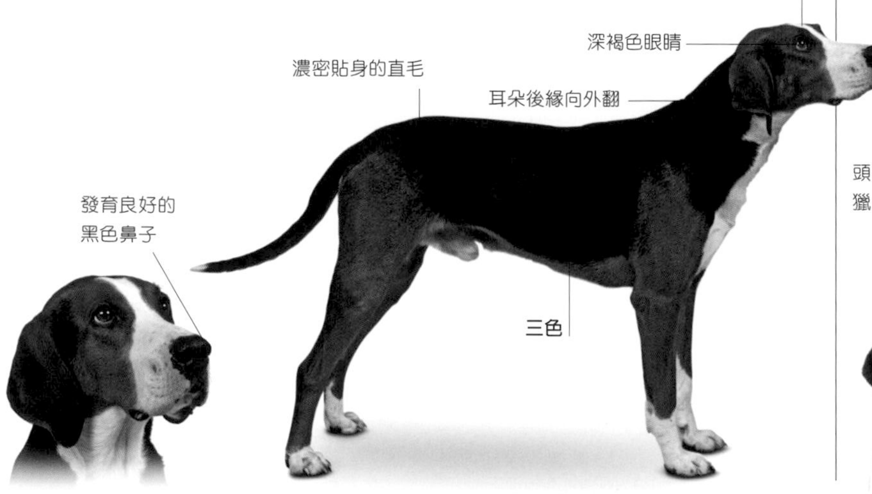

海根獵犬 Hygen Hound

身高 47-58公分
體重 20-25公斤
壽命 12年

黃紅色
黑褐色
黃紅色類型的被毛可能摻有些許黑色毛。

該品種的體重比挪威獵犬（上）輕，原產於挪威東部的林格里克（Ringerike）與羅默里克（Romerike），是針對北極積雪平原地形所培養的功能型獵犬，擁有無窮的體力，能在平原上奔馳不倦。這種聰明的獵犬喜歡長途散步，扎實的體型與斯莫蘭獵犬（見155頁）相似。

普羅特獵犬 Plott Hound

身高 51-64公分
體重 18-27公斤
壽命 10-12年

這種強壯的斑色獵犬主要用於獵捕浣熊，但也能獵捕大型貓科動物、熊、土狼和野豬。牠是少數公認起源於美國的品種之一。普羅特獵犬是1750年代普羅特家族在大煙山（Smokey Mountains）上，用來自德國的漢諾威野豬獵犬培育而成。

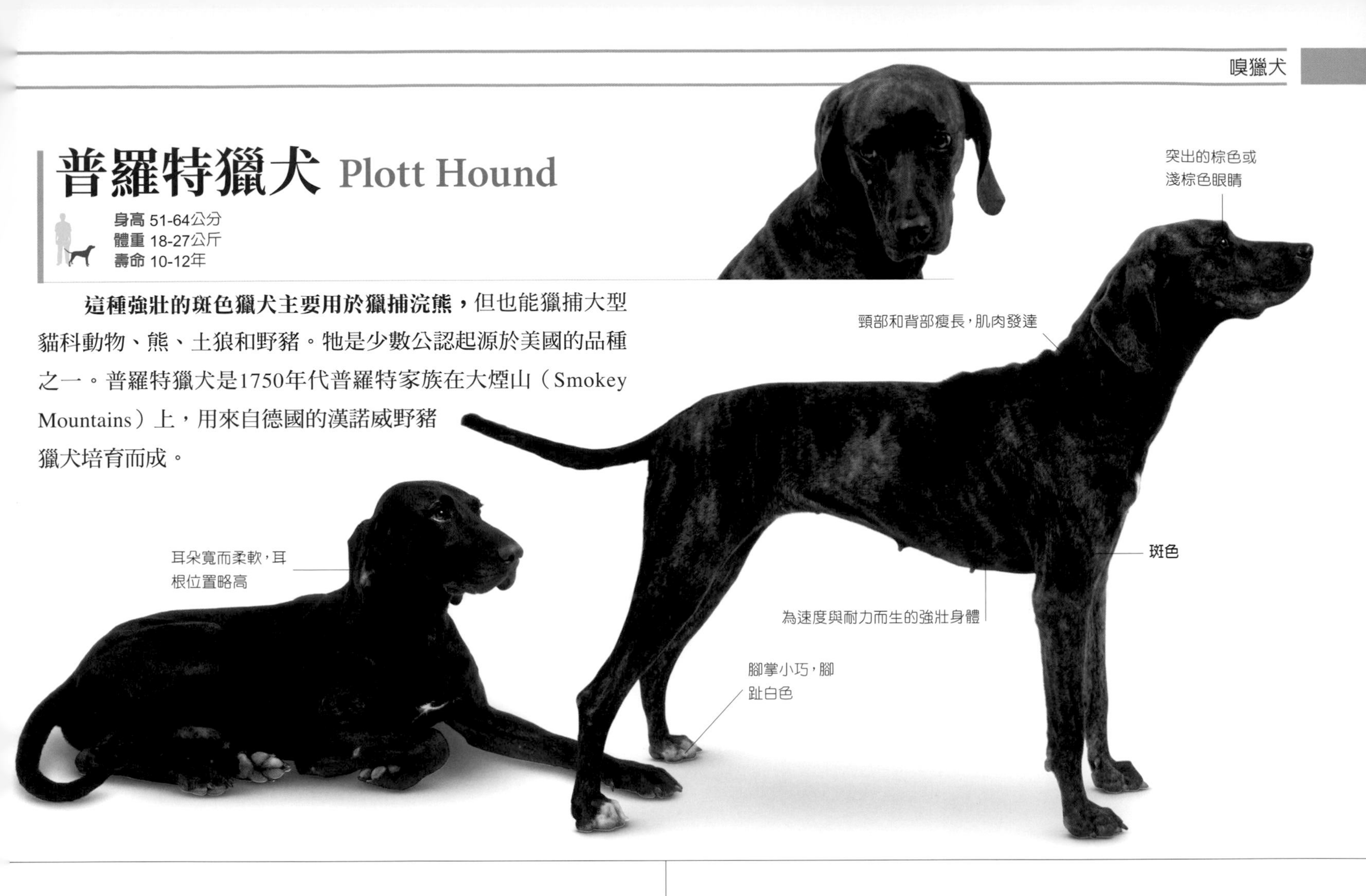

加泰霍拉豹犬 Catahoula Leopard Dog

身高 51-66公分
體重 23-41公斤
壽命 10-14年

 **多種顏色**

這種外表驚人的狗是在路易斯安納州看管牲口，以及獵捕野豬和浣熊之用，融合了西班牙殖民時代的靈提、獒犬甚至可能還有原生紅狼的血統。品種名取自該州的一個教區。加泰霍拉豹犬不論在沼澤、森林或更開闊的地形中都能靈活工作，屬於警覺性高的看守犬，對陌生人有戒心，但對家人冷靜而忠心。

美國獵狐犬 American Foxhound

身高 53-64公分
體重 18-30公斤
壽命 12-13年

任何顏色

美國獵狐犬有最受人尊敬的飼育者——美國第一任總統，喬治・華盛頓。他將法國和英國獵犬配種，培育出更高大健壯的獨立品種。美國獵狐犬喜歡成群奔跑、單獨狩獵，或在追獵賽場上競賽。

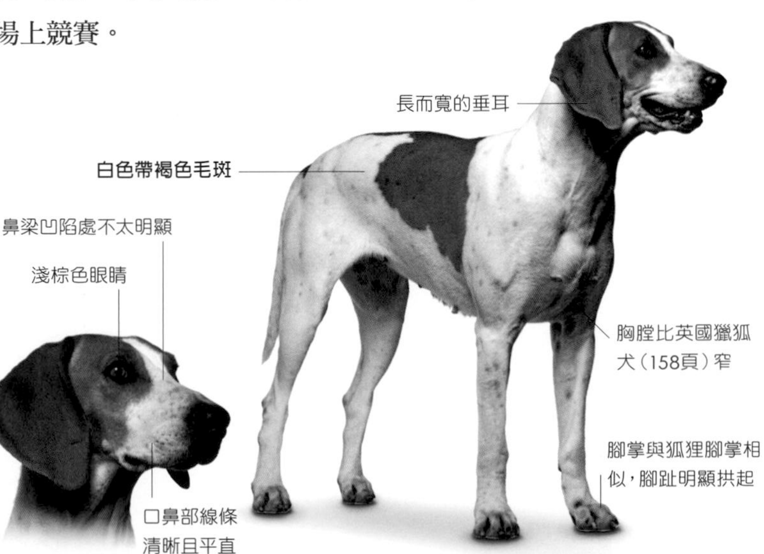

英國獵狐犬 English Foxhound

身高	體重	壽命	多種顏色
58-64公分	25-34公斤	10-11年	任何經過認證的獵犬毛色。

人類最好的朋友

狗是「人類最好的朋友」，這個想法源自於1870年密蘇里州的一樁官司。農場主人利奧尼達斯·洪斯比（Leonidas Hornsby）因為擔憂他羊群的安危，而射殺了一隻名叫「老鼓」（Old Drum）的獵狐犬。傷心的飼主查爾斯·波頓（Charles Burden）因而控告洪斯比。波頓的委任律師喬治·魏斯特（George Vest）發表了一篇讚頌狗的長篇演說，提到：「在這個自私的世界裡，人類唯一絕對無私的朋友……就是他的狗。」聽眾無不感動落淚；洪斯比的律師表示：「那隻狗雖然死了，但贏了這場官司。」

美國密蘇里州的老鼓紀念銅像

脾氣溫和，生性開朗，如果要讓牠適應鄉村家庭生活，必須給予大量活動

英國獵狐犬的世系有好幾世紀之久。17世紀後期興起了以成群獵犬追捕狐狸的活動，原因在於獵鹿活動式微，且英國地形已從森林變為原野。當時的人開始專為這項新的狩獵活動培育獵狐犬，目的是獲得嗅覺和耐力出色的狗，能追蹤某個氣味長達數小時，且速度足以追上狐狸。到了19世紀，英格蘭已有超過兩百群獵狐犬，也保存了第一批育種紀錄。英國獵狐犬也在18世紀引進美國。

這種獵犬對訓練的回應良好，但可能會很固執、自我意識強烈，在追蹤氣味時尤其明顯。英國獵狐犬過去大多成群飼養，因此仍保留了明顯的「群居本能」和長聲吠叫（帶有旋律的嗥叫）的傾向。

英國獵狐犬若當成家犬飼養，只要給予大量運動，就能展現出十分友善的個性，與兒童相處也極為融洽，但不適合都會生活。喜歡跑步與騎腳踏車的人會是英國獵狐犬的好夥伴。這種獵犬即使上了年紀，仍能保留著玩性、活潑和耐力。

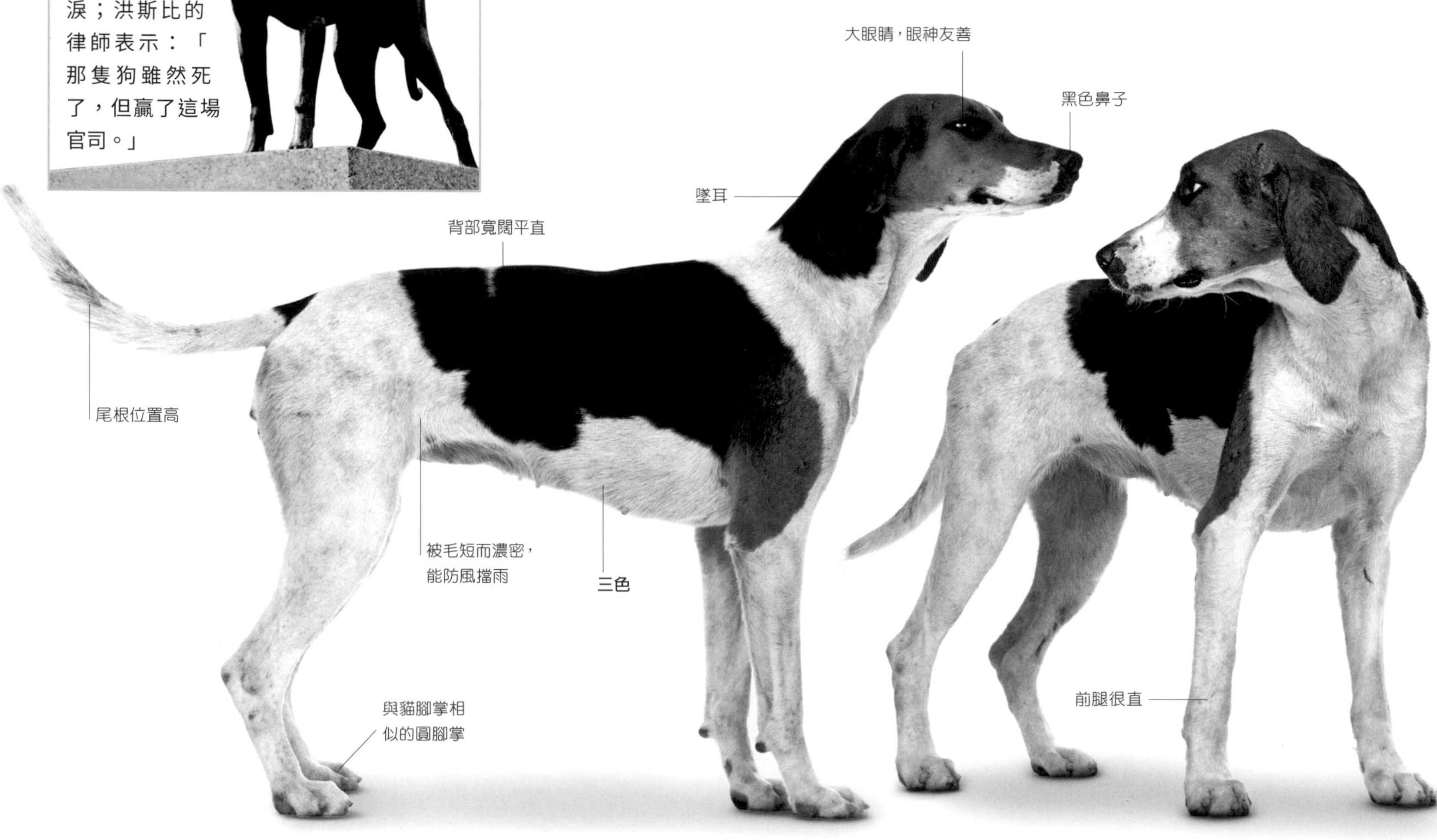

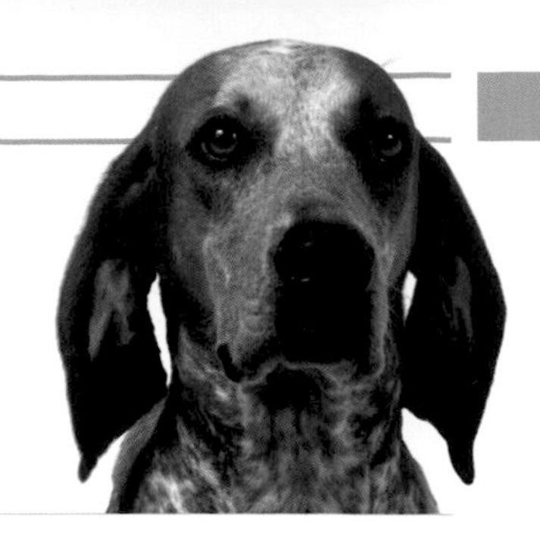

美英獵浣熊犬 American English Coonhound

身高	體重	壽命	
58-66公分	21-41公斤	10-11年	紅白色 三色 黑白色 被毛可能也有藍色及白色麻紋（ticked）。

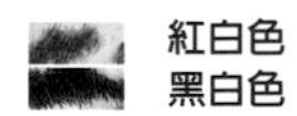

錯怪了人？

浣熊獵犬不但在美國歷史上留名，也對英語產生了影響。「錯怪某人」（barking up the wrong tree）這句俗語就源自獵浣熊犬把獵物驅趕上樹、一直吠到獵人抵達為止的習性。不過，浣熊獵犬「驅趕獵物上樹」的習性十分強烈，即使獵物已經逃脫，牠們仍會守在樹下抬頭猛吠。

獵浣熊犬把一隻浣熊「驅趕上樹」

這種不論體勢或步態都像運動員的獵犬原產於美國，經過妥善社會化之後就能成為絕佳的寵物

這種活力充沛又聰明的獵犬，是由17、18世紀殖民者帶到新大陸的英國獵狐犬（左頁）演變而來。引進這些稱為維吉尼亞獵犬（Virginia Hound）的人之中包含了美國第一任總統喬治・華盛頓。他們利用這些獵犬培育出能適應更惡劣氣候與更艱難地形的新品種，用來白天獵狐狸，晚上獵浣熊。

該品種在1905年首度以「英國狐狸與浣熊獵犬」的名稱獲得承認。到了1940年代，各種獵浣熊犬進一步區分，美英獵浣熊犬也於1995年正式獲得美國畜犬協會認證。該品種至今仍用於狩獵，並以速度和耐力而聞名，能以輕鬆的步伐持續小跑步而不疲倦，也有追逐並將獵物「驅趕上樹」的強烈動機。這種狗可以是「靜態追蹤」犬（追蹤某動物的氣味數小時）或「動態追蹤」犬（一面高速奔跑一面追蹤動物剛留下的新鮮氣味），也用於追逐美洲獅和熊。

若要當成寵物飼養，必須以堅定的態度管教，牠也會不負所托，成為忠心的陪伴犬和優秀的守衛犬。

黑褐色獵浣熊犬 Black and Tan Coonhound

身高 58-69公分
體重 23-34公斤
壽命 10-12年

這種大型美國獵犬可能是尋血獵犬（見141頁）和如今已絕種的古英國品種塔爾伯特犬（Talbot Hound）的後代。黑褐色獵浣熊犬強悍有力，是追蹤浣熊、負鼠甚至美洲獅的絕佳獵犬，把獵物逼上樹後會大聲吠叫。

紅骨獵浣熊犬 Redbone Coonhound

身高 53-69公分
體重 21-32公斤
壽命 11-12年

俊美且毛帶有光澤的紅骨獵浣熊犬原產於美國南方各州，作為受歡迎的獵犬超過一世紀之久。這種獵犬幾乎在各種地形都能保持迅速敏捷的身手，以追蹤浣熊、熊和美洲獅等獵物時勇往直前的態度而聞名。可訓練成陪伴犬，個性友善而親人。

布魯特克獵浣熊犬 Bluetick Coonhound

身高 53-69公分
體重 20-36公斤
壽命 11-12年

布魯特克獵浣熊犬原本被當成英國獵浣熊犬，而後分離為獨立品種，1940年代起在美國有一群死忠的犬迷。這種獵犬主要用於追蹤浣熊與負鼠，但也用於獵鹿和獵熊，工作時最開心，在服從度及敏捷度競賽中均有優異的表現。

樹叢獵浣熊犬 Treeing Walker Coonhound

身高 51-68公分
體重 23-32公斤
壽命 12-13年

白色

白毛有淺褐色或黑色斑點紋。

這種迅速且有效率的浣熊獵犬在1940年代獲得認證為獨立品種。在美國，這種獵犬由於在獵浣熊競賽中表現傑出而大受欣賞。這個品種的狗喜歡友善的居家環境，也很親人。

阿圖瓦獵犬 Artois Hound

身高 53-58公分
體重 28-30公斤
壽命 12-14年

阿圖瓦獵犬原產於法國，有時顯得早熟，是絕佳的狩獵夥伴，需要大量運動，具有優越的方向感，非常靈敏的嗅覺，對獵物的位置指向精準，而且移動迅速，積極主動。這種獵犬的血統可追溯到大阿圖瓦獵犬，也就是發源於法國的聖于貝赫（Saint Hubert），也有部分英國品種參與血統改良。阿圖瓦獵犬在1990年代初差點絕種，後來成功復育，但數量仍少。

阿希耶吉斯犬 Ariégeois

身高 50-58公分
體重 25-27公斤
壽命 10-14年

阿希耶吉斯犬是較晚近的品種，1912年才在法國獲得正式承認；因起源於法國與西班牙邊界乾燥、多岩石的阿希耶吉地區，因此又名阿希耶吉獵犬（Ariege Hound）。牠的祖先包括大藍加斯科尼犬（見164頁）、大加斯科尼－聖東基犬（右頁）和當地的中型獵犬。阿希耶吉斯犬是頂尖的野兔獵犬，但天性友善。

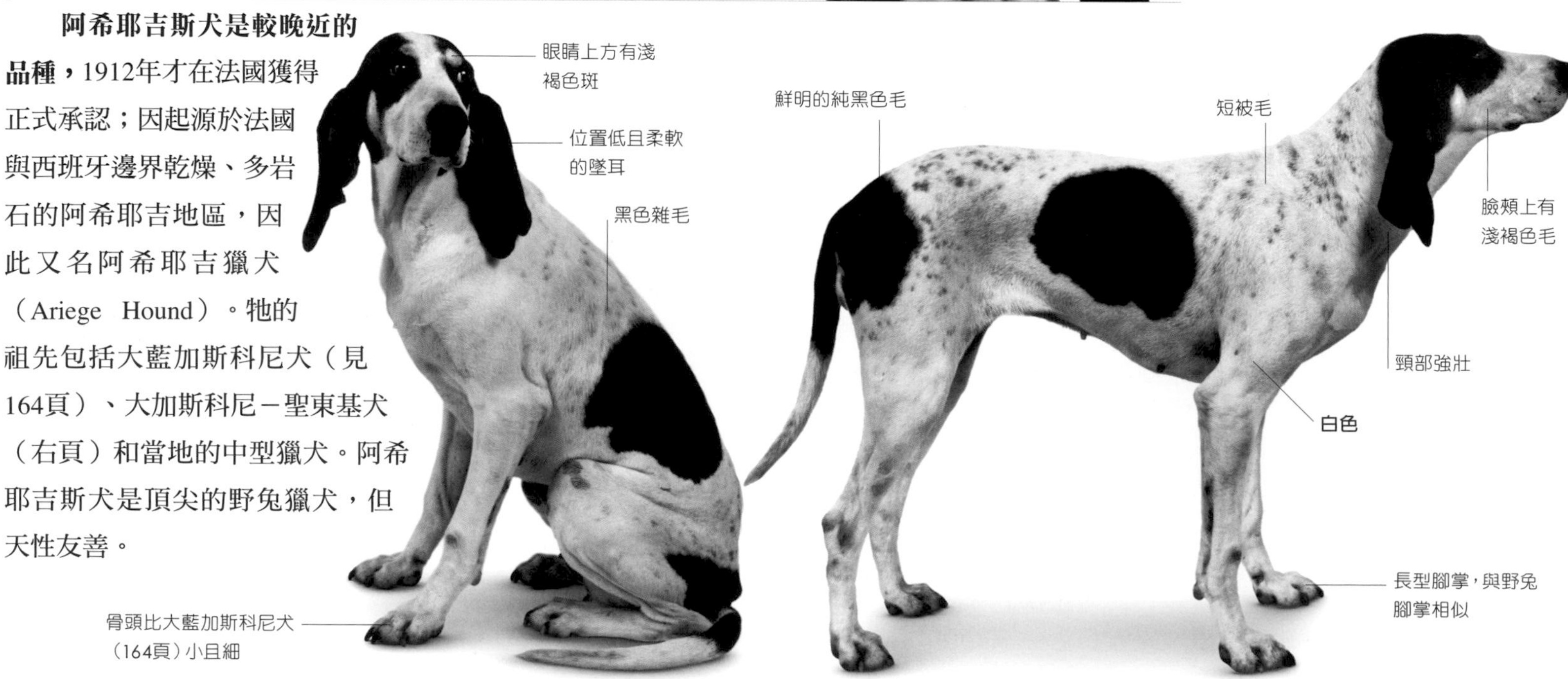

加斯科尼－聖東基犬
Gascon-Saintongeois

身高 小型：54-62公分；大型：62-72公分
體重 小型：24-25公斤；大型：30-32公斤
壽命 12-14年

這個稀有犬種原產於法國的加斯科尼地區（Gascony），又名維勒拉德獵犬（Virelade Hound），以維勒拉德男爵（Baron de Virelade）為名，他把聖東基犬與大藍加斯科尼獵犬（第164頁）和阿希耶吉斯犬（左頁）混種，培育出加斯科尼－聖東基犬。這種獵犬精力旺盛，嗅覺敏銳，分為小型和大型兩種。

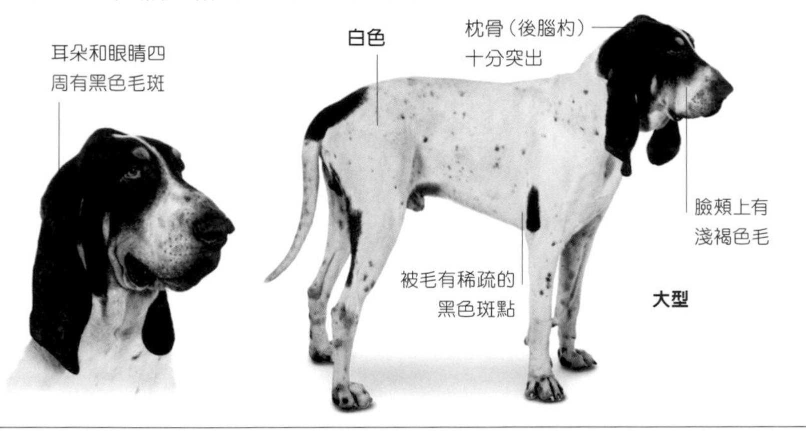

藍加斯科尼格里芬犬
Blue Gascony Griffon

身高 48-57公分
體重 17-18公斤
壽命 12-13年

這種法國獵犬以小藍加斯科尼犬（下）與剛毛獵犬混種而成，被毛粗糙蓬亂，能在嚴酷的環境中工作。數量相對稀少，是針對獵鹿、狐狸和兔子而培育，以耐力見長，速度和嗅覺並不特別出色。

藍加斯科尼短腿犬
Basset Bleu de Gascogne

身高 30-38公分
體重 16-20公斤
壽命 10-12年

在12世紀的法國，這個類型的藍色獵犬主要用於獵狼、鹿和野豬。現代品種是在20世紀培育而成，因為是短腿犬，跑得不快，但具有超凡的毅力，可以彌補速度上的不足。牠一旦發現獵物的氣味，可以持續不懈地追蹤數小時。這種狗是活潑的戶外夥伴，也是不錯的家庭寵物，但需要耐心加以訓練和教養。

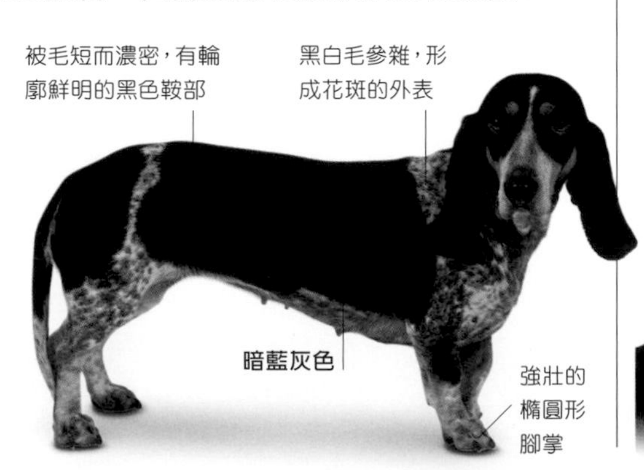

小藍加斯科尼犬
Petit Bleu de Gascogne

身高 50-58公分
體重 40-48公斤
壽命 12年

小藍加斯科尼犬原產於法國，是大藍加斯科尼犬（見164頁）的縮小版，主要用於獵野兔，但也追捕較大型獵物。擁有敏銳的嗅覺和悅耳的叫聲，可以獨立作業也能成群工作。若要當成寵物飼養，必須以堅定的態度對待並給予大量運動。

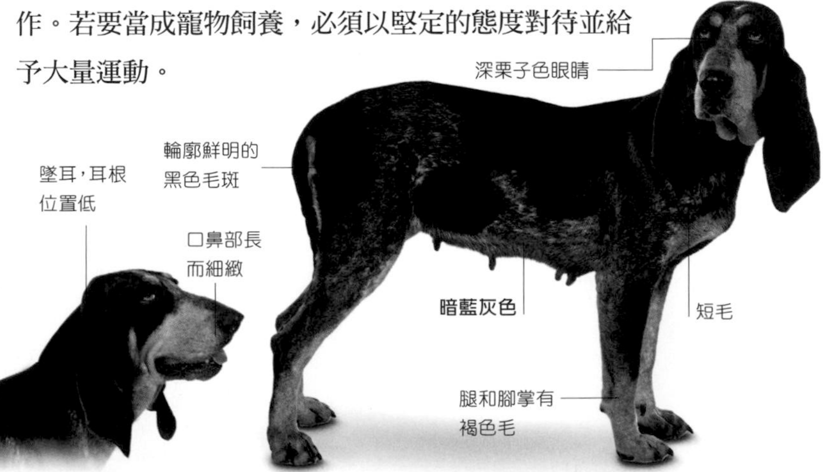

大藍加斯科尼犬 Grand Bleu de Gascogne

身高	體重	壽命
60-70公分	36-55公斤	12-14年

這種威武的現役大型獵犬，追蹤氣味時有無窮的體力和毅力

這種法國嗅獵犬原產於法國南部與西南部，特別是加斯科尼地區。大藍加斯科尼犬的世系源自古高盧時期的原生獵犬，曾與腓尼基商人引進的狗雜交，成為所有原產於南法米迪（Midi）地區的嗅獵犬的始祖，如今在法國仍十分常見，也引進英國、美國等其他國家。

大藍加斯科尼犬原本用於獵狼，狼群數量減少後改用於獵野豬和鹿。如今獵人仍利用成群的大藍加斯科尼犬獵捕上述動物及野兔。牠嗅覺十分發達，追蹤氣味時十分專注。跑起來有點慢，但以耐力和雄壯宏亮的叫聲聞名。

大藍加斯科尼犬身材高大，充滿貴氣，有人稱牠為「獵犬之王」，毛色更彰顯了牠優雅的外表，由於白毛上參雜黑毛，有些地方有藍色光澤。

如今該品種也開始出現在狗展中。雖然性情溫和且友善，與飼主感情深厚，但因為龐大的體型與豐沛的體力，要跟牠一起生活可能有困難。大藍加斯科尼犬需要大量運動，讓牠做一些在體力和心智上有挑戰性的事。

從法國到美國

1786年拉法葉將軍（General Lafayette）贈送七隻大藍加斯科尼犬（見下圖1907年的一份法國印刷品）給喬治．華盛頓。喜愛打獵的華盛頓發現這些狗是絕佳的追蹤犬，但不習慣追逐浣熊等能爬樹的動物。這點讓華盛頓十分苦惱，因為這些狗往往無法把獵物困在樹上等主人來射殺，於是後來就針對這個目的，以包括大藍加斯科尼犬在內的多個犬種雜交，培育出浣熊獵犬；布魯特克獵浣熊犬（見161頁）就帶有大藍加斯科尼犬的毛色。

短毛型

臘腸犬 Dachshund

身高	體重	壽命	多種顏色
迷你型：13-15公分 標準型：20-23公分	迷你型：4-5公斤 標準型：9-12公斤	12-15年	

這種狗生性好奇、勇敢、忠心，還有與體型完全不相襯的宏亮叫聲，是常見的陪伴犬與看門犬

臘腸犬是德國的象徵，廣受全球各地歡迎。這個品種源於一種短腿的獵犬，主要用於獵捕獾等生活在地底下的動物；德文的Dachshund就是「獵獾犬」的意思。這種狗可以像其他獵犬一樣追蹤獵物的氣味，但也能如㹴犬一般挖開地面，把獵物驅趕出來或殺死。除了獵獾，牠也會獵兔子、狐狸和鼬，甚至能對抗狼獾。

現代臘腸犬的腿比牠的前身還短，並融合了其他小型或短腿犬種的血統。在18、19世紀，人類針對不同類型的獵物培育出不同體型的臘腸犬。此外，除了原本的短毛型，也培養出長毛型與硬毛型兩種。英國畜犬協會承認了六種品系的臘腸犬，即標準型和迷你型配上各自的三種毛型。世界畜犬聯盟除了承認三種毛型之外，還承認三種體型，根據胸圍分成標準型、迷你型，和最小的兔子型。

如今臘腸犬在德國大多當成家庭寵物飼養，但仍有一部分當成獵犬。雖然體型嬌小，但需要的身心活動量很大。臘腸犬聰明、大膽又親人，但可能非常頑固，為了追蹤氣味往往會無視主人的命令。臘腸犬對飼主家庭很有保護慾，也是傑出的守衛犬，可能會咬陌生人。長毛型臘腸犬需要每天梳毛。

藝術家的愛犬

畢卡索（Pablo Picasso）、安迪·沃荷（Andy Warhol）和大衛·霍克尼（David Hockney）這三位偉大藝術家都飼養了短毛臘腸犬。三人都畫過他們的愛犬，但只有霍克尼的愛犬畫作多到足以舉辦單一主題個展。霍克尼說他的愛犬史坦利和布吉「這兩個小可愛是我的朋友」、「食物與愛主宰了牠們的生命」。

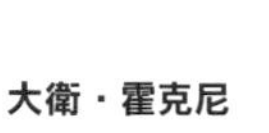
大衛·霍克尼

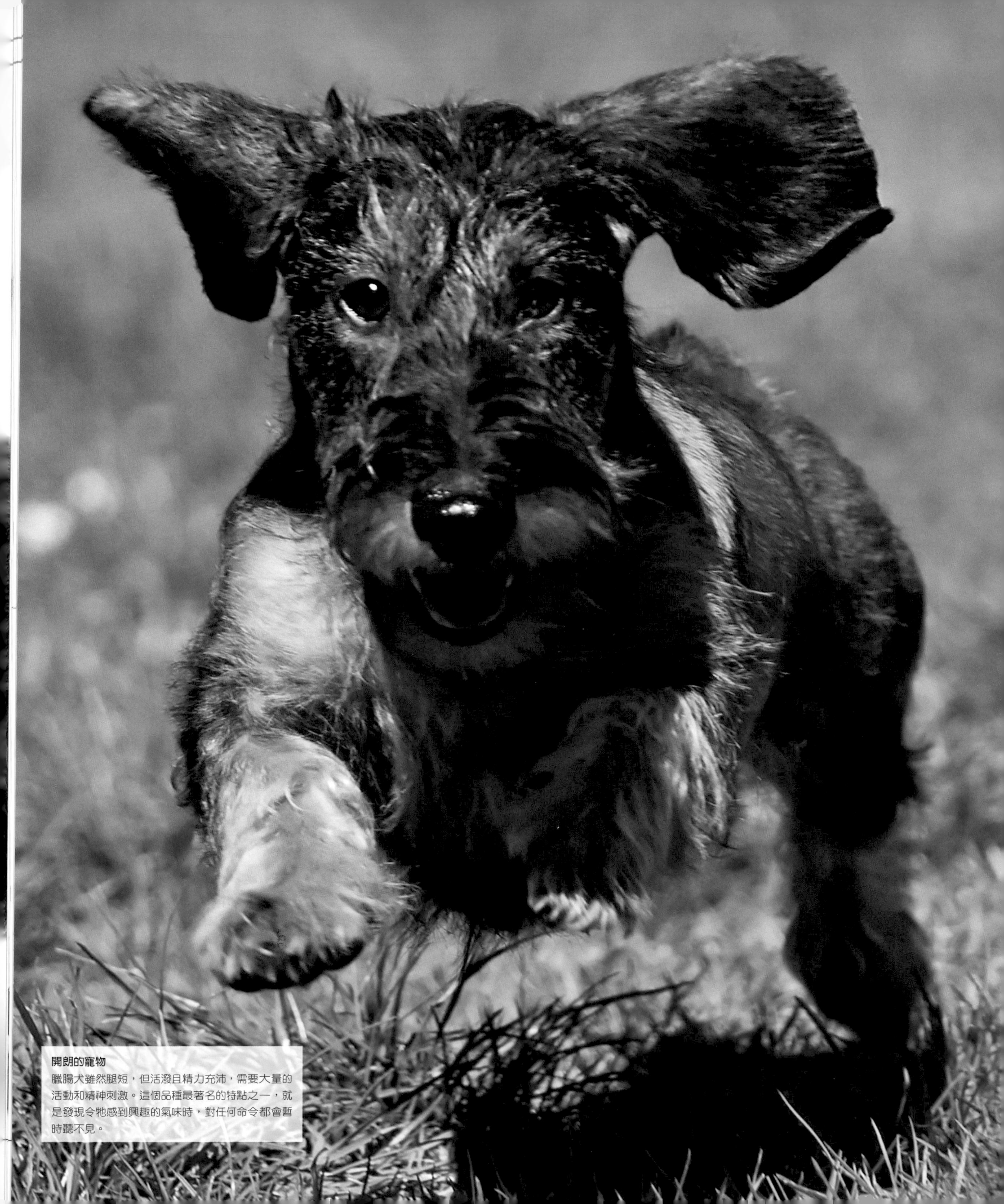

開朗的寵物
臘腸犬雖然腿短，但活潑且精力充沛，需要大量的活動和精神刺激。這個品種最著名的特點之一，就是發現令牠感到興趣的氣味時，對任何命令都會暫時聽不見。

約克夏㹴 Yorkshire Terrier

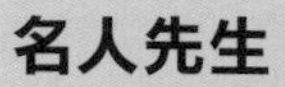

身高	體重	壽命
20-23公分	最多3公斤	12-15年

可愛的模樣與嬌小的體格下，隱藏著㹴犬典型的暴躁性格

別看牠像玩具一樣小小一隻，約克夏㹴的勇氣、精力和自信完全不輸比牠大好幾倍的狗。這個品種頭腦聰明，服從度訓練能收到很好的成效。不過要是飼主縱容牠做出以大型犬來說不被容許的行為，可能導致牠變得愛亂叫而刁鑽。必須經過適當教養，牠才能展現出可愛、親人、忠心、活潑的天性。當初約克夏㹴是用來在英格蘭北部的木造磨坊和礦坑內獵捕肆虐的老鼠。後來以選出最小個體的方式持續培育，逐漸縮小體型，最後成為可以讓淑女抱著走的時尚配件。不過，這種寵愛並不適合約克夏㹴活潑的性格，如果能讓牠每天至少散步半小時，牠會開心得多。

約克夏㹴被毛長而光滑，在狗展會場外，飼主會用摺起來的紙包住並用橡皮筋固定，加以保護。雖然長毛保養起來非常費時，但約克夏㹴大多喜歡這種備受關注的感覺。

名人先生

最早進入演藝圈明星犬之一是一隻名為「名人先生」（Mr Famous）的約克夏㹴，飼主是影星奧黛莉．赫本（Audrey Hepburn）。名人先生時常陪伴在赫本身邊，想當然耳十分受寵。赫本不論到哪裡都帶著牠，甚至還一起演出1957年的電影《甜姐兒》（Funny Face）。赫本引領許多時尚風潮，包括小黑洋裝、超大墨鏡，而名人先生可能是如今「手提包狗」的先驅。

開朗的寵物

臘腸犬雖然腿短，但活潑且精力充沛，需要大量的活動和精神刺激。這個品種最著名的特點之一，就是發現令牠感到興趣的氣味時，對任何命令都會暫時聽不見。

德國獵犬 German Hound

身高 40-53公分
體重 16-18公斤
壽命 10-12年

布若卡（bracke）類型的獵犬在德國已經存在了好幾世紀，今天的德國獵犬（也就是德文的Deutsche Bracke）是少數延續至今的品種之一。這種獵犬是由幾種布若卡獵犬雜交而成，主要仍當成獵犬飼養。德國獵犬雖然性情溫和，但並不習慣室內生活。

瑞典臘腸犬 Drever

身高 30-38公分
體重 14-16公斤
壽命 12-14年

多種顏色

20世紀初，小型短腿獵犬西發里亞達斯克布若卡犬從德國輸入瑞典，結果成為受歡迎的追蹤犬；瑞典人到了1940年代也培育出本土版本的小型短腿獵犬，就是瑞典臘腸犬。牠有強烈的狩獵本能，最好當成娛樂競賽犬飼養。

瑞士獵犬 Laufhund

身高 47-59公分 | 體重 15-20公斤 | 壽命 12年

斯維則勞佛犬

這種頭型高貴、熱情又精瘦的獵犬擁有羅馬血統，生活態度閒散自在

又名勞佛犬，這個類型的獵犬在瑞士已存在數百年之久；在阿凡希（Avenches）出土的一幅羅馬拼貼畫中就有與瑞士獵犬相似的群獵犬。以毛色區分為四個類型，名稱取自瑞士的州名——伯恩型（Bernese）是白色帶黑毛斑、琉森型（Lucerne）是藍色、斯維則勞佛犬型（Schwyzer Laufhund）是白色帶紅色毛斑，以及布魯諾侏羅獵犬型的褐色帶黑色毛毯（見140頁）。另外一種圖爾高維亞犬（Thurgovia）已於20世紀初滅絕。

瑞士獵犬是體力無窮、敏銳嗅覺的追蹤犬，能在阿爾卑斯的高山地帶輕鬆工作，尤其擅長追蹤野兔、狐狸和麞鹿。牠有雙層毛，包括濃密的底毛與粗硬的被毛，能在各種天候中提供保護。

今天瑞士獵犬仍用於狩獵，也是優雅的寵物犬。如雕像一般的頭型與比例完美的身材，賦予瑞士獵犬高貴的氣質。在家中輕鬆自在而溫馴，對兒童也很友善，不過需要大量運動以消耗體力；比較適合鄉村家庭環境和活潑的飼主飼養。

一樣不一樣？

這種瑞士獵犬原本稱為瑞士米格魯犬，後來在1881年依區域差異分成四個品系。雖然外型相似，但侏羅、斯維則、伯恩（見下圖的1907年法國印刷品）和琉森型犬種的毛色各異，可能反映了配種時所用的品系差異，例如琉森型的毛色就和小藍加斯科尼犬（163頁）很像。1930年代在世界畜犬聯盟的單一品種標準下，這些品種再度合併成瑞士獵犬，分為四種毛色。不過，在評估與展示時仍會分開，彷彿還是各自獨立的品種。

伯恩型

琉森型

小瑞士獵犬 Niederlaufhund

身高 33-43公分 | 體重 8-15公斤 | 壽命 12-13年

琉森型

長毛型伯恩小瑞士獵犬

育犬者把瑞士獵犬縮小成小瑞士獵犬時，斯維則、琉森和侏羅型都得到了和原品系一模一樣、只有體型較小的短毛嗅獵犬。而在培育伯恩型小瑞士獵犬時雖然也同樣謹慎規畫，但結果每20到40隻幼犬中，就會出現一隻長毛型幼犬。目前仍無法解釋這種毛型的起源，數量也始終稀少。長毛型伯恩小瑞士獵犬在其他各方面都與短毛型伯恩小瑞士獵犬相同。

這種叫聲繁複的瑞士獵犬是優秀的獵犬，只要給予充分的運動，可作為理想的家庭寵物

這是瑞士獵犬（見173頁）體型較小、腿較短的版本，培育於20世紀初，用於槍獵活動，特別是在瑞士各州的高山狩獵保留區；這裡的獵場較封閉，不適合體型較大又跑得快的瑞士獵犬。小瑞士獵犬跑得比較慢，可以更有效追蹤大型獵物。這種矮胖健壯的瑞士獵犬擁有靈敏的嗅覺，可以追蹤野豬、獾和熊等獵物。

小瑞士獵犬有四種類型，分別由四種瑞士獵犬培育而成，包括伯恩、斯維則、侏羅和琉森。每一種都有獨特的毛色，各與體型較大的品種相似。伯恩小瑞士獵犬有短毛型與較罕見的長毛型兩種，長毛型臉上有小鬍鬚。斯維則、侏羅和琉森型全都是短毛。

小瑞士獵犬主要仍當成工作犬，但也是絕佳的家庭寵物，因為個性友善，善與兒童相處。小瑞士獵犬需要堅定但正面的服從性訓練，還要有機會發洩牠搜尋與追蹤氣味的強烈衝動。最適合住在鄉下的家庭，能接受到大量的身心刺激。

短毛伯恩型

斯維則型

巴伐利亞山獵犬 Bavarian Mountain Hound

身高 44-52公分
體重 25-35公斤
壽命 10年

淺黃褐色至餅乾色
被毛可能出現斑色，胸口也可能有淺色的小面積毛斑。

這種外型俊美的德國獵犬骨架相對輕盈，最早在1870年代育成，專門用來在山區工作。巴伐利亞山獵犬是絕佳的追蹤犬，用於追蹤野豬和鹿等大型獵物。性情穩定，但需要大量運動，可以成為理想的家犬。

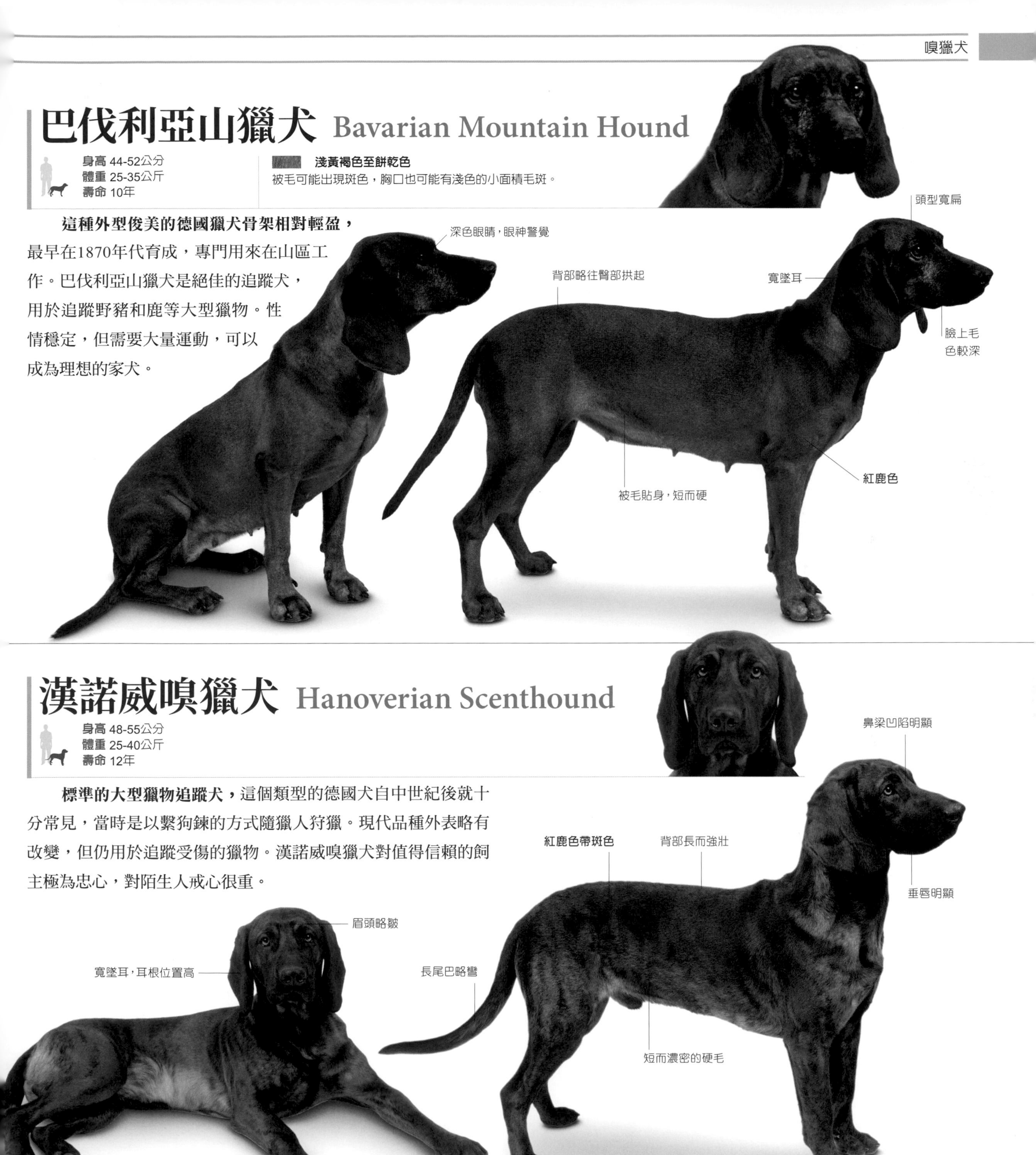

漢諾威嗅獵犬 Hanoverian Scenthound

身高 48-55公分
體重 25-40公斤
壽命 12年

標準的大型獵物追蹤犬，這個類型的德國犬自中世紀後就十分常見，當時是以繫狗鍊的方式隨獵人狩獵。現代品種外表略有改變，但仍用於追蹤受傷的獵物。漢諾威嗅獵犬對值得信賴的飼主極為忠心，對陌生人戒心很重。

杜賓犬 Dobermann

身高	體重	壽命	毛色
65-69公分	30-40公斤	13年	灰黃色 藍色 棕色

杜賓犬強壯而優雅，適合經驗豐富又好動的飼主，是忠心且聽話的寵物

這種身強力壯、保護性強的犬種是在19世紀末由名叫路易斯．杜伯曼（Louis Dobermann）的德國稅務官培育而成，目的是用來保護自己。他以德國牧羊犬（見42頁）和德國品犬（218頁）混種，因此杜賓犬在某些國家（特別是美國）至今仍稱為「杜賓品犬」。有人認為杜賓犬還具備了靈猩（126頁）、羅威那犬（83頁）、曼徹斯特㹴（212頁）和威瑪犬（248頁）的血統。杜賓犬遺傳了上述犬種的許多優點，包括守衛與追蹤的能力，以及智慧、耐力、速度和俊美的外型。

這個品種於1876年首度參加犬展，立即獲得大眾喜愛。到了20世紀，杜賓犬已成為歐洲與美國熱門的警犬、守衛犬和軍犬，如今仍廣泛用於警務與維安工作，但也是很受歡迎的家犬。過去杜賓犬常被人誤以為性情凶猛。雖然牠確實需要堅定、權威式的管教，但對飼主感情豐沛、忠誠，且願意學習。研究顯示，杜賓犬是最容易訓練的犬種之一。杜賓犬也喜歡參與家庭生活，而且愈動態愈好。在某些國家如美國，飼主仍會幫杜賓犬剪耳讓耳朵豎起，也會剪尾，不過這些做法在歐洲多數國家均屬違法。

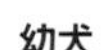

幼犬

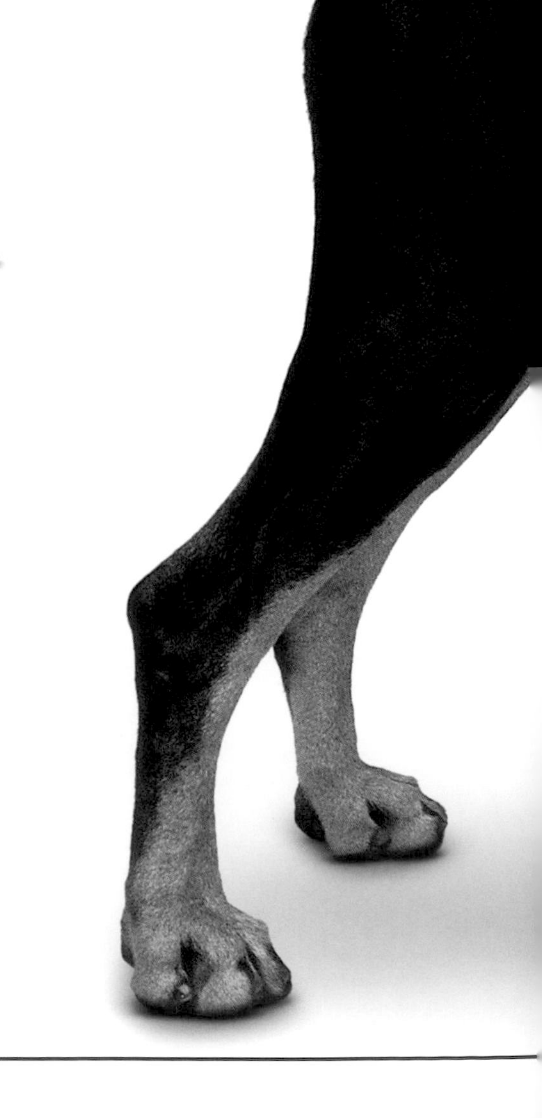

海軍陸戰隊杜賓犬

美國海軍陸戰隊在二次大戰中首度利用狗來站哨、偵察、傳信和偵測敵營。多數的戰犬（綽號「惡魔犬」）都是杜賓犬。當時有七個軍犬排在太平洋戰區服役，牠們英勇的行為拯救了許多人的性命。1994年，關島的戰犬墓園（War Dog Cemetery）立了一尊杜賓犬雕像（右圖），紀念50年前解救這座島的25隻軍犬。雕像的名稱是「永遠忠誠」，也就是海軍陸戰隊座右銘Semper Fidelis的意思。

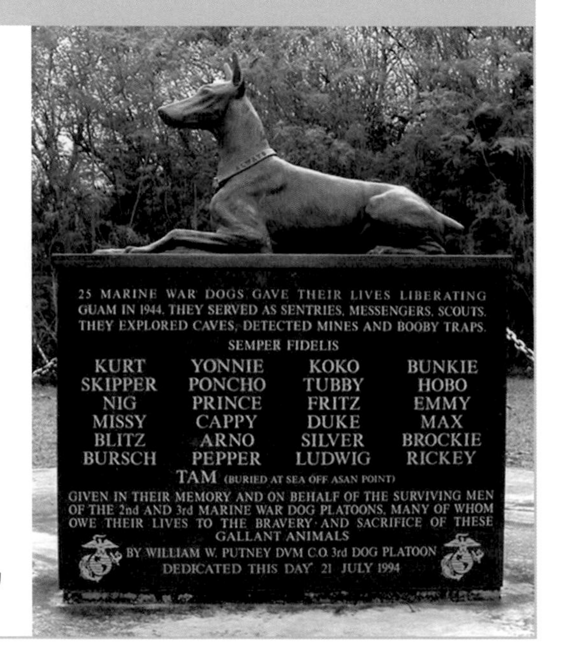

關島海軍陸戰隊戰犬墓園的〈永遠忠誠〉雕像

頭型長，頭頂扁平
三角形垂耳
黑褐色
典型的褐色毛
背部略往臀部傾斜
杏仁眼，上方有
淺褐色斑
柔順的短被毛
胸膛深厚
腳掌扎實，與貓
腳掌相似

黑森林獵犬 Black Forest Hound

身高 40-50公分
體重 15-20公斤
壽命 11-12年

黑森林獵犬又名斯洛伐克獵犬（Slovenský Kopov），原產於東歐中部的丘陵及積雪高山森林，用於獵捕野豬、鹿和其他小群或單獨的獵物。當地獵人愛用這種狗，因為牠可以追蹤氣味長達數小時，且身上有粗毛保護，能穿越茂密的灌木林。

波蘭獵犬 Polish Hound

身高 55-65公分
體重 20-32公斤
壽命 11-12年

這個罕見的犬種是從較重的布若卡犬種與較輕盈的嗅獵犬演變而來，在波蘭茂密的山區森林中獵捕大型獵物。中世紀時這個品種的祖先曾是波蘭貴族的群獵犬。波蘭獵犬不論跑得多快，都能展現超凡的追蹤能力。

外西凡尼亞獵犬 Transylvanian Hound

身高 55-65公分
體重 25-35公斤
壽命 10-13年

這種強健的獵犬又名匈牙利獵犬（Erdelyi Kopó），過去僅匈牙利國王與王子可以飼養。後來，也就是現在，外西凡尼亞獵犬因具有卓越的方向感和吃苦耐勞的個性，在喀爾巴阡山茂密的積雪森林裡和極端氣候下，成為大型獵物獵犬的首選，不過仍極為稀有。

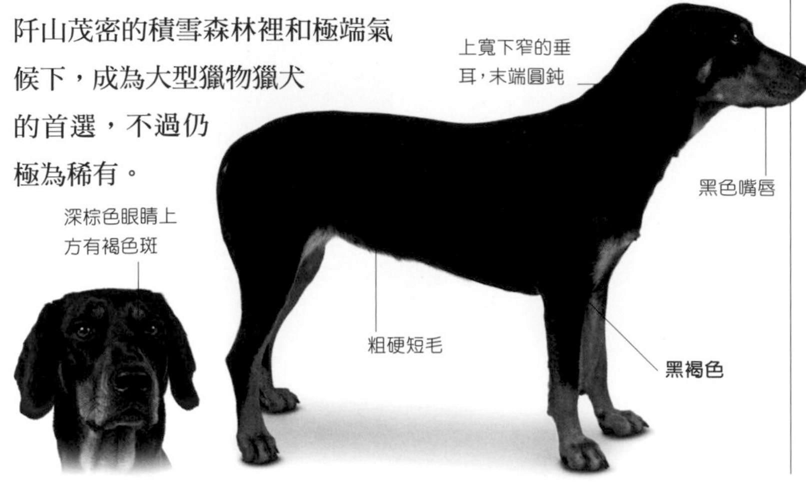

保沙瓦獵犬 Posavatz Hound

身高 46-58公分
體重 16-24公斤
壽命 10-12年

保沙瓦獵犬的克羅埃西亞名為Posavski Gonic，意思是「來自沙瓦河谷的嗅獵犬」。這種狗體格健壯，適合在沙瓦河盆地茂密的林下灌叢中工作，熱愛狩獵，在家中十分溫馴。

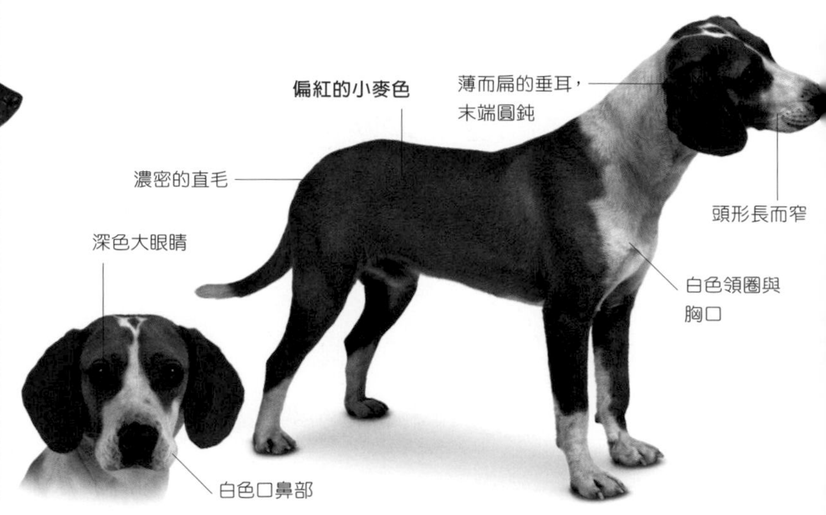

波士尼亞粗毛獵犬 Bosnian Rough-coated Hound

身高 45-56公分
體重 16-25公斤
壽命 12年

三色

原名為伊利里亞獵犬（Illyrian Hound），自19世紀起就是獵人的狩獵夥伴。這個犬種耐操而強健，擁有一身濃密而粗糙的毛，能在酷寒的氣候及濃密的灌木林中工作。

蒙特內哥羅山獵犬 Montenegrin Mountain Hound

身高 44-54公分
體重 20-25公斤
壽命 12年

這個罕見的犬種又名塞爾維亞山獵犬（Serbian Mountain Hound），源自塞爾維亞的普拉尼納（Planina）區，個性冷靜而溫和，因此不打獵的飼主也很喜愛。不過牠基本上還是傑出的獵犬，除了獵捕狐狸和野兔，也能捕捉鹿和野豬等較大型動物。

塞爾維亞三色獵犬 Serbian Tricoloured Hound

身高 44-55公分
體重 20-25公斤
壽命 12年

這個稀有品種過去曾被視為蒙特內哥羅山獵犬（見179頁）的一種，不同的是牠臉上有醒目的白紋。塞爾維亞三色獵犬主要用於獵狐狸和野兔，偶爾獵捕較大型獵物，同時也是溫和而忠心的家犬。

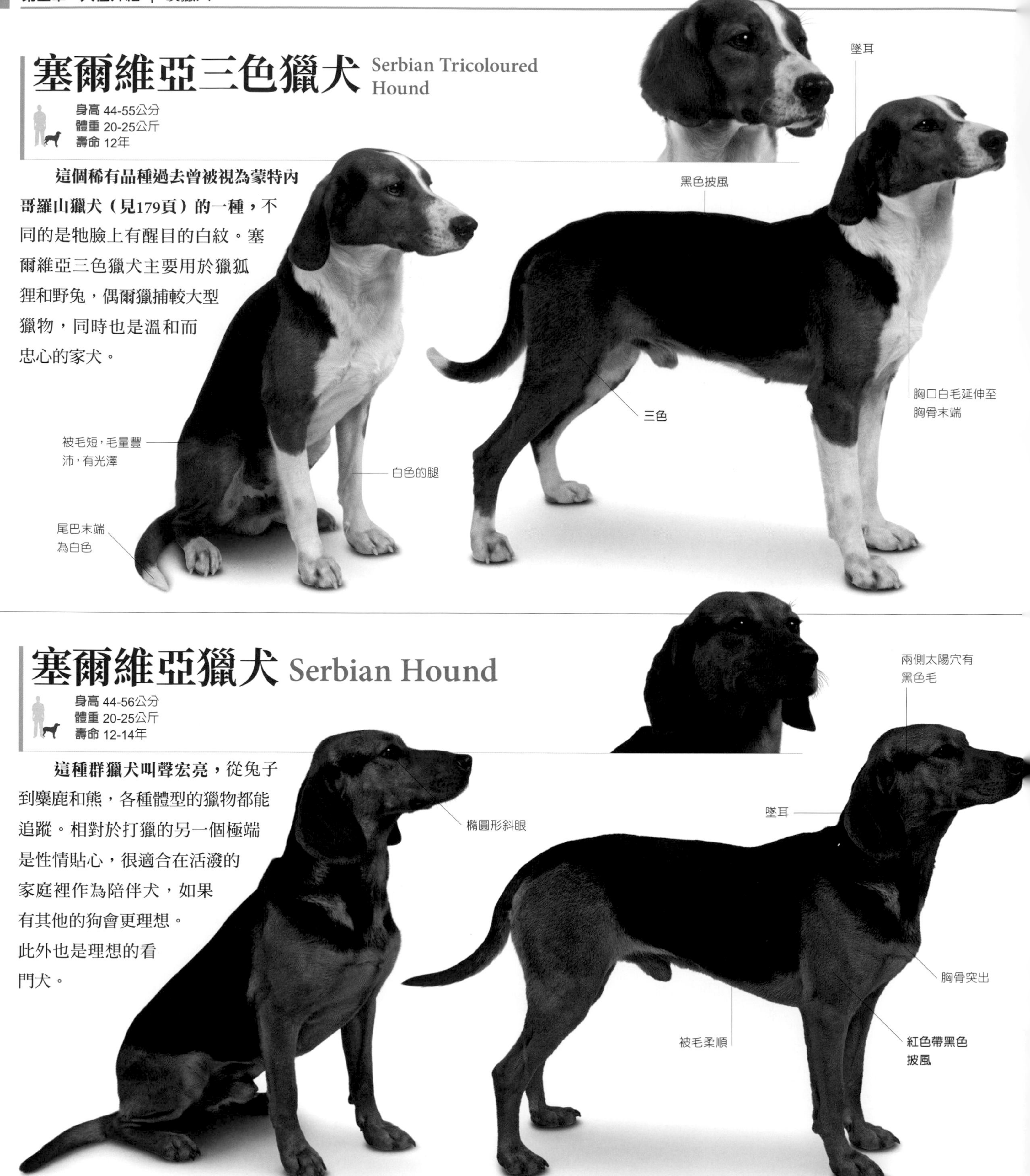

塞爾維亞獵犬 Serbian Hound

身高 44-56公分
體重 20-25公斤
壽命 12-14年

這種群獵犬叫聲宏亮，從兔子到麋鹿和熊，各種體型的獵物都能追蹤。相對於打獵的另一個極端是性情貼心，很適合在活潑的家庭裡作為陪伴犬，如果有其他的狗會更理想。此外也是理想的看門犬。

希臘獵犬 Hellenic Hound

身高 45-55公分
體重 17-20公斤
壽命 11年

希臘獵犬是古希臘傳統嗅獵犬的後代，悅耳的狩獵叫聲可以傳得很遠。過去原本用於獵捕野豬和野兔，但細心訓練過後也能成為討喜的寵物；不過若缺乏廣大的奔跑空間，可能會出現不良行為。

山地犬 Mountain Cur

身高 41-66公分
體重 18-27公斤
壽命 12-16年

多種顏色

山地犬原產於北美洲，是早期歐洲殖民者以自己的獵犬與當地原生犬種雜交而成，在1950年代首度獲得承認，至今仍用於獵捕浣熊和熊等較大型獵物。山地犬並非室內犬，但經過合適的訓練也能成為理想的陪伴犬。

羅德西亞脊背犬 Rhodesian Ridgeback

身高	體重	壽命
61-69公分	29-41公斤	10-12年

羅德西亞脊背犬活潑好動，十分容易激動，需要經驗豐富的飼主和大量的身心活動

這種非洲獵犬的背脊上有獨特的毛，生長方向與身體其他部位的毛相反，相當好認。這個犬種原產於辛巴威（舊名羅德西亞），是歐洲殖民者在16、17世紀帶到非洲南部的狗的後代。這些外來犬種與原住民的半野生脊背獵犬雜交，產生的品系在1870年引進羅德西亞，羅德西亞脊背犬最早的品種標準在1922年訂立。

這個犬種用於群獵，跟著騎馬的獵人捕獅，因此又稱為非洲獵獅犬（African Lion Dog），此外也用於獵捕狒狒等其他獵物。羅德西亞脊背犬體力充沛，能工作一整天，也能忍受非洲叢林白天酷熱、夜晚寒冷的天氣。也用來作為守衛犬，保護家人和財產。

今天羅德西亞脊背犬仍作為獵犬和守衛犬之用，但也有愈來愈多人當成家庭寵物飼養。雖然外表凶猛，但生性溫和而親人，不過對幼童來說可能太活潑了。這種狗會對飼主家庭產生極強的保護慾，對陌生人保持距離，必須盡早讓牠徹底社會化。羅德西亞脊背犬聰明且意志堅強，飼主最好有豐富養狗經驗，才能成為溫和卻又堅定的「狗老大」。這種狗需要保持忙碌，一旦覺得無聊或運動不足，可能出現行為問題。

獵獅犬

羅德西亞脊背犬承襲了歐洲犬種的狩獵本能，包括大丹犬（見96頁）、英國獒犬（93頁）、槍獵犬（254-258頁）和科伊科伊人（Khoikhoi）飼養的強悍、勇敢的犬種。獵人會帶一小群羅德西亞脊背犬去獵獅子，牠們有足夠的速度和敏捷度能趕得上獵物，又有勇氣把獅子困住（下圖）等到獵人來射殺。南美洲人也用牠來獵捕美洲豹，北美洲則用牠獵捕美洲獅、大山貓和熊。

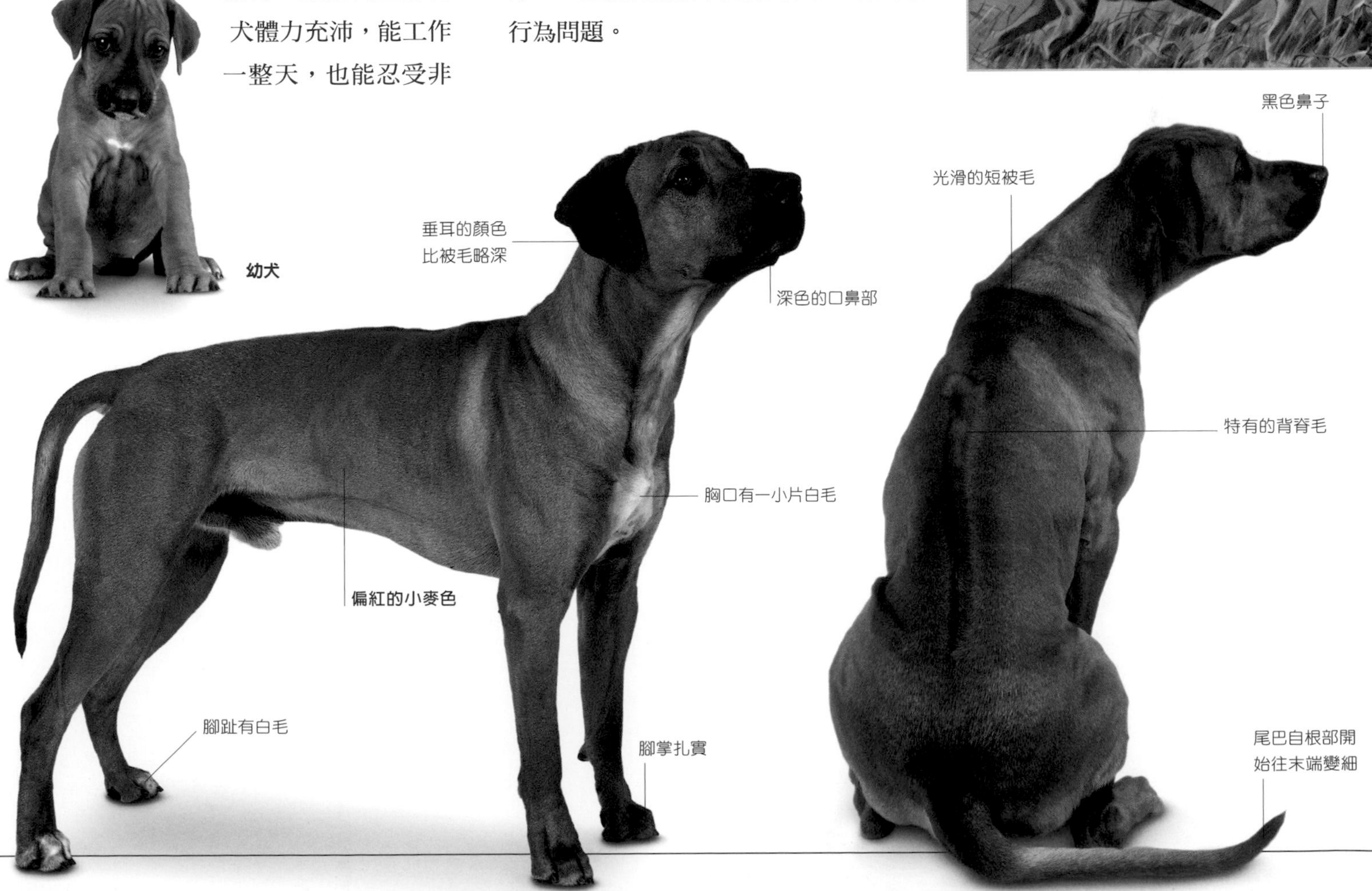

挖掘的本能

這隻傑克羅素㹴為了達成任務，正在發揮挖洞的本能。許多㹴犬都是天生的挖洞和挖隧道好手。

㹴犬

強悍、無懼、自信、精力充沛——這些特質㹴犬當仁不讓，而且還不只這些。㹴犬的英文名稱terrier源自拉丁文的terra（土地）一字，表示這個類群的狗過去是用來獵捕老鼠等生活在地底下的有害動物，都是小型犬但型態不一。不過，部分現代㹴犬是大型犬，有不同的培育目的。

很多㹴犬品種都原產於英國，傳統上是屬於勞工階級的獵犬。有些品種以最初的起源地為名，例如諾福克㹴（見192頁）、約克夏㹴（190頁）以及湖畔㹴（第206頁）。有些品種則是以獵捕的動物類型為名，如獵狐㹴（208頁）、捕鼠㹴（212頁）。

㹴犬天生反應靈敏，在追蹤獵物時極有毅力。個性獨立——有人認為那叫做任性——隨時準備跟比牠大的狗對抗。為了獵捕地底動物而培育的犬種，包括很多人喜愛的傑克羅素㹴（196頁）、凱恩㹴（189頁）等，大多是體型小、強健、腿短。至於腿較長的㹴犬，包括愛爾蘭㹴（200頁）以及美麗的軟毛麥色㹴（205頁）過去都曾用於獵捕地面上的動物，也當成保護牲口的守衛犬。體型最大的㹴犬包括原本用來獵捕獾和水獺的萬能㹴（198頁），以及體格驚人、特別為了軍事用途及守衛工作而培育的俄羅斯黑㹴（200頁）。

19世紀有另一種不同類型的㹴犬開始受到大家喜愛。由㹴犬與鬥牛犬雜交而成的犬種，包括牛頭㹴（197頁）、斯塔福郡鬥牛㹴（214頁）、美國比特鬥牛㹴（213頁），原本用於鬥狗、鬥牛等凶險但如今已受法令禁止的娛樂活動。這類㹴犬頭型寬、下顎有力，外型和獒犬很像，事實上真的可能有血緣關係。

如今㹴犬大多當成寵物飼養。這個類群的狗聰明且通常友善而親人，是絕佳的陪伴犬與看門犬。㹴犬因天生特性使然，一定要訓練並從小社會化，以免和其他的狗或寵物發生問題。狩獵型㹴犬也喜歡挖洞，如果無人看管可能會在庭院裡造成大破壞。至於過去當成鬥犬的現代㹴犬品種，現今大多已不具攻擊性，在有經驗的飼主適當訓練下，通常都能和家人相處和睦。

捷克㹴 Cesky Terrier

身高	體重	壽命	肝色
25-32公分	6-10公斤	12-14年	鬍子和臉頰、頸部、胸口、腹部和四肢可能有黃色、灰色或白色毛。有時頸部會有一圈白毛，尾巴末端也可能有白毛。

堅強、勇敢，時而任性，但只要耐心訓練，捷克㹴也能成為開朗而從容的寵物

捷克㹴又名波希米亞㹴（Bohemian Terrier），1940年代在今天的捷克共和國培育而成。該品種的創造人弗蘭迪賽克‧霍拉克（Frantisek Horak）之前已經培育出狩獵用的蘇格蘭㹴（見189頁），但還想創造一種更小的狗，便於鑽進動物地洞中，也容易管理和飼養。他與西里漢㹴（189頁）的飼主聯繫，在1949年以西里漢㹴和蘇格蘭㹴雜交。1950年代他又進行多次相同的雜交，並詳加記錄，最後創造出捷克㹴。霍拉克的新品種分別在1959年及1963年於捷克斯洛伐克畜犬協會和世界畜犬聯盟註冊。1980年代，霍拉克將捷克㹴進一步與西里漢㹴雜交，以擴大品種的基因庫。

捷克㹴的培育目地是為了在捷克獵捕狐狸、兔子、鴨子、雉雞，甚至野豬。這個品種擁有強大的耐力和強烈的狩獵本能，可以單獨、也可以成群打獵，至今仍作為工作犬，也是實用的看門犬。雖然已經引進歐洲和美國，但在捷克以外的地區仍十分稀有。以㹴犬而言，這種狗的個性相對閒散、愛玩，也有人單純當成寵物飼養，不過仍多少保留了㹴犬的固執個性，因此需要從小持續訓練。捷克㹴的毛比多數㹴犬柔軟；通常身體的毛會被剪短，臉部、腿部和腹部的毛則留長。需要每隔幾天梳毛一次，每三、四個月修剪一次。

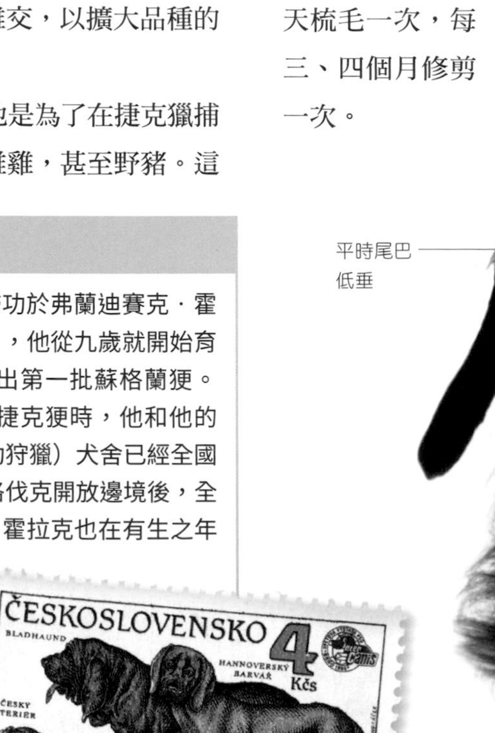

捷克㹴的創造人

捷克㹴的出現完全要歸功於弗蘭迪賽克‧霍拉克（1909-1996年），他從九歲就開始育犬，在1930年代培育出第一批蘇格蘭㹴。他在1949年開始培育捷克㹴時，他和他的「Lovu Zdar」（成功狩獵）犬舍已經全國知名，1989年捷克斯洛伐克開放邊境後，全球各地都有人來找他。霍拉克也在有生之年親眼見到自己創造的品種成為捷克的國家象徵。

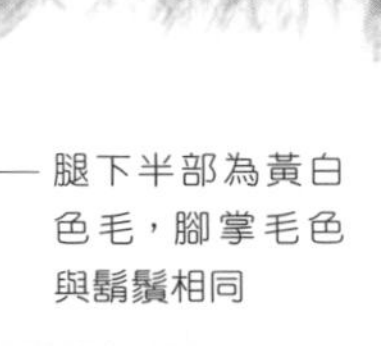

公元1990年發行的捷克斯洛伐克郵票，左下角就是捷克㹴

額頭的毛留長
藍灰色
臉上毛長，形成鬍鬚
三角形垂耳
前腳掌比後腳
掌大

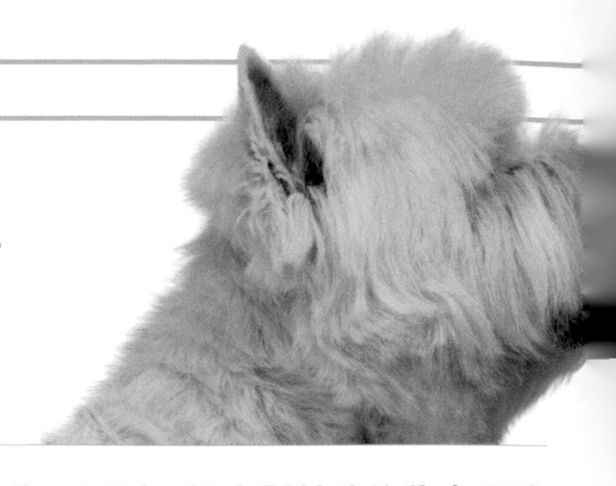

西高地白㹴 West Highland White Terrier

身高 25-28公分 | 體重 7-10公斤 | 壽命 9-15年

西高地白㹴商標

西高地白㹴的白毛、微胖的體格和活潑的個性，已成為某些全球知名產品的獨特「品牌」。最著名的就是專為小型犬打造的狗食品牌「西莎」（Cesar™）。黑白狗蘇格蘭威士忌（Black & White Scotch Whisky）則以黑色蘇格蘭㹴及白色西高地白㹴為商標，強調傳統的蘇格蘭特質。美國時尚品牌Juicy Couture的香氛商品則是以兩隻西高地白㹴為商標。

黑白狗蘇格蘭威士忌廣告

西高地白㹴個性活潑開朗、肆無忌憚，必須從小社會化，否則可能會對其他的狗表現跋扈

西高地白㹴是最受喜愛的小型㹴犬之一，19世紀在蘇格蘭由凱恩㹴（右頁）培育而成。而與這個品種的問世關係最密切的人，莫過於波塔洛克（Poltalloch）的第16任領主愛德華・麥肯上校（Colonel Edward Malcolm）。據說他因為飼養的紅棕色凱恩㹴被誤認成狐狸而遭射殺，於是他決定培育白色的㹴犬；白狗較不容易被誤認為獵物。

西高地白㹴主要用於獵捕狐狸、水獺、獾和老鼠等對農業有害的動物，必須強壯敏捷，能夠跳上岩石或鑽入小縫隙中，也必須具備近距離面對狐狸的勇氣。

如今西高地白㹴大多作為寵物飼養。牠聰明、好奇、友善，適合各種家庭，但需要大量的陪伴與活動，否則會覺得無聊，而出現亂叫與挖洞等壞習慣。雖然體型小，但自尊心強，對其他狗可能很霸道，因此須從小進行社會化訓練。每隔幾天要梳毛一次。

凱恩㹴 Cairn Terrier

身高 28-31公分
體重 6-8公斤
壽命 9-15年

紅色
灰色近黑
可能有斑色被毛。

凱恩㹴原產於蘇格蘭的西部群島，用來獵捕有害農業的動物。這種結實的㹴犬個性逗趣而鮮明，體型嬌小能在公寓飼養，但也有充足的活力在寬闊的鄉下住家四處到處跑，因此能適應任何環境。凱恩㹴會想追逐任何移動的東西，這種衝動必須及早遏止。

蘇格蘭㹴 Scottish Terrier

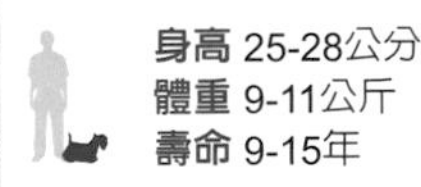

身高 25-28公分
體重 9-11公斤
壽命 9-15年

小麥色
可能有斑色被毛。

這個品種雖然在蘇格蘭高地存在許久，但直到19世紀末才獲得命名。蘇格蘭㹴身材矮小，但有力而敏捷，和西高地白㹴（左頁）與凱恩㹴（上一段）一樣，都是用來獵捕會破壞農作物的動物。警覺性高且親人，是理想的家庭陪伴犬。

西里漢㹴 Sealyham Terrier

身高 25-30公分
體重 8-9公斤
壽命 14年

原產於威爾斯，用來獵捕獾和水獺，而今已失去工作犬的角色，只作為寵物飼養。西里漢㹴具有強烈的領域性，適合擔任看門犬，但生性固執，必須持之以恆加以訓練。西里漢㹴的標準修剪造型特色十足，但必須經常維護。

比福㹴 Biewer Terrier

身高 18-28公分
體重 2-4公斤
壽命 12-15年

比福㹴雖然體型小，但很喜歡長距離走路，個性忠心又逗趣。牠是約克夏㹴（見190-191頁）的毛色變種，1984年在德國，由兩隻正常色約克夏㹴雜交產下的一窩幼仔中，首度出現一隻藍、白、金色的小狗。2003年輸往美國之後，比福㹴開始受到市場歡迎，在其他國家也成了熱門犬種。

約克夏㹴 Yorkshire Terrier

身高	體重	壽命
20-23公分	最多3公斤	12-15年

可愛的模樣與嬌小的體格下，隱藏著㹴犬典型的暴躁性格

別看牠像玩具一樣小小一隻，約克夏㹴的勇氣、精力和自信完全不輸比牠大好幾倍的狗。這個品種頭腦聰明，服從度訓練能收到很好的成效。不過要是飼主縱容牠做出以大型犬來說不被容許的行為，可能導致牠變得愛亂叫而刁鑽。必須經過適當教養，牠才能展現出可愛、親人、忠心、活潑的天性。當初約克夏㹴是用來在英格蘭北部的木造磨坊和礦坑內獵捕肆虐的老鼠。後來以選出最小個體的方式持續培育，逐漸縮小體型，最後成為可以讓淑女抱著走的時尚配件。不過，這種寵愛並不適合約克夏㹴活潑的性格，如果能讓牠每天至少散步半小時，牠會開心得多。

約克夏㹴被毛長而光滑，在狗展會場外，飼主會用摺起來的紙包住並用橡皮筋固定，加以保護。雖然長毛保養起來非常費時，但約克夏㹴大多喜歡這種備受關注的感覺。

名人先生

最早進入演藝圈明星犬之一是一隻名為「名人先生」（Mr Famous）的約克夏㹴，飼主是影星奧黛莉・赫本（Audrey Hepburn）。名人先生時常陪伴在赫本身邊，想當然耳十分受寵。赫本不論到哪裡都帶著牠，甚至還一起演出1957年的電影《甜姐兒》（Funny Face）。赫本引領許多時尚風潮，包括小黑洋裝、超大墨鏡，而名人先生可能是如今「手提包狗」的先驅。

尾巴毛色比身體其他部位深

深色的眼睛，眼神聰慧、警覺

深鐵灰藍色

臉部與胸口的毛是飽和的亮褐色

毛剪短的幼犬

澳洲㹴 Australian Terrier

身高 最高26公分
體重 最多7公斤
壽命 15年

藍褐色

這種㹴犬可能是由多種㹴犬雜交而成，包括凱恩㹴（見189頁）、約克夏㹴（190頁），和19世紀英國殖民者帶到澳洲的丹第丁蒙㹴（217頁）。澳洲㹴體型嬌小但個性活潑，是絕佳的家犬。

澳洲絲毛㹴 Australian Silky Terrier

身高 最高23公分
體重 最多4公斤
壽命 12-15年

迷人的澳洲絲毛㹴是在19世紀以澳洲㹴（左）和約克夏㹴（190頁）混種而成，是典型的㹴犬，喜歡挖洞，也有追逐的本能，因此可能對其他小型寵物造成威脅。必須時常梳理才能避免長毛糾結。

諾福克㹴 Norfolk Terrier

身高 22-25公分
體重 5-6公斤
壽命 14-15年

紅色
黑褐色
被毛可能夾雜灰白毛。

這種小型㹴犬是以多種捕鼠犬配種而成，是活力充沛的獵犬。捕鼠犬通常成群狩獵，因此諾福克㹴比多數犬樂於與其牠的狗相處，但未必能放心讓牠和其牠寵物相處。諾福克㹴是理想的守衛犬，也適合有年紀較大孩子的家庭作為寵物犬。

艾莫勞峽谷㹴 Glen of Imaal Terrier

身高 36公分
體重 16-17公斤
壽命 13-14年

藍色
斑色

這種強健的小狗活動力旺盛，原產於愛爾蘭的威克洛郡（County Wicklow），用於獵獾競賽，直到1960年代這項活動被禁為止。艾莫勞峽谷㹴可以成為敏感而忠心的寵物，但飼主必須冷靜堅定。

諾威奇㹴 Norwich Terrier

身高 25-26公分
體重 5-6公斤
壽命 12-15年

小麥色
紅色
紅色被毛中可能參雜灰白色毛。

諾威奇㹴是體型最小的工作型㹴犬之一，與牠的表親諾福克㹴（左頁）相似，在勇敢與溫柔間達到巧妙的平衡。諾威奇㹴個性隨和，與兒童相處融洽，但會對陌生人吠叫。和所有捕鼠㹴一樣喜歡玩耍與追逐。

帕森羅素㹴 Parson Russell Terrier

身高	體重	壽命	白色
33-36公分	6-8公斤	15年	可能有黑毛。

活潑的帕森羅素㹴有強烈的狩獵本能，需要堅定的管教和活躍的生活方式

這種獵狐㹴是過去被統一歸類為傑克羅素㹴的兩個品系之一。現在腿較長的類型稱為帕森羅素㹴，腿較短的仍稱為傑克羅素㹴（見196頁）。

帕森羅素㹴在19世紀初原產於英格蘭西部，由約翰・羅素牧師（Reverend John Russell）培育而成。他和18世紀末、19世紀初的許多神職人員一樣喜歡打獵。1876年，身為獵狐㹴俱樂部（Fox Terrier Club）創始會員之一的羅素牧師，協助訂立了獵狐㹴（見208頁）的品種標準。不過，當時既有的「成年雌狐」體型獵狐㹴並未消失，帕森羅素㹴和較小型的傑克羅素㹴就是從這些獵狐㹴衍生而來。

帕森羅素㹴愛好者經過多年的努力，尤其在1980年代，帕森傑克羅素㹴終於在1984年獲得英國畜犬協會承認，並於1999年正式更名為帕森羅素㹴。

現代帕森羅素㹴品種的體型類似工作犬，腿偏長而胸膛較窄（一般成年人可雙手合握），聰明活潑，需要大量陪伴和每天運動，否則會出現亂叫與破壞行為。善與人類和馬匹相處，但因具有狩獵本能，對小動物有危險性。

帕森羅素㹴的被毛有防水功能，包含濃密的底毛及粗糙的外層毛（不論短毛還是粗毛型）。兩種毛型都很容易梳理。

短毛型幼犬

早期歷史

約翰・羅素於1818年就讀於牛津時，向酪農買了一隻白底帶褐毛的雌性小㹴犬。他想養一隻能在打獵時跟上馬匹速度，同時又小到足以追著狐狸進地洞、把牠趕出來的狗。結果這隻名叫川普（Trump）的母㹴犬，就是這個品種的起源。到了1890年代，傑克羅素型㹴犬已十分普遍，也常見於知名英國犬類畫家約翰・埃姆斯的作品中（右圖），但直到1980年代，帕森羅素㹴才正式受到承認。

1891年約翰・埃姆斯（John Emms）的畫作《傑克羅素㹴》（A Jack Russell）

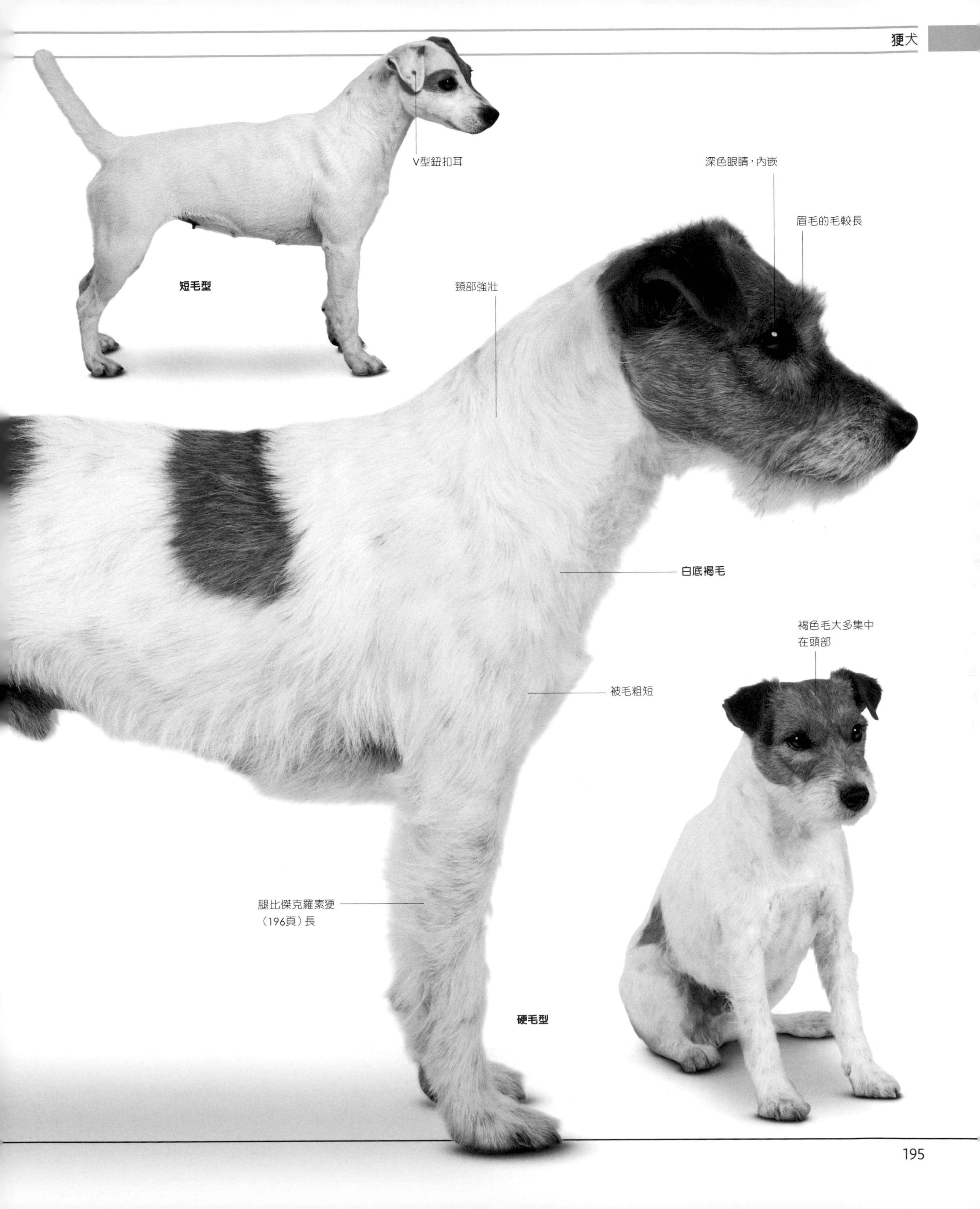
V型鈕扣耳
短毛型
深色眼睛，內嵌
眉毛的毛較長
頭部強壯
白底褐毛
褐色毛大多集中
在頭部
被毛粗短
腿比傑克羅素㹴
（196頁）長
硬毛型

傑克羅素㹴 Jack Russell Terrier

身高 25-30公分
體重 5-6公斤
壽命 13-14年

白底帶黑毛

這種活潑又大膽的工作㹴犬是由約翰・羅素牧師於1800年代培育而成，名稱就是取自這位牧師，目的是用來把狐狸趕出巢穴。如今該品種仍是傑出的獵鼠犬，也是親人且熱情的寵物。傑克羅素㹴的腿比牠體格較健壯的近似種帕森羅素㹴（見194頁）短，有短毛與硬毛兩種類型。

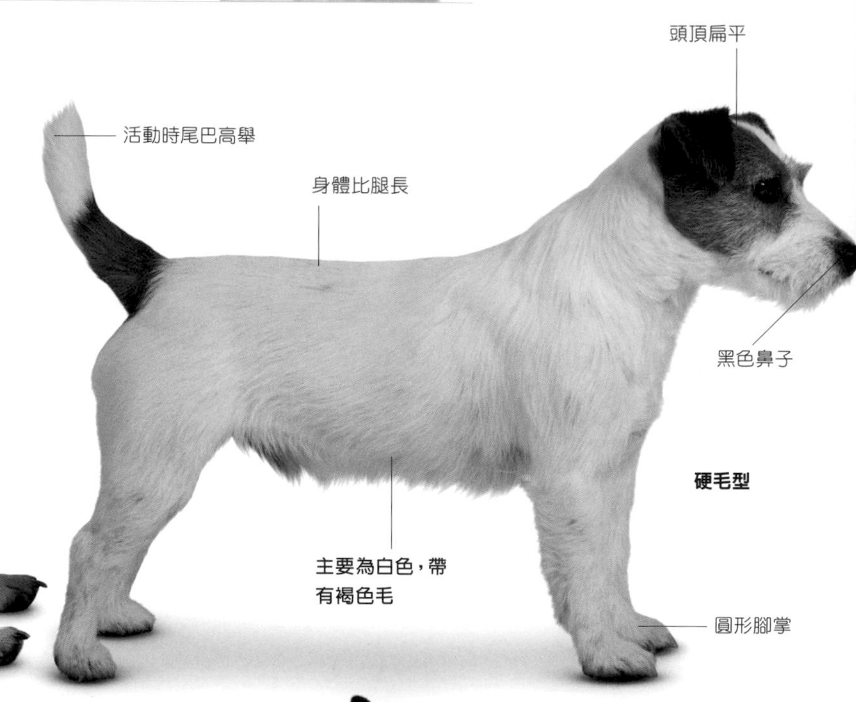

波士頓㹴 Boston Terrier

身高 38-43公分
體重 5-11公斤
壽命 13年

斑色

斑色被毛中帶有白毛。

波士頓㹴復古又時髦的外表和溫和的個性，為牠贏得了「美國紳士」的封號，不論城市或鄉村的家庭都很適合飼養。波士頓㹴由鬥牛犬和幾種㹴犬雜交而成，已經喪失了捕鼠的本能，喜歡人類陪伴，天性活潑好動，需要規律運動。

牛頭㹴 Bull Terrier

身高 53-56公分
體重 23-32公斤
壽命 10-12年

多種顏色

牛頭㹴的血源主要來自鬥牛犬（見95頁）與各種㹴犬雜交，在19世紀的英格蘭作為鬥犬。牛頭㹴雖然在凶狠的鬥犬場上落敗，卻在寵物圈裡大獲全勝。現代牛頭㹴通常性情溫和，只要飼主個性堅定，牛頭㹴就能有良好表現。

迷你牛頭㹴 Miniature Bull Terrier

身高 最高36公分
體重 11-15公斤
壽命 10-12年

多種顏色

這種縮小版的牛頭㹴（上）到1920年代近乎滅絕，如今已經過幾十年的復育，但依舊少見。迷你牛頭㹴和體型較大的牛頭㹴一樣，必須從小開始訓練與教養，才能成為理想的家庭寵物。

貝林登㹴 Bedlington Terrier

身高	體重	壽命	
40-43公分	8-10公斤	14-15年	沙色 肝色 所有毛色可能都帶有褐色毛。

雖然外表如絨毛娃娃，走起路來像踩著輕快的小碎步，卻是機敏、迅速而強韌的犬種

貝林登㹴在毛絨絨的外表底下，藏著典型的㹴犬精神，有人形容這種狗有「羔羊的外表，獅子的內心」。原產於英格蘭東北部的諾森伯蘭（Northumberland），飼主有上流人士，也有勞工階層。血統包含惠比特犬（見128頁）及其他㹴犬品種，用來在地面上獵捕野兔、兔子、狐狸和獾，但也能下水捕捉老鼠和水獺。1877年英國成立了貝林登㹴全國品種協會，此後就成了狗展上的要角，和受歡迎的家庭寵物。

貝林登㹴具有視獵犬的血統，因此不僅擁有絕佳的速度與敏捷度，也比某些㹴犬更有包容性。貝林登㹴如今大多作為寵物飼養，一般而言個性沉靜、親人且相當敏感，但如果受到挑釁，也會以道地的㹴犬方式保衛自己。貝林登㹴需要大量的身心活動以消耗精力，免得無聊。飼主帶牠散步時必須特別小心，一顯示出強烈的追逐本能時就應立刻制止。貝林登㹴在敏捷度與服從度競賽中都有傑出的表現。

幼犬出生時毛色為深藍色或深棕色，但會隨著年紀增長而轉淡，並且需要定期修剪。展犬有特殊的剪毛方式，臉部和腿部的毛留長，耳朵上保留長毛流蘇。

貝林登的歷史

貝林登㹴的血統來源包括生活在諾森伯蘭的羅特伯里森林（Rothbury Forest）地區的各種㹴犬，因此又名羅特伯里㹴犬（Rothbury Terrier）。最早擁有類似貝林登㹴外型的狗，是在1782年出生的「老燧石」（Old Flint）。1825年在貝林登鎮，一名男子約瑟夫．安斯利（Joseph Ainsley）讓一對具有這種貝林登㹴「長相」的㹴犬交配，並宣告產下的幼犬是第一代的新品種，也就是貝林登㹴。

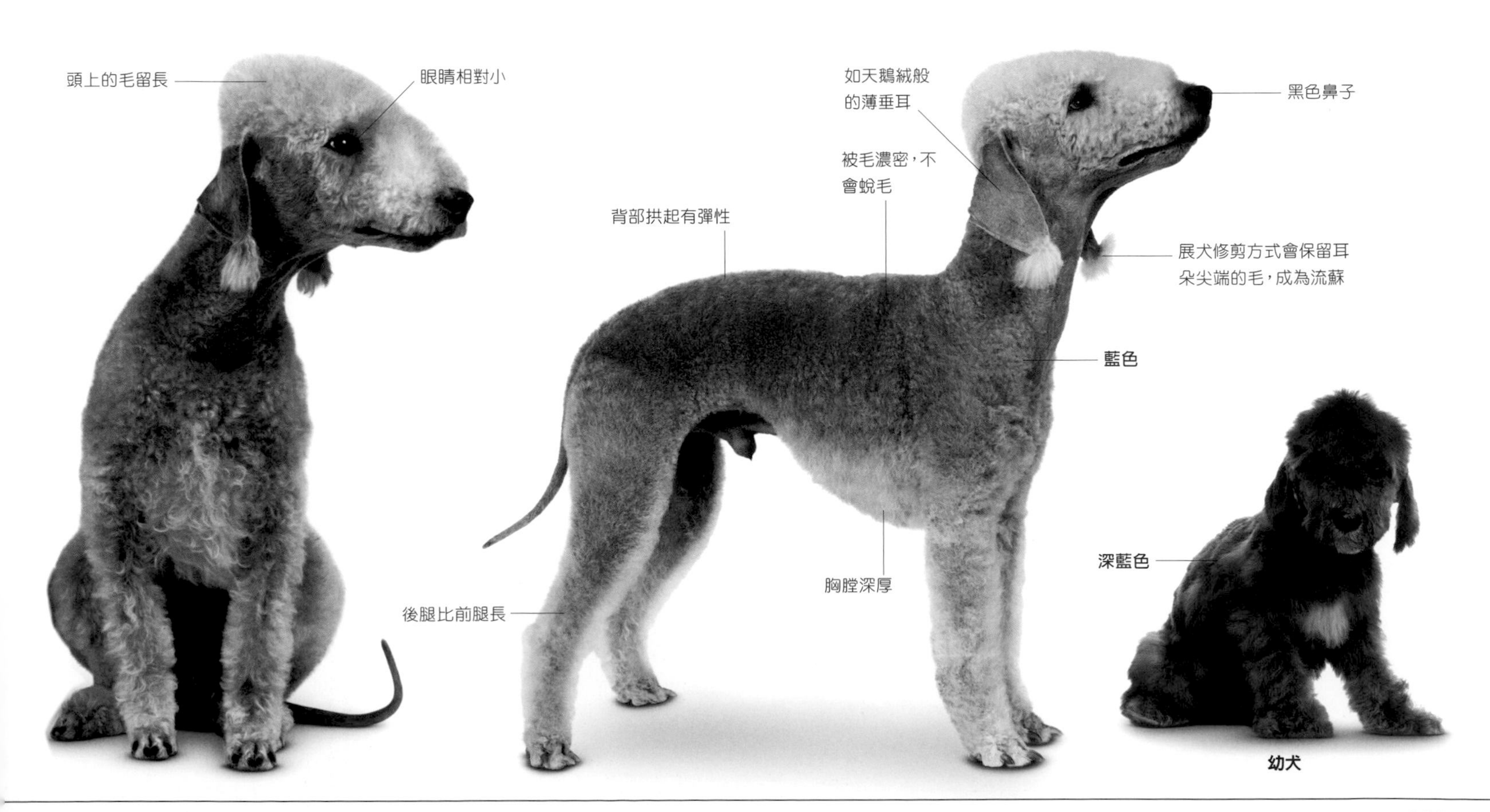

德國狩獵㹴

German Hunting Terrier

身高	體重	壽命
33-40公分	8-10公斤	13-15年

無所畏懼的德國狩獵㹴是堅忍的獵犬，但只要給予充分的身心活動，也能成為忠心的陪伴犬

這種現代獵犬（德文名為Jagdterrier）是20世紀初培育而成，原本在德國以外鮮為人知，直到1950年代才有少數個體引進美國。今天這個品種在德國仍常作為獵犬之用，北美洲也有愈來愈多人用牠來獵捕松鼠和鳥類。

德國狩獵㹴喜歡在戶外過夜，白天能打獵一整天，對於地面上或地面下的各種地形都應付自如，連下水工作也無妨。也能用於追捕狐狸、黃鼠狼和獾等地底獵物，或者把兔子或野豬從灌木叢裡驅趕出來，並追蹤受傷動物如鹿的血跡。

勇敢而有活力的德國狩獵㹴需要工作，最好是狩獵方面的工作。只要能保持忙碌，德國狩獵㹴就能成為忠心的家庭寵物和有效率的守衛犬。牠個性友善，學習意願強，但需要從小社會化，建立明確的主從觀念。必須每天給予激烈的運動。分為粗毛與短毛兩個類型。

全能型㹴犬

德國狩獵㹴是在一次大戰剛結束時，由四位巴伐利亞育犬者培育而成，目的在於創造一種領先全球的全能型㹴犬。當時獵狐㹴在德國很受歡迎，但主要是因為外型而非實際功用。這些育犬者從四隻獵狐㹴開始，牠們雖然有理想中的黑褐色毛，但缺乏狩獵才能。接著他們把這些獵狐㹴與狩獵型的獵狐㹴（見208頁）、古代英國剛毛㹴和威爾斯㹴（201頁）配種，於是得到了這種堅強、勇敢的多功能獵犬（下圖）。

軟毛麥色㹴
Soft-coated Wheaten Terrier

身高 46-49公分 | 體重 16-21公斤 | 壽命 13-14年

這種全能型的農場犬擁有樂天而親人的個性，對家庭生活適應良好

軟毛麥色㹴已知有200年以上的歷史，很可能是最古老的愛爾蘭犬種之一，與愛爾蘭㹴（見200頁）和凱利藍㹴（201頁）擁有相同的血統。雖然歷史悠久，卻直到1937年才在愛爾蘭正式獲得承認。

軟毛麥色㹴一開始是工作犬，也是最早必須在獵鼠、獵兔和獵獾競賽中證明自己能力、贏得冠軍的犬種。今天主要作為寵物飼養，但有些也成為治療犬。

軟毛麥色㹴喜歡人，性情比其他㹴犬溫和，善於與兒童相處，不過對學步幼兒而言可能過於粗魯。成犬仍會保留幼犬的天性，但頭腦十分聰明，因此容易訓練。不過每天需要大量運動。

軟毛麥色㹴的名字取自牠的毛色，有別於其他㹴犬品種的剛毛。主要分成兩種毛型：有絲綢般光澤的「愛爾蘭」毛型，和較濃密的「英國」或「美國」毛型。幼犬出生時大多是暗紅色或褐色毛，隨著年歲漸增轉為淡金色。軟毛麥色㹴需要每隔幾天徹底梳毛一次，也需要定期修剪。

貧民的狗

在英國與愛爾蘭，曾有幾世紀之久只有貴族才能飼養獵犬，比較窮的人則是養㹴犬，不但容易照顧，用途也廣。軟毛麥色㹴（下圖為19世紀阿爾弗雷德公爵所繪）主要用於滅鼠和其他有害動物，此外也用於守護財產、放牧牲口，後來也被當成槍獵犬，隨主人出外狩獵。或許正因為牠的身材與狩獵技巧，該犬種也有「貧民獵狼犬」的別稱。

荷蘭斯牟雄德犬 Dutch Smoushond

身高 35-42公分
體重 9-10公斤
壽命 12-15年

強壯的荷蘭斯牟雄德犬過去是「馬車伕的狗」，能跟上馬匹和馬車的速度，也是能幹的捕鼠犬。該品種在1970年代幾乎滅絕，如今雖然仍屬稀有，但數量已逐漸攀升。是傑出的看門犬，與兒童相處融洽，甚至能接納家中的寵物貓，但需要大量運動。

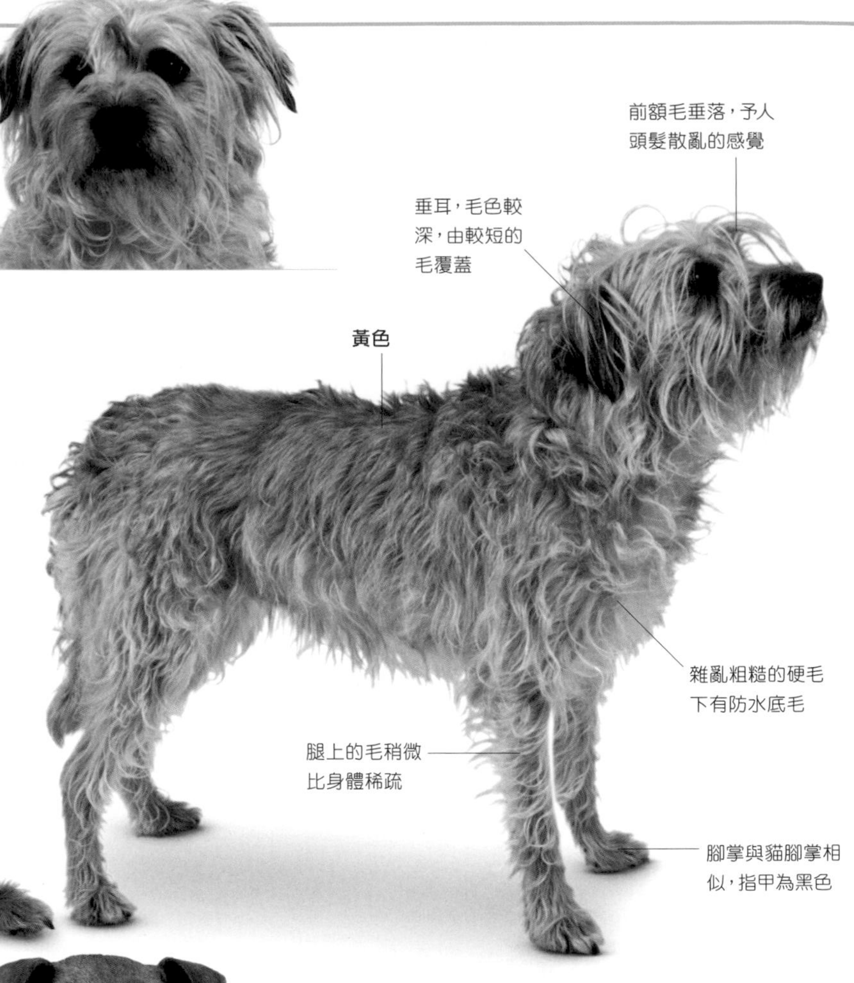

湖畔㹴 Lakeland Terrier

身高 33-37公分
體重 7-8公斤
壽命 13-14年

多種顏色

這種意志堅定、行動敏捷的小㹴犬，過去用來在丘陵地上把狐狸趕進巢穴，至今仍保留這種天性，會追逐任何移動的物品（不論大小），也會對其他的狗產生攻擊性。不過經過訓練，湖畔㹴也能成為勇敢的守衛犬和熱情的陪伴犬。

邊境㹴 Border Terrier

身高	體重	壽命	
25-28公分	5-7公斤	13-14年	小麥色 紅色 藍褐色

老犬種的新工作

過去讓邊境㹴成為傑出獵犬的特徵，也讓牠在現代工作中有優秀表現。其中一項工作是治療犬。邊境㹴友善的天性極適合安撫病童、焦慮的人和孤單老人。此外由於性情穩定且勇敢，也能在水災或意外現場作為搜救犬，或是減輕傷患與急救人員的壓力。

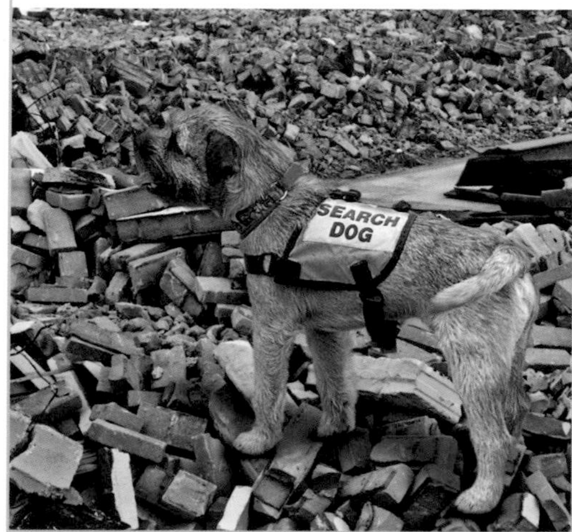

這種活力充沛而開朗的㹴犬個性大而化之，是理想的家庭寵物

這個犬種以耐力和水獺般的特殊長相著稱，原產於英格蘭與蘇格蘭交界的赤維特丘陵（Cheviot Hills）。邊境㹴直到1920年才成為英國畜犬協會認證的正式犬種，但牠的歷史至少可追溯到18世紀；一般相信這是英國最古老的㹴犬品種之一。

邊境㹴起初是農場工作犬，後來廣泛用於狩獵。牠奔跑的速度足以跟上馬匹，而嬌小的體型又能鑽進狐狸和老鼠的巢穴把牠們驅趕出來。邊境㹴勇氣和耐力兼具，能在各種天候狀態下終日工作。飼主通常讓邊境㹴在外自行覓食，因此這種狗有很強的狩獵動機。

邊境㹴在狩獵與狩獵競賽中依舊表現卓越，在敏捷度與服從度競賽中也有傑出表現。邊境㹴通常樂於合作，對幼童和其他狗的包容力也比別種㹴犬強，因此有愈來愈多人把牠當成寵物飼養。不過飼主必須每天讓牠發洩精力，否則可能會因為不快樂而出現破壞行為。

典型的㹴犬

正常的㹴犬受到輕微的刺激就會馬上有所行動。這隻剛毛獵狐㹴在抓著開啟的水管玩耍時，就展現出這種警覺性。

獵狐㹴 Fox Terrier

身高	體重	壽命	白色
最高39公分	最重8公斤	10年	可能有褐色或黑色毛。

丁丁與白雪

在連載漫畫《丁丁歷險記》（The Adventures of Tintin）中，主角丁丁最好的朋友就是小狗白雪㹴（Snowy）。丁丁的創造者艾爾吉（Hergé）以剛毛獵狐㹴為白雪的範本，因為在他寫作當時，這個犬種深受歡迎。此外，他常去的那家餐廳的老闆飼養的獵狐㹴，也給了他很多啟發。白雪雖然是漫畫中的角色，但牠聰明伶俐，能拯救主人脫離危險，而且勇氣十足，敢面對體型遠比牠大的敵人，這些都是典型的㹴犬特質。

這個開朗、親人、熱愛玩樂的犬種善於與兒童相處，也喜歡在鄉間長途散步

獵狐㹴原產於英格蘭，是活力充沛、有時喜歡用聲音表達情緒的陪伴犬，原本專門用來撲殺有害動物、獵捕兔子、對付躲起來的狐狸。獵狐㹴無所畏懼，生性又喜歡挖洞，因此必須從小社會化並開始訓練，以防止牠亂咬，並抑制挖洞的傾向。如果能做到這點，獵狐㹴就會是很棒的家庭寵物，喜歡玩耍，而且對於飼主付出的感情總能立即有所回饋。

剛毛獵狐㹴必須定期梳理和「拔毛」，以去除脫落的毛，一年還需要用拔毛刀大範圍拔毛（stripping）三、四次。剛毛獵狐㹴不應剪毛，因為剪毛無法去除蛻落的毛，可能導致發癢，並造成毛的質感和毛色劣化。至於比剛毛獵狐㹴罕見得多的短毛獵狐㹴，由於毛較短，也較不需要梳理。

從獵狐㹴又衍生出幾個犬種，包括小型獵狐㹴（見210頁）、巴西㹴（210頁）、捕鼠㹴（212頁）、帕森傑克羅素㹴（194頁）和傑克羅素㹴（196頁）。

幼犬

尾巴豎直
白色帶黑色與褐色毛
鼻梁凹陷處極淺
胸膛深厚但不寬闊
大腿長而有力
剛毛獵狐㹴

V形半豎耳，耳朵小
頭部與口鼻部等長
剛毛以白色為主
緊湊的圓腳掌

楔型頭
深色圓眼睛
褐色毛
被毛有黑色斑點
黑色毛斑
黑色鼻子
短毛獵狐㹴

日本㹴 Japanese Terrier

身高 30-33公分
體重 2-4公斤
壽命 12-14年

黑、褐、白色

這個稀有犬種在同樣大小的狗之中算相當強壯且運動能力佳。日本㹴的血統來源包括英國玩具㹴（右頁）和如今已絕種的迷你牛頭㹴（Toy Bull Terrier）。日本㹴一直被當成玩賞犬、獵鼠犬和尋回犬，也是適應力強的家庭寵物和傑出的看門犬。

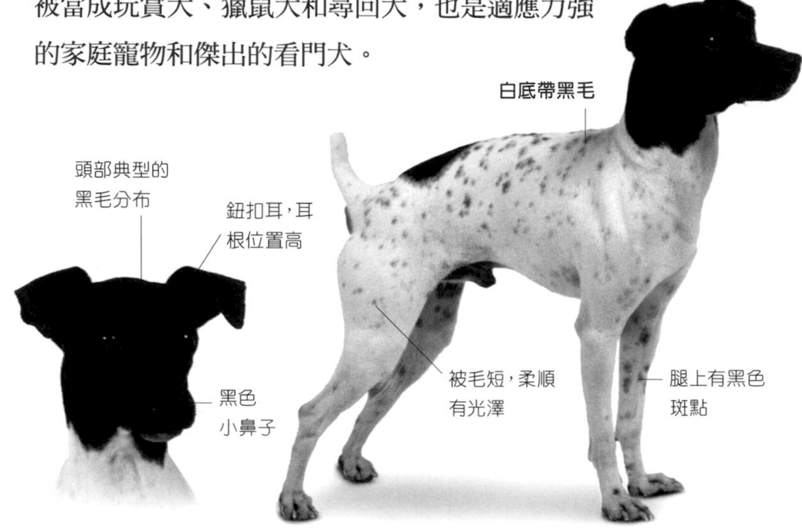

玩具獵狐㹴 Toy Fox Terrier

身高 23-30公分
體重 2-3公斤
壽命 13-14年

白褐色
黑白色
白色、巧克力與褐色

又名美國玩具㹴（American Toy Terrier），以短毛獵狐㹴（見208頁）與各種玩賞犬種雜交而成，是優秀獵鼠犬，也是和善的家庭陪伴犬。玩具獵狐㹴與所有玩賞犬一樣，不適合有嬰幼兒的家庭當寵物，但年紀較大的兒童則會和這種對生活熱情的狗相處融洽。

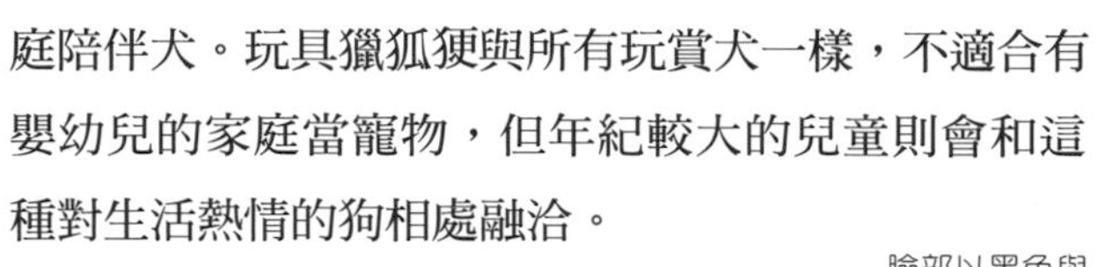

巴西㹴 Brazilian Terrier

身高 33-40公分
體重 7-10公斤
壽命 12-14年

由歐洲的㹴犬與巴西當地農場犬雜交而成，有明顯的狩獵本能，熱愛探險和挖洞，也喜歡追蹤、追逐、獵殺嚙齒類動物。巴西㹴和牠體型較小的近似種傑克羅素㹴（見196頁）一樣，必須培養牠的主從觀念。只要飼主能保持堅定的態度，巴西㹴就能成為忠心、聽話、保護性強（而且愛叫）的看門犬。非常好動，需要每天長途散步，否則會焦躁不安。要成為理想的家庭寵物之前須經過充分訓練。

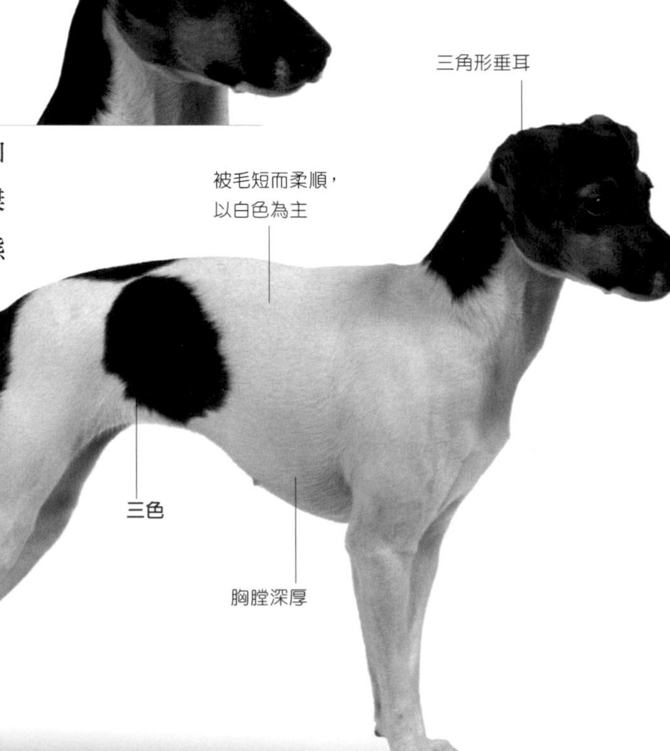

英國玩具㹴 English Toy Terrier

身高	體重	壽命
25-30公分	3-4公斤	12-13年

鬥鼠場

工業革命時期的英格蘭，在迅速擴張的城鎮中，飼養黑褐㹴等㹴犬來獵捕老鼠是生活所必須。而對賭徒而言，以㹴犬獵鼠也成為一種娛樂活動。他們把㹴犬與一定數量的老鼠一同放進「鬥鼠場」（見下圖19世紀畫作《在藍貓酒館捕鼠》(Rat-catching at the Blue Anchor Tavern)，下賭注看這些狗能多快殺光老鼠。目的在於找出能在最短時間內殺光老鼠的狗中體型最小的。英國在1835年已明令禁止「困獸鬥」這種血腥活動，但「困鼠鬥」則一直持續非法進行到1912年前後。

這種神氣十足、友善又自信的小型陪伴犬，對都市和鄉村生活都能適應良好

英國玩具㹴是英國最古老的玩賞犬品種，體型與豎耳是牠與體型較大的近似種曼徹斯特㹴（見212頁）唯一的差別。這兩個犬種直到1920年代才被歸類為不同品種。

黑褐色的㹴犬早在16世紀即已存在於英格蘭，當時是用來殺老鼠。後來在18世紀，這類㹴犬成了城鎮居民喜愛的寵物。到了維多利亞女王在位時期，開始流行把㹴犬培養得愈來愈小，嚴重影響這個品種的健康；不過到了19世紀末，熱心人士針對體型較小的㹴犬訂立了更嚴格的標準。

這個類型就是迷你黑褐㹴（Miniature Black and Tan Terrier），1960年後更名為英國玩具㹴（黑褐色）。今天這個品種十分罕見，已由英國畜犬協會列為瀕危原生品種。

英國玩具㹴具有㹴犬敏銳的警覺性和活潑個性，但可能比其他㹴犬更敏感；對飼主及家人忠心，是傑出的看門犬，但可能會想獵捕小型寵物；體型嬌小，因此每天只需要少量運動，且對都市生活環境適應良好。

曼徹斯特㹴 Manchester Terrier

身高 38-41公分
體重 5-10公斤
壽命 13-14年

曼徹斯特㹴外型俐落俊美，是優雅而活潑的陪伴犬，體型比牠的親戚英國玩具㹴（見211頁）大。名稱取自19世紀在曼徹斯特每週舉行一次的滅鼠競賽，曼徹斯特㹴在這類競賽中表現十分優異。牠對有害動物毫不留情，但對飼主很溫柔。

捕鼠㹴 Rat Terrier

身高 標準型：36-56公分
體重 標準型：5-16公斤
壽命 11-14年

多種顏色

褐色毛很常見。

這種㹴犬是傑出的捕鼠犬，曾有一隻捕鼠㹴在短短七小時內捕獲超過2500隻老鼠。捕鼠㹴在美國很受歡迎，是羅斯福總統最愛的獵犬。迷你型的身高約20-36公分；體重3-4公斤，是理想的寵物；標準型則適合比較有活力的飼主。分為豎耳與鈕扣耳兩種耳型。

美國無毛㹴 American Hairless Terrier

身高 25-46公分
體重 3-6公斤
壽命 12-13年

任何顏色

最早的無毛捕鼠㹴（左）是基因突變而產生，後來再透過彼此配種而產下無毛幼犬。這個犬種雖然無毛，但仍是典型的活潑㹴犬，不過必須加穿衣服，幫牠在冬天保暖、夏天防曬。可能有豎耳、半豎耳或鈕扣耳。

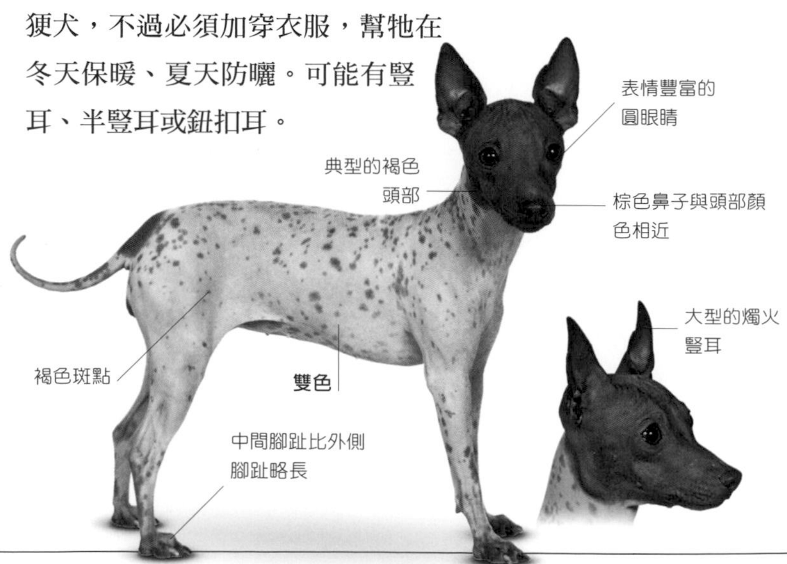

佩特戴爾㹴 Patterdale Terrier

身高 25-38公分
體重 5-6公斤
壽命 13-14年

紅色
肝色或古銅色
黑褐色
被毛可能混雜灰白色毛。

英國湖區（Lake District）各個獨立的河谷中都有自己的㹴犬品種，佩特戴爾㹴即原產於佩特戴爾村。該犬種如今在英國仍很受歡迎，在美國的人氣也逐漸攀升。佩特戴爾㹴追逐獵物時絕不放棄，是絕佳的狩獵夥伴。分為短毛與硬毛兩個類型。

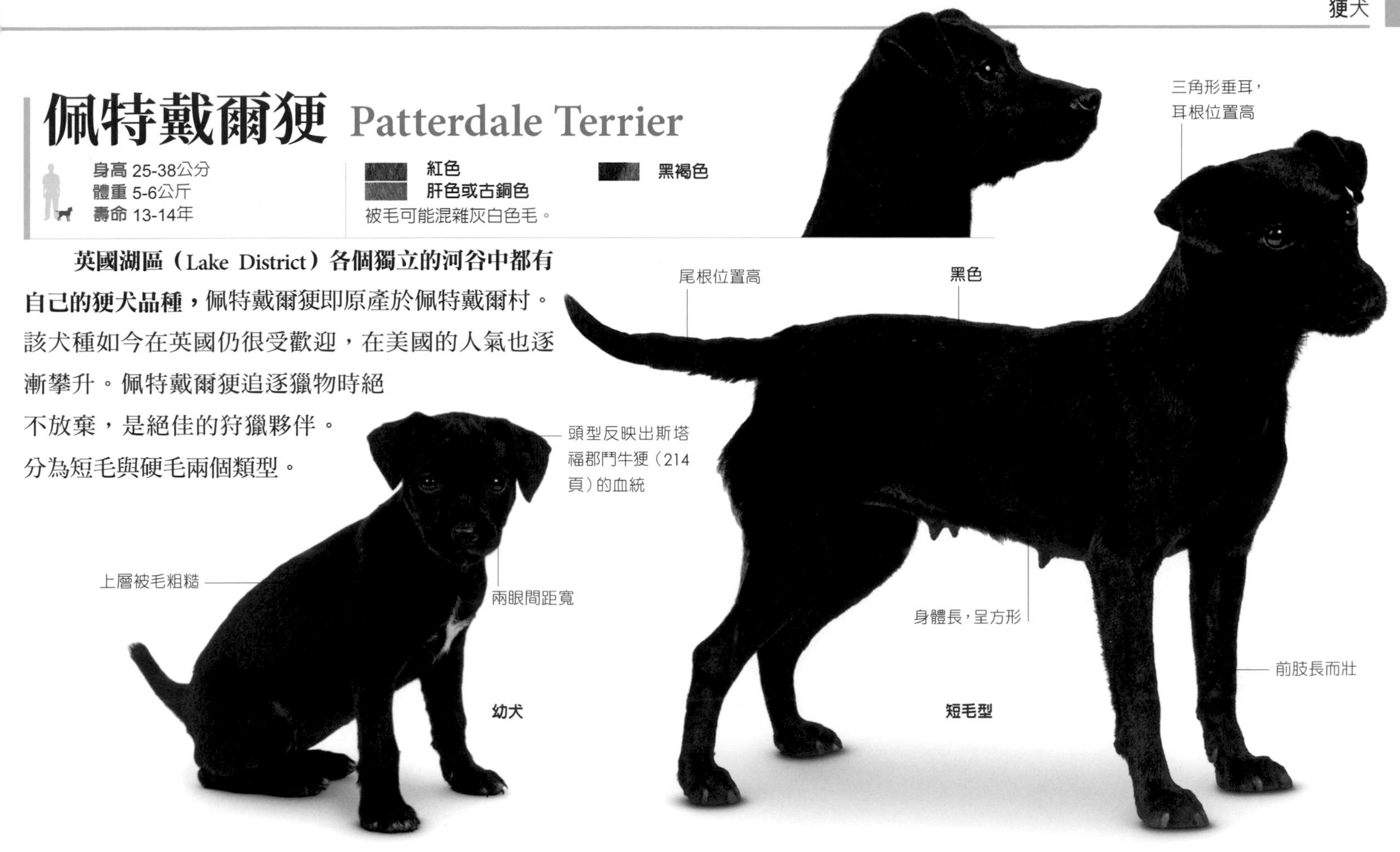

美國比特鬥牛犬 American Pit Bull Terrier

身高 46-56公分
體重 14-27公斤
壽命 12年

任何顏色
雜灰色較不理想。

美國比特鬥牛犬的血統源自19世紀愛爾蘭移民帶入美國的犬隻。雖然原本培育為鬥犬，但後來大多成為工作犬或家庭寵物。比特犬近期有了攻擊性強的惡名，但喜愛該犬種的人極力反對這種說法。

美國斯塔福郡㹴 American Staffordshire Terrier

身高 43-48公分
體重 26-30公斤
壽命 10-16年

多種顏色

由斯塔福郡鬥牛㹴（第214頁）發展而來，於1930年代才在美國獲得承認為獨立品種。除了體格比英國同型犬種更雄壯外，美國斯塔福郡㹴所有的特徵都與原「斯塔福」犬種相同。這種狗大膽而聰明，是忠心的家庭寵物。

斯塔福郡鬥牛㹴 Staffordshire Bull Terrier

身高 36-41公分 | 體重 11-17公斤 | 壽命 10-16年 | 多種顏色

勇敢無懼的斯塔福郡鬥牛㹴喜愛兒童，在正確的教養下可以展現高服從度

斯塔福郡鬥牛㹴在19世紀原本為鬥狗的目的而培育，原產於英國密德蘭（Midlands），以鬥牛犬（見95頁）和當地㹴犬雜交而成。所產生的犬種最初名為「鬥牛與㹴」（Bull and Terrier），體型小而敏捷，但很健壯，顎部非常有力。雖然在鬥狗場上必須展現勇氣和攻擊性，但牠在人類身邊又能保持冷靜。1835年，鬥牛及其他鬥獸活動遭到禁止，但暗中進行的鬥犬活動仍持續至1920年代。

19世紀時，一群熱心人士有意改良「鬥牛與㹴」，創造一種更適合犬展及家庭的動物。這個改良後的品種就是斯塔福郡鬥牛㹴，1935年正式獲得英國畜犬協會承認。

現代斯塔福郡鬥牛㹴在城鎮與鄉村都很受歡迎。這種狗粗壯又活潑，具備無比的勇氣。飼主必須以堅定的態度對待，從小進行服從度訓練是必要的；如果飼主能有效訓練，斯塔福郡鬥牛㹴會成為聽話又窩心的寵物。不過，近幾年這個品種莫名多了個「危險」的惡名，導致許多斯塔福郡鬥牛㹴遭到棄養，進了收容所。斯塔福郡鬥牛㹴被不熟悉的狗挑釁時可能會反擊，但平時性情友善，對人溫和，尤其對兒童格外親切。

約克叢林歷險記

約克（Jock）是一個名叫波西．費茲派翠克（Percy FitzPatrick）的男子飼養的斯塔福郡鬥牛㹴；波西在1880年代於南非擔任一隻公牛貨車隊的運送人員。約克原本是同一窩幼犬中最弱小的，長大後成為勇敢、忠心的守衛犬與獵犬；下圖為南非克魯格國家公園約克遊獵旅館（Jock Safari Lodge）中約克對抗羚羊銅像。約克和主人在叢林裡經歷了許多冒險，費茲派翠克把這些經歷寫成故事給他的孩子看。1907年，他把這些故事出版為《約克叢林歷險記》（Jock of the Bush-veld），如今是南非的經典兒童文學作品。

德國品犬 German Pinscher

身高 43-48公分
體重 11-16公斤
壽命 12-14年

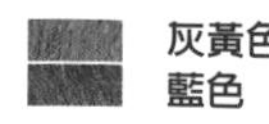

灰黃色
藍色

這種個子較高的㹴犬又名標準品犬（Standard Pinscher），最初是作為全功能的農場犬。保護性強，可作為守衛犬，但必須徹底訓練才能避免出現過度保護、吠叫不止，或對其他的狗展現攻擊性。有了適當訓練，德國品犬就能成為溫柔、樂於回應的寵物。

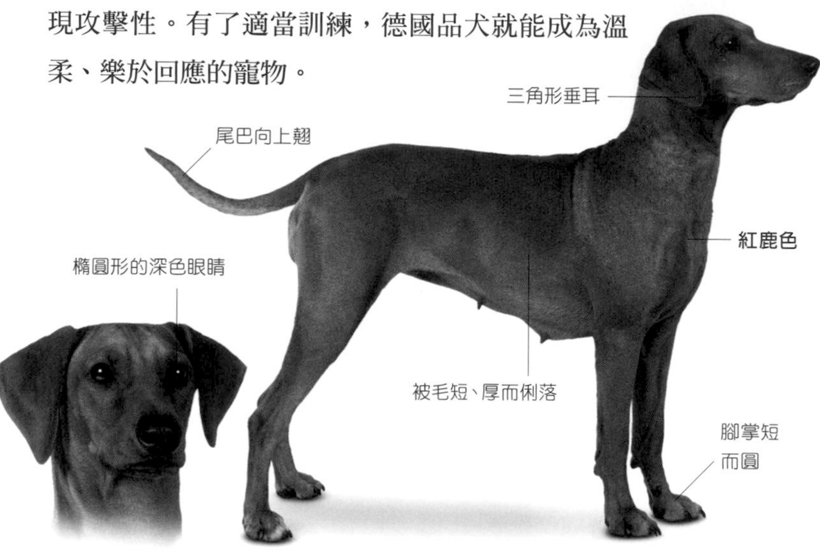

奧地利品犬 Austrian Pinscher

身高 42-50公分
體重 12-18公斤
壽命 12-14年

土金色或棕黃色
黑褐色

原產於奧地利，作為全功能守衛犬與農場牧犬，對有自信的飼主會非常忠心，徹底奉獻。奧地利品犬會對任何可疑的事物吠叫，因此在偏遠地區是絕佳的看門犬，但因為保護性強，無所畏懼，容易產生攻擊性。

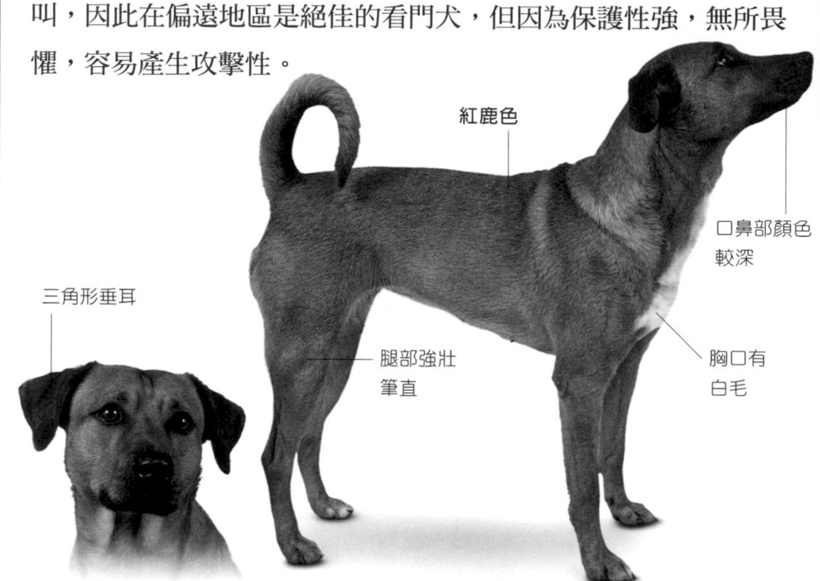

猴面㹴 Affenpinscher

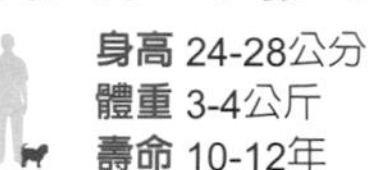

身高 24-28公分
體重 3-4公斤
壽命 10-12年

猴面㹴綽號「黑魔鬼」（Black Devil），是最古老的歐洲玩賞犬之一，但保留了㹴犬的本能，體型雖小，卻是勇敢的看門犬與捕鼠犬。個性開朗，有時很固執，學習能力佳，但需要強勢的領導者。猴面㹴喜歡玩耍，和能細心對待牠的兒童相處融洽。

迷你雪納瑞 Miniature Schnauzer

身高	體重	壽命	
33-36公分	6-7公斤	14年	白色 黑色 黑銀色

創造縮小版品種

迷你雪納瑞（下圖左）是在19世紀由一群農民創造出來的，他們想把雪納瑞（下圖右）縮小，用來獵捕有害動物，同時守衛家園與牲口。為了保留雪納瑞獨特的外型與個性，他們選用體型較小的標準雪納瑞，與猴面㹴（左頁），可能還有迷你品犬（217頁）和貴賓犬（276頁）雜交，產生了身形緊湊但體格強壯的迷你雪納瑞。

開朗、友善、喜歡玩耍的迷你雪納瑞是值得信賴的家庭寵物，訓練成效佳

迷你雪納瑞和巨型雪納瑞一樣，是在德國以標準雪納瑞（見45頁）培育而成，也是三種雪納瑞中最晚問世、但最受歡迎的品種。雪納瑞這個名稱取自1879年狗展上一隻名叫雪納瑞的參賽犬。所有的雪納瑞犬口鼻部都有獨特的絡腮鬍；schnauze就是德文「口鼻部」的意思。

迷你雪納瑞在1899年首度參展，但直到1933年才被認證為有別於標準雪納瑞的獨立品種。二次大戰後迷你雪納瑞在全球廣受歡迎，尤其是美國。

迷你雪納瑞起初是由農夫培育作為捕鼠犬之用，今天大多當成陪伴犬或展犬。牠喜歡玩耍，會保護家人，是傑出的守衛犬。性情活潑、強悍、聰明；學習能力強但固執，需要堅定、有耐心的訓練方式。這種狗在都市及鄉村家庭都能過得很快樂，只是個子雖小，卻很需要自由玩耍的時間，每天還要散步，才能保持健康快樂。

一心多用
德國指示犬（見245頁）是眾多槍獵犬品種之一，善於一心多用，功能眾多，會以圖中的「指示」動作告訴獵人獵物的位置。

獵槍犬

在槍枝問世以前，獵人利用狗來協助尋找與追捕獵物。有了槍枝以後，需要的狗也和過去不一樣。因此人類培育出槍獵犬來執行特定任務，與獵人合作得更密切。這些品種根據育犬者要求的工作型態，分成幾個類別。

槍獵犬這個類群中的狗都是靠氣味狩獵，可大致分成三大類：能夠找出獵物位置的指示犬和蹲獵犬；能把獵物從藏匿處驅趕出來的獵鷸犬；以及撿拾墜落的獵物帶回獵人身邊的尋回犬。綜合這些功用的犬種稱為HPR（狩獵／指示／尋回）犬，包括威瑪犬（見248頁）、德國短毛指示犬（245頁）以及匈牙利維茲拉犬（246頁）。

指示犬從17世紀開始成為獵犬。牠有特殊的能力，可透過「指示」的動作（也就是全身靜止不動，鼻子、身體和尾巴成一直線）指出獵物的所在位置。在獵人趕出獵物、或命令牠把獵物趕出來之前，指示犬都會維持這個姿勢不動。英國指示犬（254頁）就是這類獵犬的典型，在描寫古代狩獵活動的繪畫中，出現在打獵的地主與「一袋袋」被打下來的禽鳥旁邊的，就是典型的指示犬。

蹲獵犬也會用定住不動的方式讓獵人注意到獵物。這個類型的獵犬通常用於獵捕鵪鶉、雉和松雞，在發現氣味時會蹲或「坐」。蹲獵犬原本是訓練來協助使用網子捕捉獵物的獵人，防止獵物從地面脫逃。

獵鷸犬則是用來驅趕禽鳥，讓鳥飛起來供獵人射擊。牠會密切注意禽鳥墜落的地點，通常飼主會派牠去取回獵物。這一類的獵犬包括體型嬌小、被毛柔順的長耳犬，例如用於尋找地面上獵物的激飛獵犬（224頁）與英國可卡犬（222頁），以及較不常見的品種如巴貝犬（Barbet），以及專門用來激飛水禽的水獵犬（Wetterhoun）等。

尋回犬專門用於尋回水禽。這類槍獵犬與部分獵鷸犬種相似，通常都有防水的被毛，且以嘴巴「柔軟」著稱，很快就能學會以不傷害獵物的方式把獵物啣回來。

美國可卡犬 American Cocker Spaniel

身高 34-39公分
體重 7-14公斤
壽命 12-15年

任何顏色

美國可卡犬個性溫和、喜愛玩耍，當成寵物或擔任槍獵犬都很合適；速度與耐力兼備，需要大量運動。個性較害羞，必須讓牠從小就經常接受社會化訓練。

英國可卡犬 English Cocker Spaniel

身高 38-41公分
體重 13-15公斤
壽命 12-15年

任何顏色

單一毛色者不應有白毛。

英國可卡犬原名「可卡獵犬」，用於激飛山鷸和松雞，是最常見的獵鷸犬品種之一。牠的體型比英國激飛獵犬（見224頁）小，好讓牠能在茂密的林下灌叢中工作。展犬的體型比工作犬結實粗重，但兩者都是很好的寵物。

德國獵鷸犬 German Spaniel

身高 44-54公分
體重 18-25公斤
壽命 12-14年

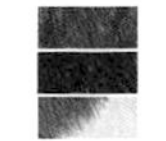

紅色
棕色
紅雜色

德國獵鷸犬是傑出的尋回犬，喜歡水，耐力十足，在工作時最快樂，不過愉快的長途散步也能讓牠滿足。這種狗喜歡戶外生活，也樂於和家人一起待在室內，是傑出的槍獵犬和寵物。

帕金獵犬 Boykin Spaniel

身高 36-46公分
體重 11-18公斤
壽命 14-16年

肝色
胸口與腳趾可能有白毛。

帕金獵犬是美國南卡羅來納州的州犬，也是忠心的陪伴犬，能和其他的狗和兒童相處融洽，生性隨和，工作意願高，是理想的槍獵犬，也適合活潑的家庭當作寵物飼養。被毛很捲，需要經常梳理。

田野獵犬 Field Spaniel

身高 44-46公分
體重 18-25公斤
壽命 10-12年

黑色
雜色
可能有褐色毛。

田野獵犬原本是索塞克斯獵犬（見226頁）與英國可卡犬（左頁）的混種犬，用來在水中及植被茂密的地方尋回獵物，是溫馴但活力充沛的中型槍獵犬，需要讓牠保持忙碌，對於住在鄉下、活動力高的家庭而言是絕佳的狩獵夥伴。

愛爾蘭水獵犬 Irish Water Spaniel

身高 51-58公分
體重 20-30公斤
壽命 10-12年

這種精力充沛的狗是健行者的理想夥伴。牠暗紫紅色的毛幾乎完全防水，喜歡跳進冰冷的水中，因此有「沼澤犬」（Bogdog）的暱稱。性情溫和且忠心，但成熟期較長，且個性固執，因此在幼年期需要徹底訓練。

葡萄牙水犬 Portuguese Water Dog

身高 43-57公分
體重 16-25公斤
壽命 10-14年

白色
棕色
黑白色
棕白色
黑色與棕色個體可能有白毛。

葡萄牙水犬雖然歸類為槍獵犬，但牠是用於幫漁民收漁網，以及取回獵人的獵物。這種狗的適應能力源自牠靈活的頭腦和喜歡取悅人的性情，然而一旦覺得無聊，就可能出現破壞性的行為。分為長波浪捲毛與短捲毛兩型。

美國水獵犬 American Water Spaniel

身高 38-45公分
體重 12-21公斤
壽命 10-12年

巧克力色
胸口與腳趾可能有少許白毛。

美國水獵犬原產於美國五大湖區，作為全能型獵犬和水犬之用，但牠適中的體型與精實的身材不但適合在岸邊、也適合在船上工作，至今仍用於激飛與取回水禽，但在熱愛活動的家庭中也能成為隨和的寵物犬。牠濃密的捲毛遺傳自愛爾蘭水獵犬（左頁）及捲毛尋回犬（262頁）。部分美國水獵犬的毛捲度較鬆，稱為馬塞爾毛（Marcel coat）。

成犬與幼犬

巴貝犬 Barbet

身高 53-65公分
體重 16-27公斤
壽命 12-14年

多種顏色

巴貝犬是歐洲最古老的水犬之一，血統可追溯至中世紀，也是很多犬種的血統來源。牠的被毛提供了在水中工作的絕佳保護性，但照顧起來十分費事。巴貝犬包容性高，對兒童和其他的狗都很友善。

標準貴賓犬 Standard Poodle

身高 超過38公分
體重 21-32公斤
壽命 10-13年

任何單色

雖然法國宣稱是原產國，但實際上很可能是德國。標準貴賓犬原本是水犬，也是與水犬的血統最接近的貴賓犬。這個犬種體質強健，頭腦聰明，性情溫和，因此常用於配種。被毛方面用簡單的全身修剪比較容易照顧。

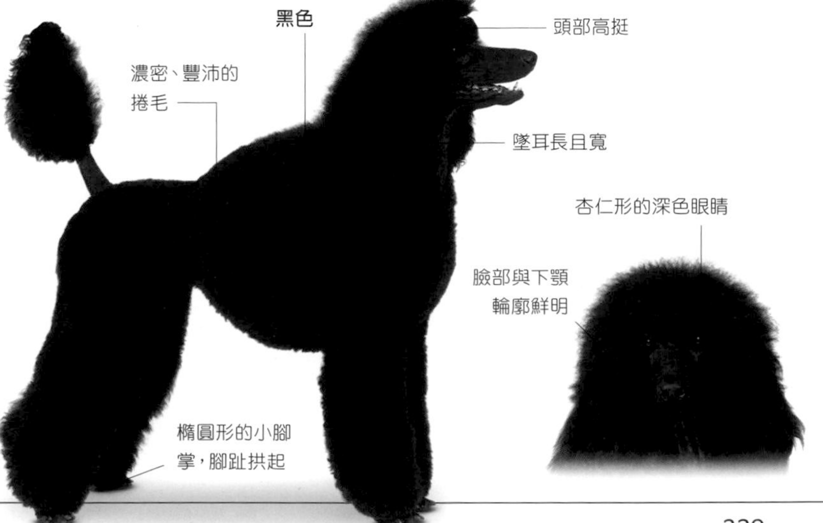

不列塔尼犬 Brittany

身高	體重	壽命	
47-51公分	14-18公斤	12-14年	肝色與白色　黑色、褐色與白色　黑色與白色 多種顏色可能融合在一起，沒有明顯分界（雜色）。

英國血統

不列塔尼犬（如下圖的1907年法國出版品）與威爾斯激飛獵犬（226頁）極為相似，可能曾經混種過。自19世紀中葉起，不列塔尼犬就與英國獵人帶來的獵鷸犬和英國雪達犬（第241頁）混種。由於當時已實施隔離法，英國獵人在打獵季結束後就直接把狗留在法國，其中一部分英國獵犬因而與不列塔尼犬交配。

不列塔尼犬適應力強，個性可靠，與兒童相處融洽，對住在鄉間、活動量大的飼主而言是理想的陪伴犬

舊名為不列塔尼獵犬（Brittany Spaniel），在原產地法國的名稱是Epagneul Breton，現在都叫做不列塔尼犬，因為牠的狩獵方式較像指示犬或蹲獵犬（側重於鎖定獵物的位置）而非獵鷸犬（用於激飛獵物）。這種速度快又敏捷的槍獵犬用於獵鳥和野兔等某些特定獵物；牠也能取回獵物，但最擅長的還是單純鎖定禽鳥的位置。

不列塔尼犬是歷史悠久的獵犬，以牠在法國西北部的發源地為名。最早具有不列塔尼犬特徵的狗出現在17世紀的繪畫與織錦畫中。後來這種狗開始受到法國貴族喜愛，而因為牠服從性高，又有指示與尋回獵物的技巧，也成了盜獵者的好幫手。這個品種於1907年在法國正式獲得承認。

如今不列塔尼犬是廣受歡迎的競賽犬，也是性情平和溫馴的家庭陪伴犬。這個精力旺盛的品種需要大量運動和刺激腦力的活動，因此較適合鄉村家庭飼養。有些不列塔尼犬天生沒有尾巴，或是被剪尾。

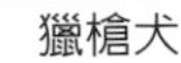

大明斯特蘭德犬 Large Munsterlander

身高 58-65公分
體重 29-31公斤
壽命 12-13年

大明斯特蘭德犬（德文名為Grosser　Munsterlander）與德國指示犬（見244頁）的血緣關係比和小明斯特蘭德犬（下段）更相近。這種狗雖然較晚熟，不過是冷靜、易於訓練且全能的槍獵犬。喜歡緊緊陪在人的身邊，與兒童也相處融洽。

小明斯特蘭德犬 Small Munsterlander

身高 52-54公分
體重 18-27公斤
壽命 13-14年

這個品種的德文名稱是Heidewachtel，意思是「石南鵪鶉犬」，說明了牠最初的功用是激飛犬。小明斯特蘭德犬是開朗而親人的陪伴犬，但每年出生的少數幼犬幾乎立刻被獵人搶光。牠的名字看起來和大明斯特蘭德犬（上）有關，但其實沒有直接關係。

蓬托德梅爾獵犬 Pont-Audemer Spaniel

身高	體重	壽命	毛色
51-58公分	18-24公斤	12-14年	棕色

這個迷人的犬種在家中溫馴而悠閒，但喜歡開闊的空間，因此不適合都會生活

這種稀有的法國指示犬與尋回犬是在水中與沼澤地狩獵的專家，原產於19世紀法國西北部諾曼第多沼澤的朋托德麥地區（Pont-Audemer）。一般認為當時的蓬托德梅爾獵犬有些曾和英國獵人帶到法國、在狩獵季結束後留下來的英國犬種雜交。很多人也認為蓬托德梅爾獵犬早期也帶有愛爾蘭水獵犬（見228頁）的血統。

到了20世紀，蓬托德梅爾獵犬的數量已經少到必須大家一起努力拯救。今天殘存的數量不多，主要仍用於狩獵，傳統上是用來激飛小型水禽，不過也被訓練成全能型的槍獵犬，能夠指示與尋回獵物。雖然因為血統的關係，牠天生擅長在水中執行任務，但也能在林地和茂密的灌叢中獵捕兔子、野兔和雉。

蓬托德梅爾獵犬往往不會單純當成寵物飼養，不過確實是友善的家犬。牠個性開朗搞笑，有「沼澤小丑」的綽號。理想上牠需要的是有開闊的空間可以自由奔跑的鄉村家庭。看起來凌亂的捲毛並不特別難照顧，不過需要每週梳毛一、兩次。

尾巴略捲起，末端毛色較淡

瀕危犬種

蓬托德梅爾獵犬（如下圖1907年的法國出版品所示）始終鮮為人知，即使在原生的法國也是如此，到了19世紀末，數量更逐漸減少，雖有育犬者努力復育，但到了1940年代，蓬托德梅爾獵犬已幾乎滅絕。1949年，為了解決近親繁殖的問題，育犬者把牠和愛爾蘭水獵犬配種，但數量還是稀少。1980年，蓬托德梅爾獵犬的培育社團與皮卡第獵犬及藍皮卡第獵犬（見239頁）的培育社團整合，共同努力挽救這三個瀕危犬種。

頭骨圓，頭頂有捲
曲的冠毛
垂耳，長滿了柔順的長毛
棕色帶灰色雜毛
口鼻部長，略尖
棕色毛斑
胸膛深厚寬闊，延
伸至肘關節
深琥珀色的小眼睛
外觀凌亂的捲毛
圓腳掌，腳趾間
有長捲毛

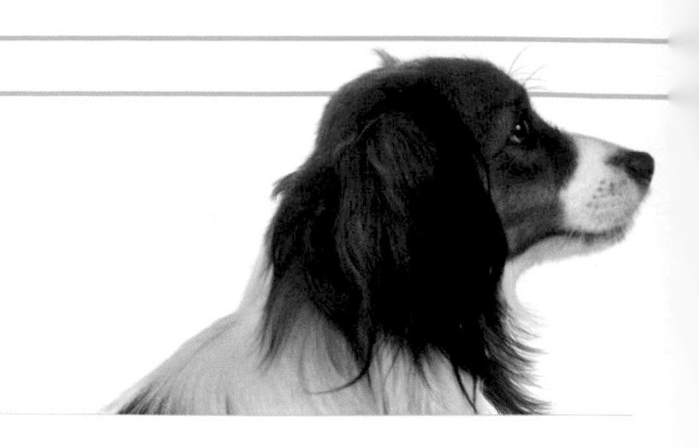

科克爾犬 Kooikerhondje

身高 35-40公分 | 體重 9-11公斤 | 壽命 12-13年

阻止刺客

17世紀的荷蘭藝術大師就曾在家族畫像中畫過類似科克爾犬的狗，例如楊・史汀（Jan Steen）的《人之所聞如人之所歌》（The Way You Hear It Is the Way You Sing It，下圖）。科克爾犬是眾人心目中忠心、可愛的陪伴犬，有一隻名叫昆澤（Kuntze）的科克爾犬還救過奧蘭治（Orange）威廉二世王子（1626-1650年）一命。在荷蘭與西班牙作戰期間，某天晚上昆澤叫醒了威廉，警告他有人入侵，因此讓威廉免於被暗殺。從那天起，滿懷感激的王子身邊隨時都帶著一隻科克爾犬。

性情開朗、精力充沛的科克爾犬是友善的寵物，但喜愛開闊空間，難以適應都會生活

這個荷蘭犬種有好幾個名稱，包括荷蘭誘捕獵鷸犬（Dutch Decoy Spaniel），這個名字說明了牠的特殊角色。科克爾犬傳統上用於獵野鴨等水禽。牠從不吠叫，而是擺動牠像旗幟一般的尾巴，吸引水禽注意，把牠們引誘到水面上隧道形狀的陷阱內，荷蘭語稱這種陷阱為kooi，這樣獵人就能活捉這些禽鳥。

這個類型的狗至少在16世紀就有了，但到了1940年代已幾乎絕跡。所幸一名女貴族哈登布洛克・范・阿莫斯托爾男爵夫人（Baroness van Hardenbroek van Ammerstol）拯救了這個品種並加以復育。今天科克爾犬仍然稀有，但在歐洲和北美洲數量已逐漸增加。這種狗仍持續擔任誘捕水禽的傳統工作，不過現在主要是協助保育人士進行禽鳥的繫放；有些也被訓練成搜救犬。科克爾犬是愛玩、脾氣好的家犬，不過可能太敏感，不適合和年輕人或淘氣的兒童一起生活。對飼主十分忠心，但對陌生人無動於衷。

佛瑞斯安指示犬 Frisian Pointing Dog

身高 50-53公分
體重 19-25公斤
壽命 12-14年

橘色帶白色毛

這個犬種是由農民培育而成，又名斯塔比獵犬（Stabyhoun），負責在獵人身邊幫忙追蹤、指示及尋回獵物。佛瑞斯安指示犬也是活潑、性情平和的家庭寵物，尤其能夠和兒童相處。雖然育犬者一直努力增加牠的數量，但這種狗即使在原產國荷蘭也仍舊十分罕見。

荷蘭山鶉獵犬 Drentsche Partridge Dog

身高 55-63公分
體重 20-25公斤
壽命 12-13年

荷蘭山鶉獵犬（又名Patrijshond）介於指示犬與尋回犬之間，是典型的全能型歐洲獵犬，與小明斯特蘭德犬（見235頁）和法國獵鷸犬（240頁）有血緣關係。只要有足夠的活動量，這個荷蘭犬種就能成為可靠而自在的家庭陪伴犬。

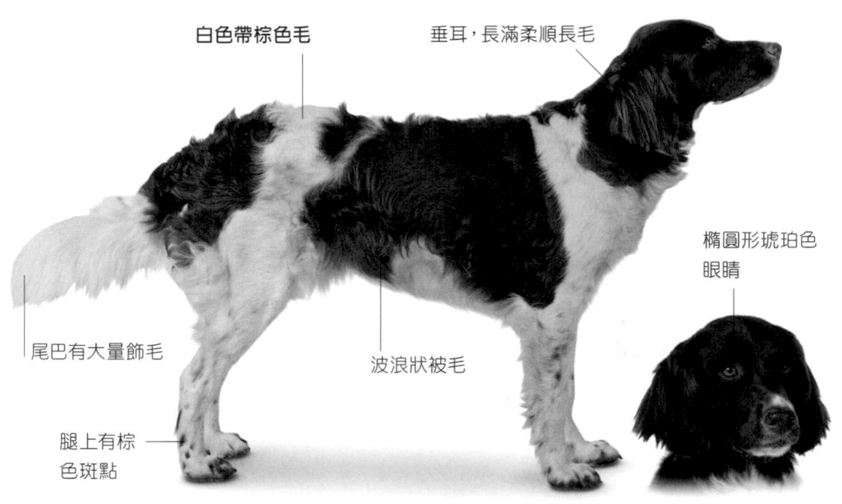

皮卡第獵犬 Picardy Spaniel

身高 55-60公分
體重 20-25公斤
壽命 12-14年

皮卡第獵犬是最古老的獵鷸犬品種之一，至今在法國仍用於在林地和溼地激飛禽鳥。擅長游泳，是性情溫和、可靠又親人的家犬，只要給予合理的運動量，也能適應都會生活。

藍皮卡第獵犬 Blue Picardy Spaniel

身高 57-60公分
體重 20-21公斤
壽命 11-13年

主要作為水獵犬，用於在沼澤地指示和尋回鷸，性情安靜隨和，是喜歡玩耍的夥伴，也善於和兒童相處。不過因為對人友善，不適合擔任守衛工作。

法國獵鷸犬 French Spaniel

身高 55-61公分
體重 20-25公斤
壽命 12-14年

法國獵鷸犬在原產地據稱是所有獵鷸犬的起源。如今該犬種在法國和海外仍用於狩獵，但由於牠頭腦冷靜且不常吠叫，因此只要給予足夠的運動和關愛，也很適合在都市生活。

愛爾蘭紅白雪達犬 Irish Red and White Setter

身高 64-69公分
體重 25-34公斤
壽命 12-13年

這種蹲獵犬的紅白毛色是許多獵犬的典型花色，今天大多當成寵物飼養。這個聰明、有時有點衝動的犬種名氣一直不如牠的親戚愛爾蘭雪達犬（第242頁）響亮，不過人氣已逐漸攀升，個性開朗，精力充沛，喜歡得到關注和堅定的引導。

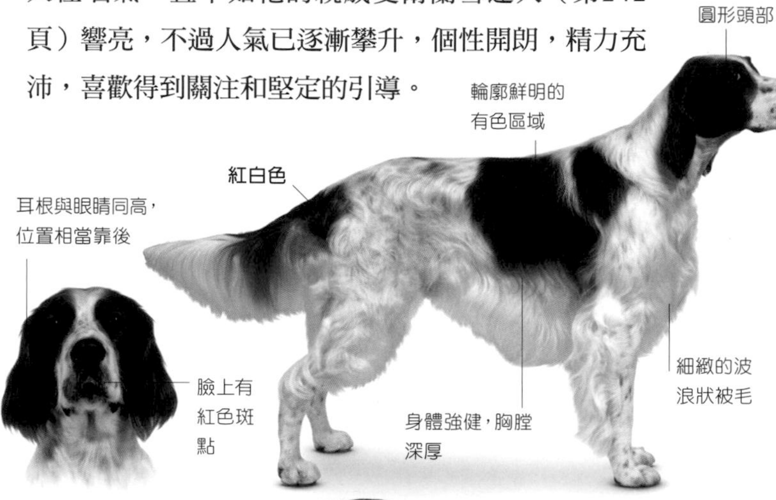

戈登雪達犬 Gordon Setter

身高 62-66公分
體重 26-30公斤
壽命 12-13年

最初在蘇格蘭作為追蹤禽鳥的蹲獵犬，後來狩獵方式改變，這種狗「蹲點」的地方也從野外移到了火爐邊。戈登雪達犬至今仍保留冷靜的頭腦和忠誠的個性，但需要每天激烈運動和廣大的空間。

頭型寬厚，略呈圓形
頭部精瘦修長
炭黑色
被毛閃亮
腹部的飾毛可能延伸到胸口和喉嚨附近
大腿長，肌肉發達，長滿飾毛
腳掌與腿的下半部是典型的栗紅色

英國雪達犬 English Setter

身高	體重	壽命	
61-64公分	25-30公斤	12-13年	橘色或白底帶淺黃 赤褐底帶白 肝色帶白色毛的個體可能有褐色毛。

愛德華·拉維瑞克

19世紀的育犬者愛德華．拉維瑞克改造了傳統英國雪達犬。他用1825年取得的兩隻狗培育出獨特的品系，能以更挺直的姿勢「蹲坐」獵禽，且身高更高、體型更輕盈，飾毛也比原先的狗濃密。1870年代擬定的品種標準就是以拉維瑞克的狗為依據。下圖1890年左右的名片上印有早期英國雪達犬的圖案。

不論外表或個性，英國雪達犬都是完美的鄉村家犬，活力充沛，喜歡開闊的空間

英國雪達犬是最古老的蹲獵犬，歷史至少可追溯到400年前，名字取自這種狗「蹲坐」的習慣，也就是停下來面對已經鎖定位置的獵物，便於獵人尋找。英國雪達犬的血統很可能包括英國激飛獵犬（見224-225頁）、西班牙指示犬和大型的水獵犬，造就了這個善於在開闊的荒野追蹤、尋找獵物的犬種。

現代的英國雪達犬是由兩個人所創。愛德華・拉維瑞克（Edward Laverack）在1820年代培育出純種英國雪達犬。而在19世紀末，魯為林（R. Purcell Llewellin）用拉維瑞克的狗配種，繁殖出一種用於野外工作的特殊品系。牠的狗外型與拉維瑞克的狗不同，因此有些人把魯為林的蹲獵犬視為不同品種。

英國雪達犬至今仍是工作犬，但狩獵犬和展犬分屬於不同品系。狩獵品系的腿比愛爾蘭和蘇格蘭種的腿略短。英國雪達犬外型優雅，個性冷靜而可靠，是理想的家犬，不過需要大量運動和奔跑的空間。相較於野外品系的英國雪達犬，展犬品系的毛較長，且有較明顯的波浪捲。

愛爾蘭雪達犬 Irish Setter

身高	體重	壽命
64-69公分	27-32公斤	12-13年

這個活潑熱情的犬種外型亮麗、個性親人，但需要有耐性、活動力強的飼主

雪達就是「蹲獵犬」的意思，會蹲或「坐」在禽鳥附近顯示獵物的位置，這種獵犬最初見於16世紀末至17世紀初的英國文獻，在18世紀獲得承認為獨立品種。愛爾蘭雪達犬是在18世紀培育而成，可能以英國雪達犬（見241頁）、戈登雪達犬（240頁）、愛爾蘭水獵犬（228頁）及其他獵鷸犬和指示犬雜交而成，用來在高地獵捕禽鳥，因速度快、效率高、嗅覺靈敏而備受重視。

最早的愛爾蘭雪達犬是紅白色，與今天的愛爾蘭紅白雪達犬（240頁）相似，但在19世紀，暗紅色是愛爾蘭雪達犬的標準毛色。然而即使到現在，某些愛爾蘭雪達犬仍天生帶有少許白毛。

到了1850年代，紅色的愛爾蘭雪達犬已遍及愛爾蘭與英國，也開始參加犬展。1862年出生的一隻雄性愛爾蘭雪達犬帕默斯頓（Palmerston），是第一隻冠軍展犬和種犬，也是現代多數愛爾蘭雪達犬的始祖。今天這種狗主要作為展犬或陪伴犬，但仍有育犬者繼續繁殖兼具工作能力與外表的狗。

愛爾蘭雪達犬是亮眼、親人的寵物，喜歡兒童和其他的狗，也很愛玩樂；比較晚熟，必須從小以堅定的態度訓練。飼主必需能每天讓牠大量運動，包括自由奔跑的機會。

義犬情深

1962年迪士尼出品的一部電影《義犬情深》(Big Red) 讓愛爾蘭雪達犬的樂天精神在北美洲家喻戶曉。這部電影的背景是在加拿大，描述一隻冠軍展犬「大紅」(Big Red) 與一名孤兒小男孩瑞尼 (René) 之間的友誼。大紅喜歡和瑞尼一起打獵，不想當個規規矩矩的展犬，牠的主人因此將瑞尼開除。大紅於是逃家長途跋涉，終於與瑞尼重逢，而且這一人一犬還英勇地擊退美洲獅，拯救了大紅的主人。

新斯科細亞誘鴨尋回犬

Nova Scotia Duck Tolling Retriever

身高
45-53公分

體重
17-23公斤

壽命
12-13年

狡猾如狐狸

誘捕是狐狸天生就會的技巧。狐狸會一、兩隻結伴，故意在水邊玩耍，引誘水禽接近。鳥會靠近把狐狸趕走，有時靠得太近就會被狐狸抓住。美國原住民仿效這種方式，用繩子綁著狐狸毛皮前後拉動，誘捕雁鴨。歐洲人飼養與狐狸相似的紅毛犬，訓練牠以相同方式狩獵。新斯科細亞誘鴨尋回犬不論毛色與行為（下圖）都和狐狸類似。

這種天生好脾氣、外表又有吸引力的槍獵犬很能適應家庭生活，只是需要充足的體能活動

這個加拿大犬種又名誘鴨犬（Toller），名稱取自牠與眾不同的的獵雁鴨方式。傳統上這種狗會和獵人一起躲在掩體中，獵人會丟出一根棍子讓誘鴨犬裝模作樣地去追，但不吠叫，這個行為會「引誘」好奇的鳥類。一旦鳥類進入射程，獵人即可開槍，再由誘鴨犬去咬回來。

新斯科細亞誘鴨尋回犬原產於19世紀加拿大的新斯科細亞省，是從歐洲帶來的「誘捕犬」（decoy dog）的後代；誘捕犬引誘獵物的方式和科克爾犬（見238頁）等犬種相似，都帶有獵鷸犬、尋回犬和愛爾蘭雪達犬（242頁）的血統。新斯科細亞誘鴨尋回犬這個名稱，是在1945年獲加拿大畜犬協會認證時決定。

這種狗身形緊湊而敏捷，被毛濃密防水，趾間有蹼；毛色偏紅，通常胸口與尾巴尖端有白毛，與狐狸的毛色相似。性情開朗、沉靜且服從，是絕佳的陪伴犬。此外活力充沛，需要大量運動。

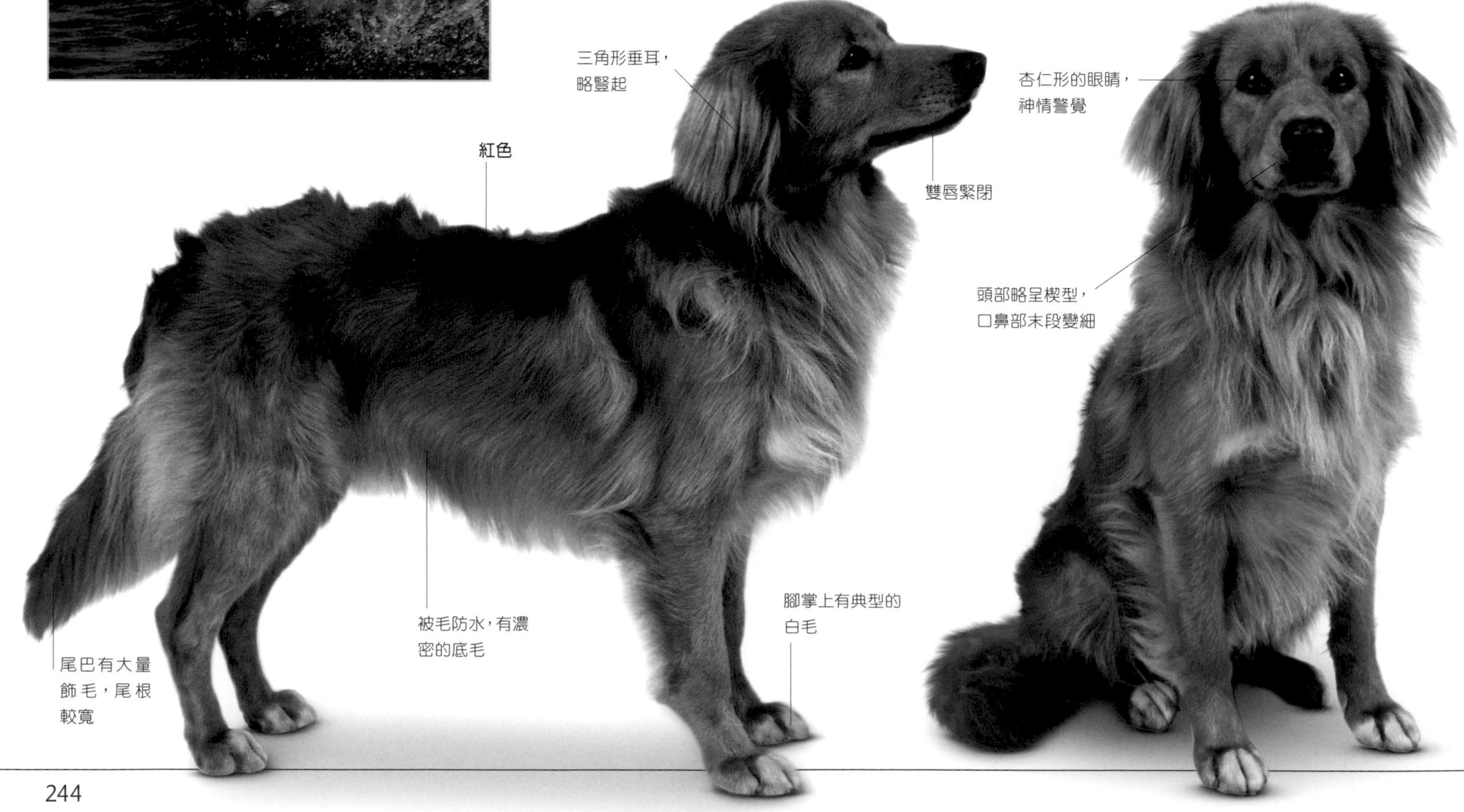

德國指示犬 German Pointer

身高 53-64公分

體重 20-32公斤

壽命 10-14年

肝色
棕色
黑色

HPR品種

德國指示犬屬於全能型槍獵犬類群，這個類群都是「狩獵、指示、尋回」（HPR）品種；HPR品種原產於歐洲大陸，當地獵人可能僅飼養一、兩隻狗來執行各種工作。其他HPR犬種包括威瑪犬（248頁）、匈牙利維茲拉犬（246頁）和義大利史畢諾犬（250頁）等。相較之下，英國育犬者側重於培養針對特定工作及特定獵物類型的槍獵犬，如專用於激飛山鷸的可卡犬（222頁）。

這個廣受喜愛的聰明犬種只要有事做，就會表現得愉快溫和，因此適合喜歡戶外活動的家庭飼養

德國指示犬起源於19世紀，是最傑出的全能型獵犬，能在石楠叢或沼澤地等各種地形追蹤、指示和尋回獵物。以索姆・布勞菲爾斯的阿爾布雷希特親王（Prince Albrecht zu Solms-Braunfels）為首的育犬者，把德國獵犬與嗅獵犬（Schweiss-hund，一種類似獵犬、體型粗壯的犬種，能追蹤並指示獵物所在位置）和英國指示犬（見254頁）等尋回犬品種雜交，以提高速度、敏捷度和優雅感。

德國指示犬有三個變種，主要（也是目前最常見的）是德國短毛指示犬，英國獵人稱之為GSP犬，起源於1880年代，今天已是全球最常見的獵犬之一。德國長毛指示犬大約也在同時期出現。而德國剛毛指示犬出現的時間略晚，是以德國短毛指示犬培育而成。

德國指示犬在家鄉一直同時被當成家犬及獵犬飼養，一般而言頭腦冷靜、對人信賴。不過因為精力旺盛，需要每天大量運動，最適合獵人及喜歡跑步、健行或騎自行車的飼主。

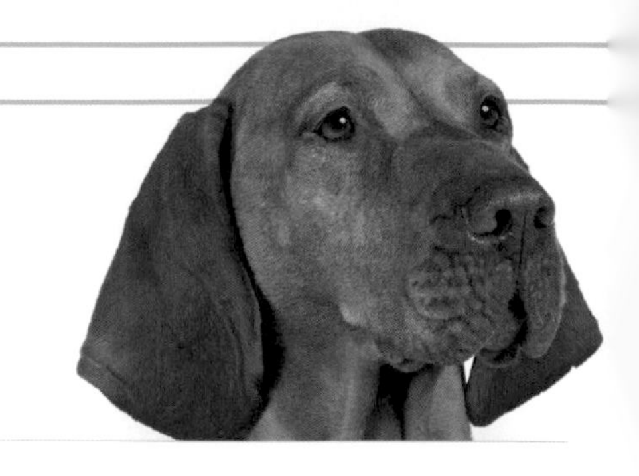

匈牙利維茲拉犬 Hungarian Vizsla

身高	體重	壽命
53-64公分	20-30公斤	13-14年

這個忠心又溫馴的犬種是迷人的家庭陪伴犬，但必須有管道讓牠發洩旺盛的精力

匈牙利維茲拉犬的祖先是典型的歐洲全能型獵犬，早在14世紀的文獻上就出現過，但實際存在時間可能更早。大約1000年前的岩畫描繪了帶著獵鷹與獵犬的馬札爾獵人，其中的獵犬就神似維茲拉犬。過去好幾個幾世紀，匈牙利維茲拉犬一直是匈牙利貴族最愛的犬種，他們維持了品種血統的純正；這種狗是「國王的禮物」，只送給皇親貴族和極少數的外國人。二次大戰後這個品種幾乎絕跡，但匈牙利移民把維茲拉犬帶到了西歐和美國，現在在這些地方逐漸受到大家喜愛。

在狩獵方面，匈牙利維茲拉犬速度與耐力兼具，能在陸地或水中的任何環境工作一整天，用來獵捕各種獵物，包括野鴨、兔子、野狼和野豬；牠會運用靈敏的嗅覺追蹤獵物，並以柔軟的嘴巴取回獵物。這個品種非常聰明，訓練效果佳。

匈牙利維茲拉犬除了是獵犬，也一直是家庭陪伴犬；過去牠在家庭中的地位和子女一樣。十分忠心，但需要每天激烈運動。

這個品種分為兩個類型：原本的短毛型，又名匈牙利短毛指示犬，以及體格較強壯的剛毛型，是在1930年代培育而成。

冠軍展犬Yogi

在犬展場上最著名的匈牙利維茲拉犬，是一隻名為Yogi的雄犬（登記名字是「難忘的匈牙利犬」）。Yogi於2002年出生於澳洲，僅12週大就贏得第一座「全場總冠軍」（Best in Show）。2005年Yogi被帶到英國，在當地展開牠精采的展犬生涯。到了2010年，牠已經十七度冠上英國全場總冠軍名號，打破了維持70多年的紀錄。同年牠又在克拉夫茨犬展（Crufts）贏得全場總冠軍（下圖，與獎盃和訓練師約翰·瑟威爾合照），之後退休成為種犬。

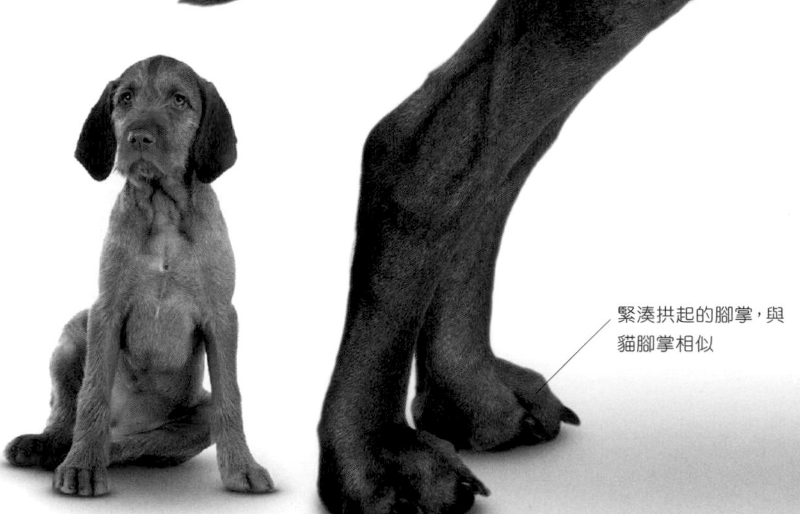

尾巴往尖端略變細，微捲

緊湊拱起的腳掌，與貓腳掌相似

剛毛型幼犬

鼻子顏色與毛色相同
背部強壯，肌肉發達
頸部肌肉發達，略
有弧度，毛平滑
獨特的光滑毛皮，缺乏保
暖的底毛
眼睛的顏色比
毛色略深
口鼻部漸細，
末端呈方形
垂耳上的毛略短
金赤褐色
前肢長

短毛型

剛毛型

威瑪犬 Weimaraner

身高	體重	壽命
56-69公分	25-41公斤	12-13年

鏡頭下的美麗

自1970年代起，美國藝術家威廉．魏格曼（William Wegman，下圖）就一直以威瑪犬作為照片與影片的靈感來源，最初是以他的狗曼雷（Man Ray，取自這位超現實主義藝術家與攝影家的名字）為對象。魏格曼的作品凸顯出威瑪犬的體型之美與毛皮的觸感。他還讓牠的狗穿著怪異的服裝在奇特的布景中拍照或拍影片，藉此凸顯威瑪犬超凡脫俗的外表。

體態優雅、毛色特殊且頭腦聰明的威瑪犬擁有源源不絕的活力，需要大量空間讓牠探索

威瑪犬是在19世紀以各種德國獵犬配種而成，是全能型的狩獵、指示和尋回槍獵犬（HPR品種，見245頁）。品種名稱取自牠的發源地德國威瑪宮（Court of Weimar）。威瑪犬有很長一段時間主要由貴族飼養，最初用於帶回狼與鹿等大型獵物，後來也用於從陸地或水中取回禽鳥。

威瑪犬步態流暢有力，耐力絕佳，在野外工作時動作非常小心，幾乎是鬼鬼祟祟的，這種工作方式加上鮮明的銀灰色毛與淺色眼睛，讓威瑪犬有了「灰色鬼魂」的暱稱。牠優美的線條、淡雅的毛色和輕巧的動作，都是成為受歡迎的展犬、寵物和工作犬的原因。威瑪犬對陌生人可能較冷漠，作為家庭寵物卻非常活潑，而且對兒童可能太過活潑。這種狗需要大量運動來發洩精力，包括跑步和探索。依被毛分為兩種類型：短毛型和較不常見的長毛型。

捷克福斯克犬 Cesky Fousek

身高 58-66公分
體重 22-34公斤
壽命 12-13年

棕色
棕色被毛的個體在胸口與下肢可能有麻紋。

捷克福斯克犬有捷克、斯洛伐克或波西米亞血統，至今在這些地區仍很受歡迎，但在其他地方很罕見。這種狗忠心、易於訓練，對人通常態度溫和，但由於具有獵犬的天性，不能放心讓牠與其他寵物相處。

科薩斯格里芬犬 Korthals Griffon

身高 50-60公分
體重 23-27公斤
壽命 12-13年

肝色或肝棕色
肝雜色或白棕色

與德國指示犬（見245頁）有血緣關係，由荷蘭人愛德華·科薩斯（Edward Korthals）培育，後來交由法國獵人飼養，是全能、隨和的犬種。科薩斯格里芬犬雖然不是速度最快的槍獵犬，但若需要服從、配合度高的狗，牠往往是最受歡迎的選擇，而這些特質也都是理想陪伴犬的條件。

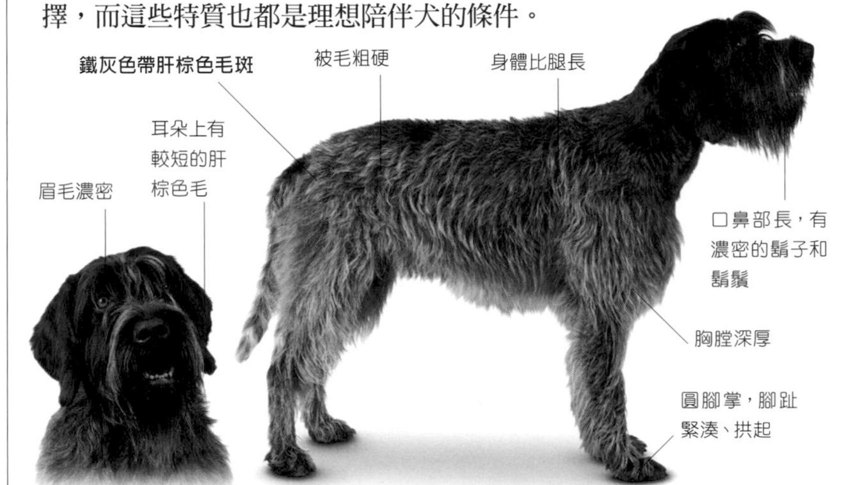

葡萄牙指示犬 Portuguese Pointing Dog

身高 52-56公分
體重 16-27公斤
壽命 12-14年

又名Perdigueiro Português，字面意思是葡萄牙松雞犬，從前獵人帶著獵鷹或網子出去打獵時用牠作為指示犬。這個品種至今仍是工作犬，頭腦冷靜、個性順從，所以也是聽話的陪伴犬。不過，這種精力充沛的獵犬每天都需要大量的身心活動。

義大利史畢諾犬 Italian Spinone

身高	體重	壽命	
58-70公分	29-39公斤	12-13年	白色 橘花毛 白色及棕色或棕色花毛

這種隨和悠哉的陪伴犬很容易分心，不適合講究居家整潔的飼主

義大利史畢諾犬的起源並不清楚，但已知早在文藝復興時期，義大利就已經有剛毛指示犬類型的狗；1470年代安德烈阿・曼帖那（Andrea Mantegna）在曼圖亞（Mantua）總督宮創作的壁畫《岡札加宮廷》(The Court of Gonzaga），就有一隻義大利史畢諾犬入畫。

現代品種原產於義大利西北部的皮埃蒙特（Piedmont）地區，在19世紀才有了「史畢諾」這個名稱；直到20世紀以前，這種全能型的「狩獵、指示、尋回」犬（見245頁）一直是這個地區最受歡迎的獵犬。二次大戰期間，這種狗用於追蹤敵軍並帶回糧食，對義大利游擊隊極為重要。到了戰後，數量已十分稀少，因此自1950年代起，義大利育犬者就組成社團，設法幫助牠躲過滅絕的命運。

義大利史畢諾犬能追蹤空氣中和地面上的氣味，在茂密的荊棘叢中工作。牠追蹤時安靜無聲但十分徹底，會緊跟在獵人旁邊，邁著大步以Z字型搜索地面。牠粗硬的剛毛能在茂密的荊棘叢和冰冷的水中提供保護。雖然今天速度更快的義大利布拉可犬（252頁）在義大利是更受歡迎的獵犬，但還是有人繼續用史畢諾犬工作。

近幾年，義大利史畢諾犬已在許多國家成為受歡迎的寵物，主要在於牠個性溫和且忠心耿耿。這種狗每天需要大量運動，但因速度比多數槍獵犬慢，是理想的散步夥伴。史畢諾犬照顧起來並不費事，只需偶爾梳毛和拔毛，但毛會有異味。

幼犬

尾巴粗，低垂

圓形大腳掌

名中帶刺

這個犬種今天叫做義大利史畢諾犬，但過去是依據培育的地區而有不同名稱。其中一個名稱是布拉可史畢諾，意思是「多刺的指示犬」，形容牠粗硬的剛毛。而「史畢諾」這個名字與pino有關，pino是一種茂密的義大利多刺灌木，而史畢諾犬皮粗毛硬，是少數能穿過荊棘追捕獵物的犬種（見右圖1907年的法國出版品）。

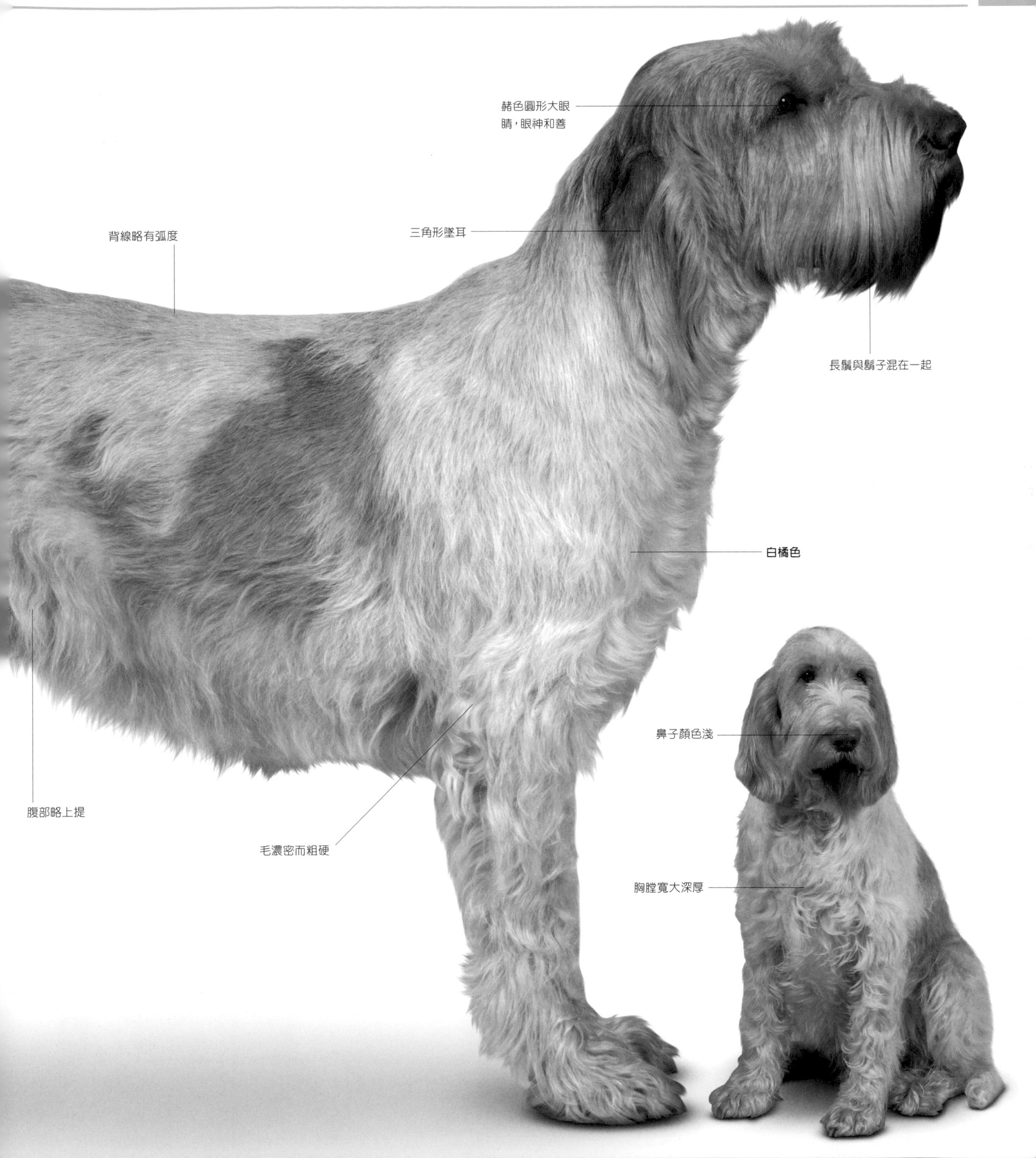
赭色圓形大眼
睛，眼神和善
背線略有弧度
三角形墜耳
長鬚與鬍子混在一起
白橘色
鼻子顏色淺
腹部略上提
毛濃密而粗硬
胸膛寬大深厚

義大利布拉可犬 Bracco Italiano

身高	體重	壽命	
55-67公分	25-40公斤	12-13年	白色 白色帶橘色、琥珀色或栗色

貴族的獵犬

在文藝復興時期，義大利貴族流行飼養義大利布拉可犬這一類的狗，與獵鷹一起獵捕禽鳥。麥第奇（Medicis）和岡薩加（House of Gonzaga）等貴族家族都有育犬用的犬舍，以培育具有高超狩獵技巧的狗。根據記載，1527年有一批栗色犬被送往法國宮廷當作禮物；皮埃蒙特型布拉可犬（見下圖1907年的法國出版品）在歐洲各地的皇室宮廷也炙手可熱。

這種罕見的槍獵犬和其他體型差不多的狗比起來運動神經出奇發達，但因為頭腦冷靜，也是理想的家庭寵物

義大利布拉可犬（又名義大利指示犬）原產於義大利北部，歷史至少可追溯到中世紀，在14世紀的繪畫中已有這個類型的狗出現，當時用於把禽鳥趕入網中。在獵人開始使用獵槍後，這種狗就演變成全能型的「狩獵、指示、尋回」槍獵犬（見245頁）。

到了19世紀，義大利布拉可犬已有兩個類型：來自倫巴迪（Lombardy）的布拉可倫巴迪犬（Bracco Lombardo），高大健壯，毛色是白色與棕雜色；以及白橘色的布拉可皮埃蒙特犬（Bracco Piemontese），體型較小，適於在山區工作。到了20世紀初，義大利布拉可犬的數量已減少，但熱心人士挽救了該犬種，並於1949年由義大利畜犬協會訂立了品種標準，將這兩個類型併入單一犬種名稱之下，但兩個類型的分別至今仍看得出來。

現在義大利布拉可犬仍是工作犬，工作方式獨特，會高舉著鼻子邁開大步追蹤氣味，義大利人說這種姿態是「由鼻子帶頭」。這種狗非常喜歡跟人相處，是冷靜溫馴的陪伴犬，但需要大量運動，且因狩獵本能強烈，散步時必須繫上牽繩。

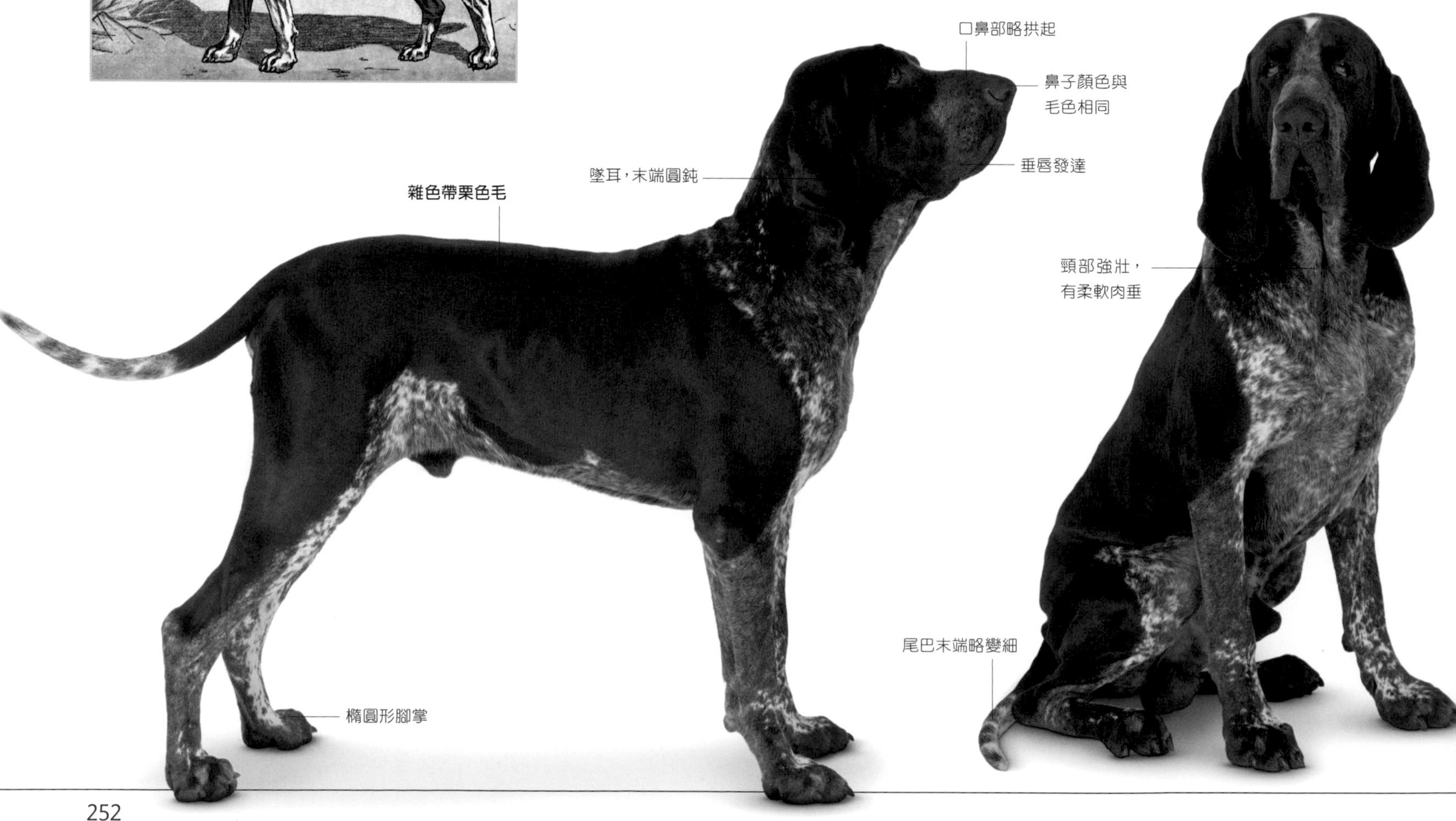

普德爾指示犬 Pudelpointer

身高 55-68公分
體重 20-30公斤
壽命 12-14年

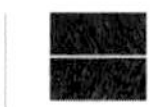

枯葉色
黑色

由貴賓犬和指示犬雜交培育而成，目的是培養出同時適合野外及家庭生活的犬種，特質包括聰明、勤奮、隨和，並有傑出的全方位工作能力。普德爾指示犬是最受獵人喜愛的獵犬，也是順從又開朗的鄉下陪伴犬。

斯洛伐克硬毛指示犬 Slovakian Rough-haired Pointer

身高 57-68公分
體重 25-35公斤
壽命 12-14年

這個品種有幾個名稱，包括斯洛伐克指示犬（Slovensky Pointer）、斯洛伐克剛毛指示犬（Wirehaired Slovakian Pointer）以及在原產地的名稱Slovenský Hrubosrstý Stavacˇ。這種狗可能具有德國獵犬的血統，從牠聰明、開朗且活潑的個性可看出端倪。牠喜歡有人陪伴，需要活動，不適合單獨關在家裡。

英國指示犬 English Pointer

身高	體重	壽命	多種顏色
53-64公分	20-34公斤	12-13年	

運動能力佳的英國指示犬個性友善、頭腦聰明，如果當成寵物飼養，需要給予大量身心活動

指示犬是獵犬的一種，因發現獵物時會採取特殊的站姿：靜止不動，一腳舉起，鼻子指向獵物的方向，因而有了指示犬這個名稱。這個類型的犬種在同一時期於歐洲各國培育而成。英國指示犬（如今在英國僅稱為指示犬）的祖先約在1650年出現，這些早期指示犬可能是由英國獵狐犬（見158頁）、靈（126頁）和舊型的蹲獵犬混種而成，而後又與西班牙獵犬和蹲獵犬雜交，以提升指示技巧和可訓練性。

英國指示犬最初僅用於「指示」野兔的方向供靈猩追捕，或搭配獵鷹一起打獵。自18世紀起，獵人開始流行用槍打鳥之後，這種狗就改用來指示鳥類掉落的地點，尤其在高地區。該犬種有絕佳的氣味追蹤能力，作為指示犬成效非凡，但尋回能力則較遜色，不過有時還是會作為尋回犬。英國指示犬以速度和耐力聞名，至今在英國與美國仍用於狩獵及野外競賽。

英國指示犬個性溫和、忠心且順從，是親人的家庭陪伴犬，與兒童也相處融洽，不過對學步兒來說可能動作太大。仍保有狩獵的體力，因此需要每天激烈運動。

識字的指示犬

在19世紀，有的英國人會替他們的指示犬取西班牙文的名字，以彰顯牠的西班牙血統。查爾斯．狄更斯的小說《匹克威克外傳》(The Pickwick Papers）中就有一隻名叫龐托（Ponto）的狗角色。這隻狗出現在流氓金革先生（Mr Jingle）所說的一則誇張故事中；話說在某天的射擊狩獵活動中，龐托突然一動也不動地盯著一張告示，上面寫著獵場管理員會槍殺所有在這個區域活動的狗。英國指示犬雖然聰明，但或許還不到識字的程度！

1837年版《匹克威克外傳》中的插圖

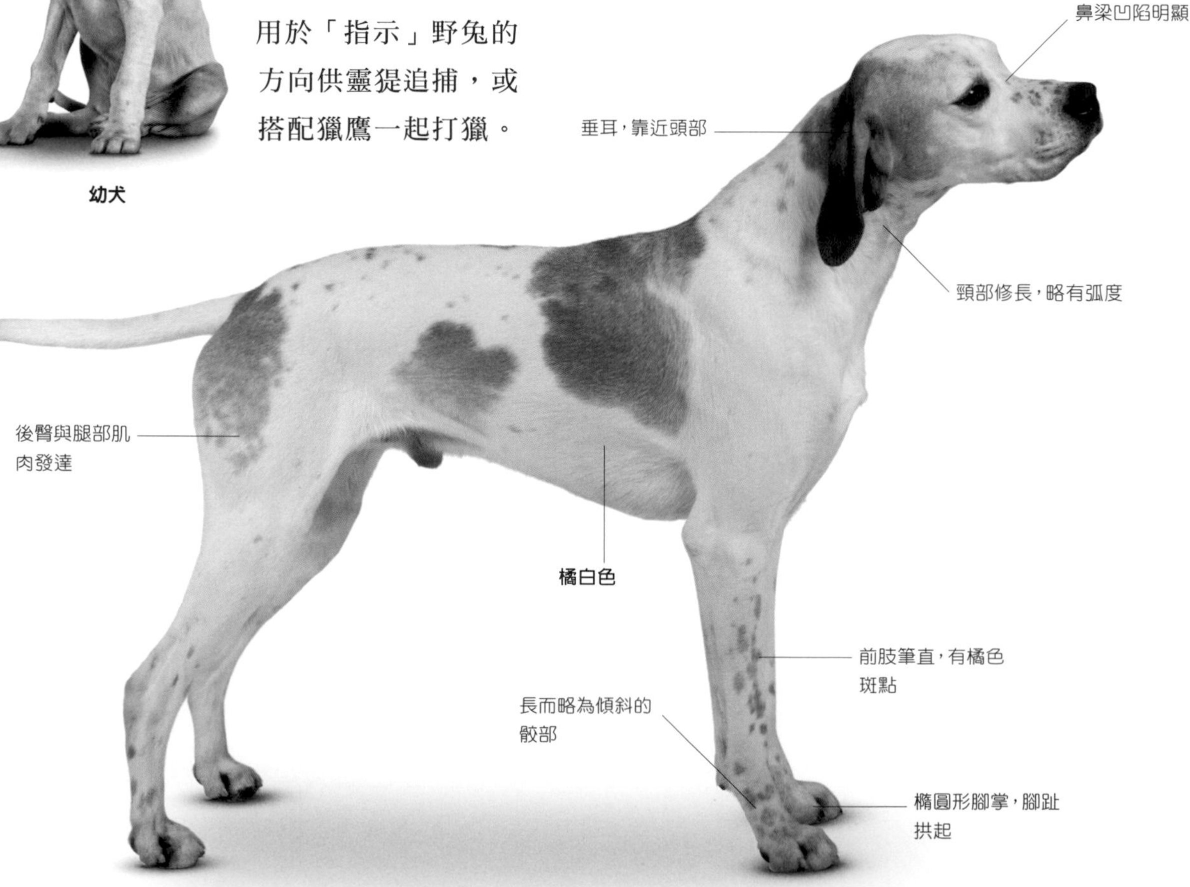

幼犬

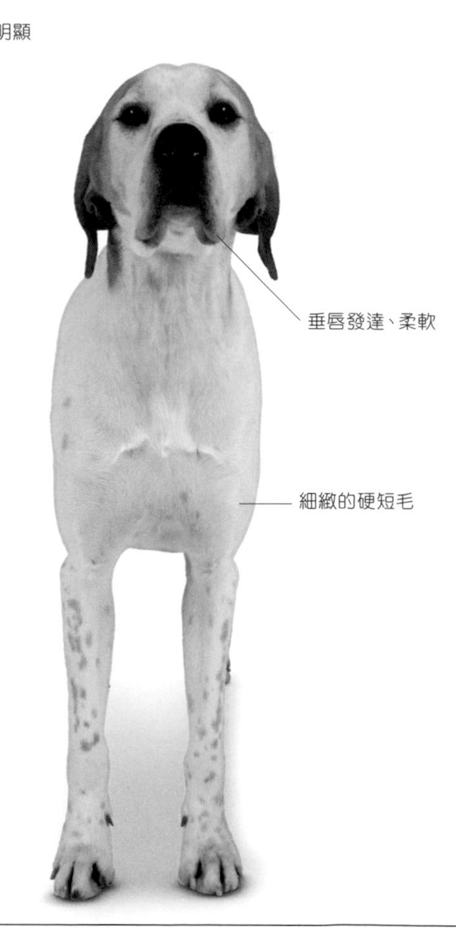

法國庇里牛斯指示犬 French Pyrenean Pointer

身高 47-58公分
體重 18-24公斤
壽命 12-14年

栗棕色

栗棕色個體可能帶有褐色毛。

法國庇里牛斯指示犬是最受歡迎的法國指示犬，至今仍不多見，大多當成獵犬飼養。這個品種動作敏捷、活力充沛，原產於法國西南部，主要用來在山區地形工作。在家個性溫和而親人，對活動力較強的飼主而言是理想的陪伴犬。

聖日耳曼指示犬 Saint Germain Pointer

身高 54-62公分
體重 18-26公斤
壽命 12-14年

又名Braque Saint-Germain，是腳程迅速的指示犬與尋回犬，在原野、林地或沼澤地都能勝任愉快。不過牠的毛不夠厚，無法適應各種天候狀況。這種狗個性親人，但很敏感，需要以堅定而溫柔的方式管教。對都會家庭生活能適應得超乎預期地好。

波旁指示犬 Bourbonnais Pointing Dog

身高 48-57公分
體重 16-26公斤
壽命 12-14年

這是所有法國槍獵犬中最古老、可能也是最冷靜的犬種，也是全能型的追蹤、指示與尋回犬。體格粗壯，給人孔武有力的印象，工作時全身充滿活力，平時則放鬆且親人。

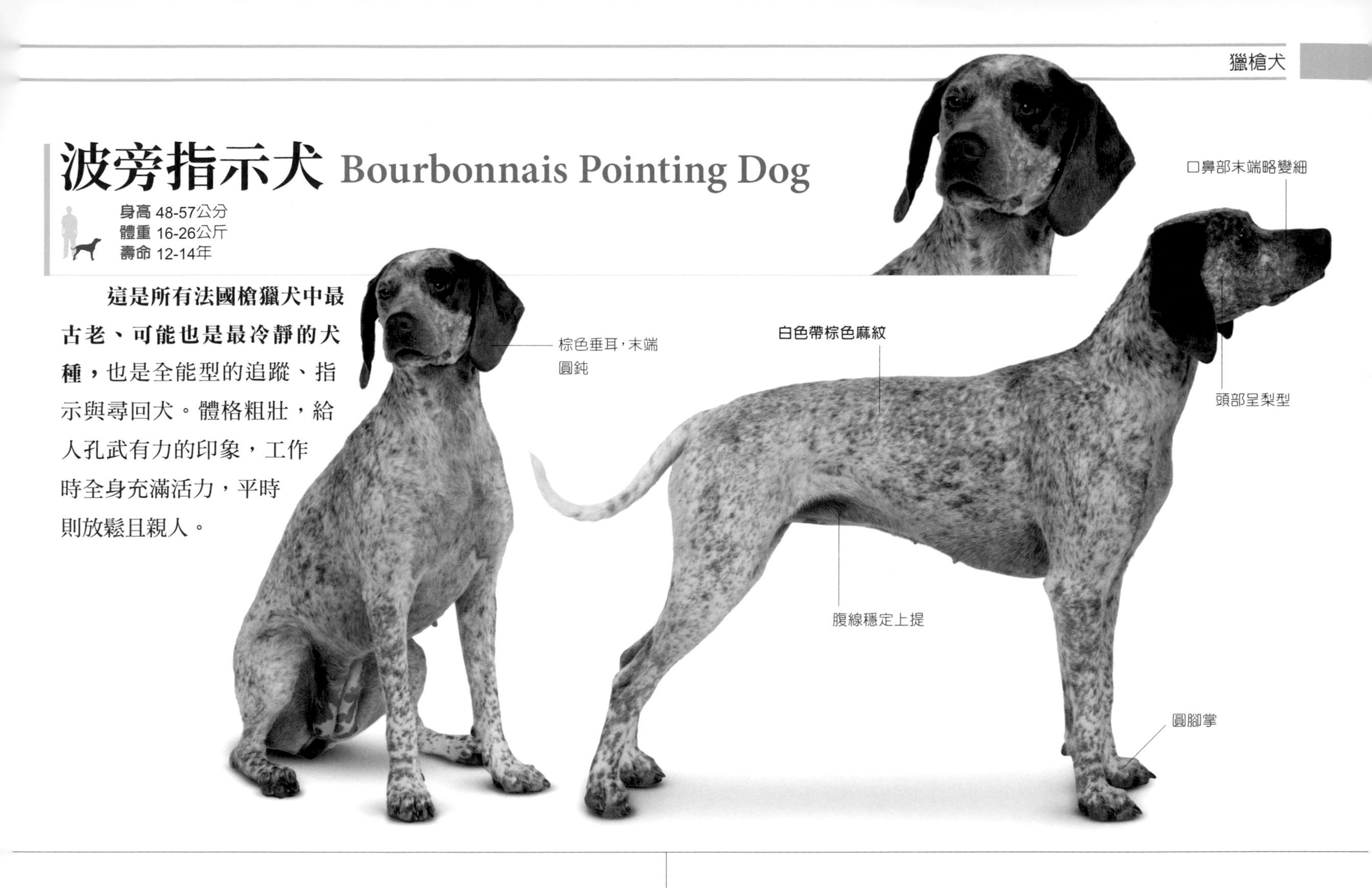

奧文尼指示犬 Auvergne Pointer

身高 53-63公分
體重 22-28公斤
壽命 12-13年

奧文尼指示犬原產於法國中部，是獵人培育的獵犬，至今仍是吃苦耐勞的全能型獵犬，能夠長途工作一整天。友善而聰明，個性活潑又親人，容易訓練也喜歡友伴，適合活力強的家庭飼養。

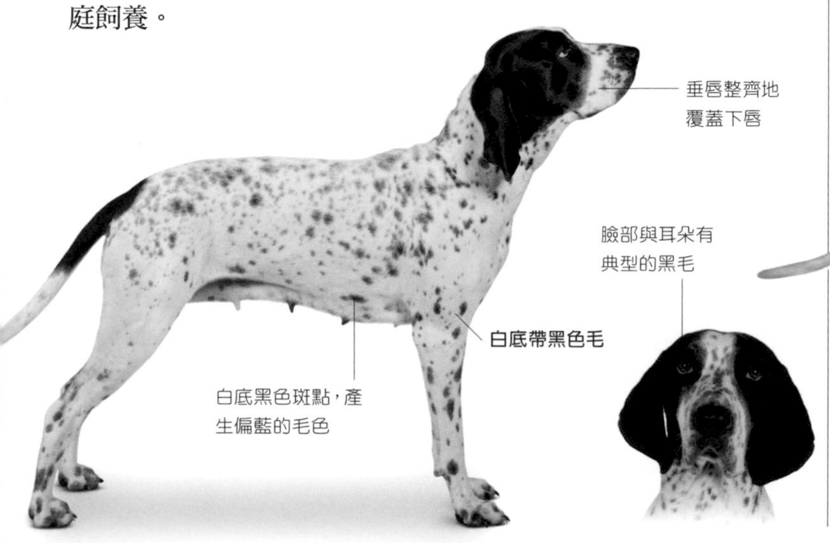

阿希耶吉指示犬 Ariege Pointing Dog

身高 56-67公分
體重 25-30公斤
壽命 12-14年

阿希耶吉指示犬連在法國西南部的發源地都很罕見，在當地是作為指示犬及尋回犬之用，也具備一定的追蹤能力，幾乎只有獵人飼養，必須耐心訓練，以克制牠容易過於熱情、甚至野性大發的本性，此外也必須費心教養，以免牠出現破壞行為。

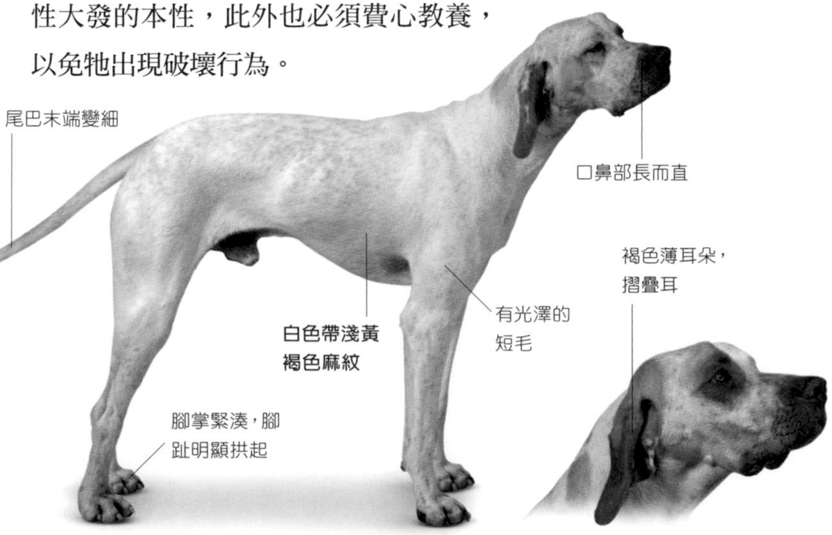

法國加斯科尼指示犬 French Gascony Pointer

身高 56-69公分
體重 25-32公斤
壽命 12-14年

栗棕色

栗棕色個體可能帶褐色毛。

法國加斯科尼指示犬原產於法國西南部，是最古老的指示犬種之一，至今仍作為獵犬及家庭寵物，忠心且親人，但由於生性敏感，以溫柔而一貫的方式訓練效果最佳；在野外則是意志堅定、不服輸的追蹤犬。

西班牙指示犬 Spanish Pointer

身高 59-67公分
體重 25-30公斤
壽命 12-14年

又稱布哥斯指示犬（Perdiguero de Burgos），最初培育的目的是追蹤鹿，但今天大多用於追蹤較小型獵物。個性可靠而隨和，對家庭生活適應良好；不過具有強烈的狩獵本能（介於嗅獵犬與指示犬之間），而且熱愛工作。

古丹麥指示犬 Old Danish Pointer

身高 50-60公分
體重 26-35公斤
壽命 12-13年

在發源地的名稱為Gammel Dansk Hønsehund，意思是古丹麥獵雞犬或獵鳥犬。該犬種至今仍是意志堅強的追蹤犬、指示犬和尋回犬，甚至是嗅探犬。只要願意給牠大量活動機會，也能成為性情溫和的家犬。

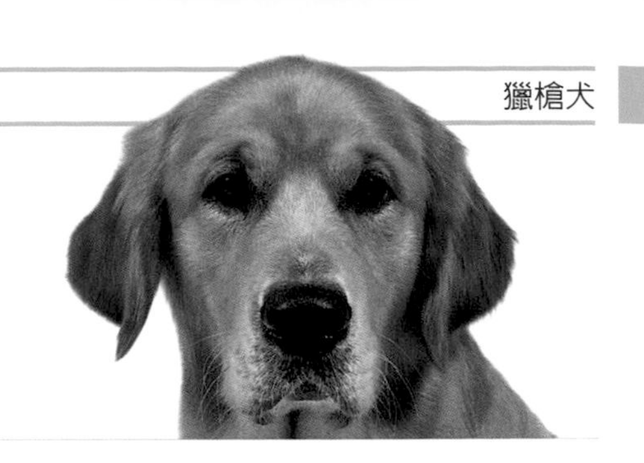

黃金獵犬 Golden Retriever

身高	體重	壽命	奶油色
51-61公分	25-34公斤	12-13年	

導盲犬

導盲犬是視障人士出門在外的幫手。純種或混種黃金獵犬是最常見的導盲犬之一，牠的體型和力氣都足以帶領人類，而聰明的頭腦也讓牠易於就各種工作需求接受訓練。此外，由於個性溫柔友善，很容易與飼主建立感情。

這種熱情洋溢、活潑隨和的槍獵犬，在許多國家都是最受喜愛的家庭寵物

黃金獵犬是全球最受歡迎的犬種之一，原產於19世紀中葉的蘇格蘭，是當地貴族特威德茅斯勛爵（Lord Tweedmouth）以他的「黃色尋回犬」與英格蘭和蘇格蘭邊界鄉村地帶的特威德水獵犬（Tweed Water Spaniel，現已絕種）配種而成，後來和愛爾蘭雪達犬（見242頁）以及平毛尋回犬（262頁）雜交，結果就得到這種活潑又聰明的尋回犬，能在崎嶇的高山地形、茂密的植被與寒冷的水中長途跋涉工作。該犬種也以容易訓練著稱，且在叼回獵物時嘴上的力道很輕。

黃金獵犬至今仍被當成獵犬用，也參加野外競賽和服從度競賽，在搜索、救援、查緝毒品和爆裂物等方面都有傑出表現。此外牠也是視障人士的導盲犬及其他身心障礙人士的輔助犬和治療犬。由於個性極為友善，因此牠唯一不能勝任的工作大概就是守衛犬。黃金獵犬是極受歡迎的寵物，合群、熱情、性情平和，最大的生活目標就是取悅他人。需要隨時有人陪伴和激烈運動，平時最喜歡玩你丟我撿和叼東西的遊戲。

平毛尋回犬 Flat Coated Retriever

身高 56-61公分
體重 25-36公斤
壽命 11-13年

肝色

最早的尋回犬種之一，過去曾是英國獵場管理員最愛的狗。今天的平毛尋回犬仍是工作犬，但因性情溫和又俊美，更常被當成的寵物飼養。這種狗生性活潑、企圖心旺盛，但頭腦冷靜且服從；叫聲低沉，所以也適合當守衛犬。

捲毛尋回犬 Curly Coated Retriever

身高 64-69公分
體重 27-32公斤
壽命 12-13年

肝色

這種罕見的英國尋回犬是用來獵捕水禽，除了是工作犬、輔助犬，也是親人但冷靜的陪伴犬。捲毛尋回犬精力旺盛，需要陪伴，因此較適合鄉村生活而非都會家庭。

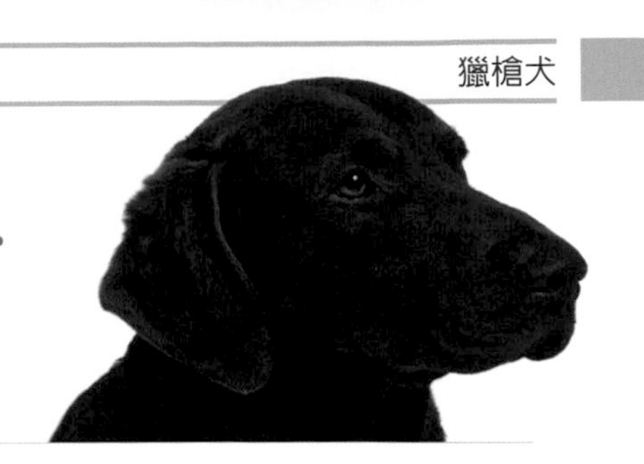

乞沙比克灣獵犬 Chesapeake Bay Retriever

身高	體重	壽命	
53-66公分	25-36公斤	12-13年	稻草黃至蕨黃色 紅金色 可能有小面積的白毛。

船難生還者

乞沙比克灣獵犬的起源可追溯到1807年，當時有兩隻紐芬蘭犬類型的幼犬在馬里蘭州外海的沉船上被人救起，分別是「暗紅色」的水手和黑色母狗坎頓（以這艘船為名），後來被分別送給不同飼主飼養。這兩隻狗證明了牠們是傑出的水禽尋回犬，十分樂於下水找回被射殺的禽鳥（下圖）。與平毛尋回犬與捲毛尋回犬（左頁）等當地犬種雜交後，就產生了第一代乞沙比克灣獵犬。

這種性情溫和、吃苦耐勞的犬種很適合鄉村生活，喜歡時時受到關注，熱愛運動

乞沙比克灣獵犬原產於美國東北部的馬里蘭州，是傑出的水獵犬，培育的目的是用來在寒冷湍急的乞沙比克灣中尋回水禽。19世紀時乞沙比克灣獵犬非常吃香，甚至有一家鑄鐵廠根據種源犬：水手（Sailor）與坎頓（Canton）的模樣做成雕像，作為公司的標誌。到了1880年代，乞沙比克灣獵犬已經儼然是獨立犬種，並於1918年獲得美國畜犬協會承認。如今是馬里蘭州的州犬。

乞沙比克灣獵犬具有溫柔但又警覺有毅力的典型尋回犬個性，至今仍用於狩獵活動，能在強風大浪等各種天候下工作，甚至能用前爪破冰追尋獵物。乞沙比克灣獵犬能在一天之內尋回數百隻禽鳥，泳技高超，趾間有蹼，還擁有一身濃密帶有油脂的防水短毛。這種狗是理想的陪伴犬，但需要大量活動，尤其是游泳與尋回活動，以發洩牠豐沛的精力。

來自墨西哥的寵物

雖然吉娃娃的體型正好可裝進手提包裡，但牠可不是時尚配件。這個來自墨西哥的嬌小犬種和所有大型狗一樣需要運動。

陪伴犬

幾乎所有的狗都有陪伴犬的功能。很多過去曾用於放牧等戶外工作的犬種，而今都已進入室內成為家犬。通常這些犬種都是針對特定目的而培育，因此傳統的分類都是依據牠們的主要功能。而本章收錄的陪伴犬種幾乎都是單純以寵物為目的飼養，只有少數例外。

大多數陪伴犬都是小型犬，主要是用來抱在懷裡，看起來賞心悅目，能讓飼主開心，又不占太多空間。某些陪伴犬是較大型工作犬的縮小版，例如標準貴賓犬（見229頁）曾用於放牧牲口或尋回水禽，而用牠培育出來的縮小版陪伴犬就不再具有相同的實質功用。其他如大麥町犬（286頁）等體型較大的犬種，有時也會跟陪伴犬放在同一類。大麥町犬曾經有一段短時間作為馬車的隨車犬，但炫耀的成分大於實質的護衛功用。如今已經沒有這種工作，大麥町也極少用於其他工作用途。

陪伴犬的歷史悠久，有好幾種源自數千年前的中國，當時小型犬主要由宮廷飼養，作為裝飾品和撫慰心靈的東西。直到19世紀末以前，世界各地的陪伴犬幾乎都是富人專屬的寵物，因此常出現在畫像中，畫中的陪伴犬不是優雅地坐在客廳裡，就是充當育兒玩具陪著孩子。查理王小獵犬（279頁）等陪伴犬就是因為先受到王室喜愛，才始終人氣不墜。

外型是培育陪伴犬的一大重點。幾世紀以來，人類透過選育培養出具有特色（有些甚至是奇特）但無實質功用、只是單純有視覺吸引力的犬種，例如和人有點像的扁平臉、大眼睛的北京犬（270頁）與巴哥犬（268頁）。某些陪伴犬則是擁有超長的毛、捲尾巴，甚至像中國冠毛犬（280頁）這種狗，除了頭部或腿部有少數毛之外，全身無毛。

現代陪伴犬已不再是階級的象徵。不論是哪個年齡層的飼主，在任何環境中，小公寓還是鄉村大宅，陪伴犬都能適應。雖然人類至今還是會根據長相來選擇陪伴犬，但這些犬種也成為大家都想要的朋友，能夠付出並接受感情，愉快地適應並參與家庭活動。

布魯塞爾格里芬犬 Griffon Bruxellois

身高	體重	壽命	毛色
23-28公分	3-5公斤	12年以上	黑褐色 黑色

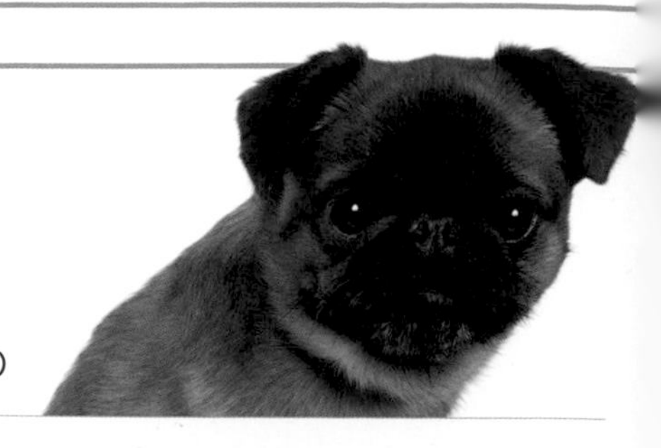

短毛型
（迷你布拉邦松犬）

這個活潑且比例勻稱的犬種具有類似㹴犬的氣質，對都市生活適應良好，但在歐洲以外地區依然罕見

這個小型犬原產於比利時在當地原本當成馬廄犬飼養。這個犬種與猴面㹴（見218頁）有血緣關係，可能因此遺傳到「猴面」的長相。在19世紀，布魯塞爾格里芬犬與巴哥犬（第268頁）及紅毛查理王小獵犬（第279頁）混種，因而某些個體出現了紅色或黑褐色等毛色。

雖然布魯塞爾格里芬犬在19世紀後期很受歡迎，但到了1945年，這個犬種在比利時已幾乎絕跡，是當時從英國進口狗的繁殖者讓這個犬種得以存續。如今布魯塞爾格里芬犬依然稀有，不過在《愛在心裡口難開》(As Good As It Gets）和《迷霧莊園》（Gosford Park）等知名電影中都可見到牠的演出。

布魯塞爾格里芬犬有短毛和粗毛兩型，短毛型叫做迷你布拉邦松犬（Petit Brabançon）的短毛型，長毛型擁有特殊的鬍子。有些國家把黑色長毛型歸類為比利時格里芬犬（Belgian Griffon），其他顏色的長毛型則歸為布魯塞爾格里芬犬。

這種狗大膽、有自信但親人，是討喜的陪伴犬，但對於家中有兒童的家庭而言，個性可能過於敏感。喜歡散步和被人寵愛。

從馬廄犬到王室寵物

布魯塞爾格里芬犬的祖先是布魯塞爾街道上常見的小型長毛犬，當時叫做「街上小頑童」，是市區雙輪雙座馬車伕的最愛，通常飼養在馬廄內捕捉老鼠。這種狗在19世紀成為社會各階層喜愛的陪伴犬，最早的愛好者之一就是比利時的瑪麗．亨利埃塔皇后（Queen Marie Henriette，圖右，與她的伴娘），這種狗因此揚名海外。

長毛型
（布魯塞爾格里芬犬）

短毛型
（迷你布拉邦松犬）

美國鬥牛犬 American Bulldog

身高 51-69公分
體重 27-57公斤
壽命 最多16年

多種顏色

早期英國殖民者把鬥牛犬（見95頁）帶進美國，而後由約翰・強森（John D. Johnson）與亞倫・史考特（Alan Scott）兩位育犬者利用英國鬥牛犬培養出更高大、活躍、多用途的美國鬥牛犬。雄犬的體型遠比雌犬大。

老式英國鬥牛犬 Olde English Bulldogge

身高 41-51公分
體重 23-36公斤
壽命 9-14年

多種顏色

這個渾身肌肉的犬種是19世紀鬥牛犬的復刻版，於1970年代在美國由大衛・萊維特（David Leavitt）培育而成，消除了在現代版鬥牛犬（見95頁）身上常見的某些健康問題。這種狗自信、勇敢又聰明，是絕佳的家庭陪伴犬。不過，建議最好從小開始教養與訓練。

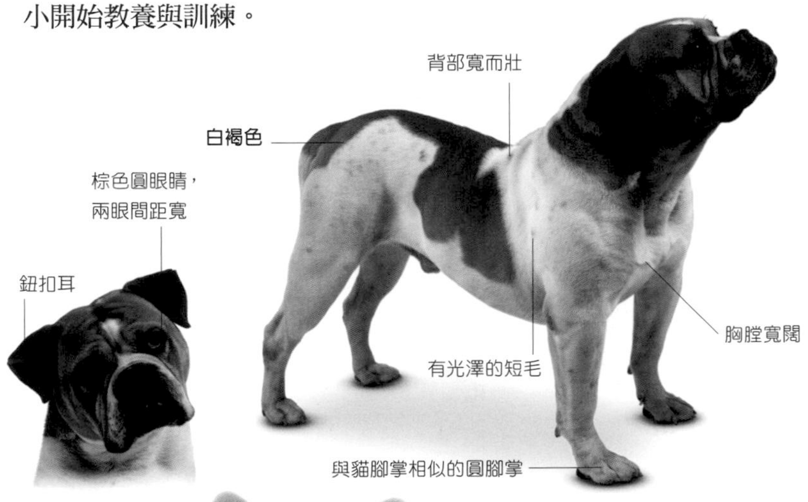

法國鬥牛犬 French Bulldog

身高 28-33公分
體重 11-13公斤
壽命 超過10年

黑斑色

法國鬥牛犬是強壯結實的小型犬，也是絕佳的陪伴犬，但有一些界線不得跨越，也喜歡搶占主人最愛坐的椅子。這種狗隨時準備玩樂，必要時應給予溫柔但堅定的命令。法國鬥牛犬源自19世紀帶到法國的英國小型鬥牛犬（British Toy Bulldog）。

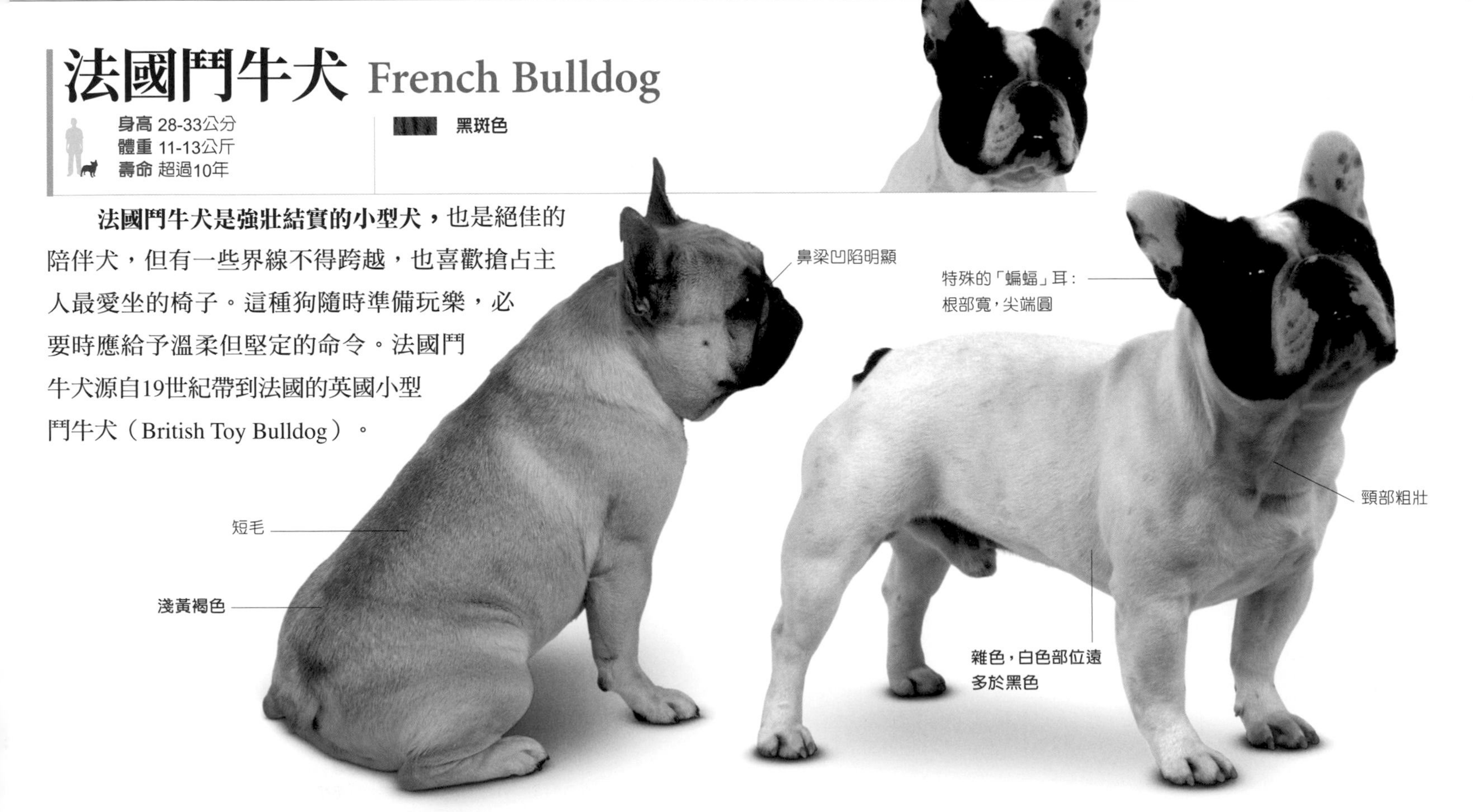

巴哥犬 Pug

身高	體重	壽命	
25-28公分	6-8公斤	超過10年	銀色 杏色 黑色

開朗、溫和又聰明的巴哥犬很喜歡人，但有時很頑固

嬌小矮壯的巴哥型犬種已經存在數百之久，但巴哥犬的起源至今仍無明確答案。從遺傳證據來看，巴哥犬與布魯塞爾格里芬犬的血緣最近，尤其是短毛型的迷你布拉邦松犬（見266頁），也與北京犬（270頁）和西施犬（272頁）有相同血統。巴哥犬與這些狗的血緣關係，可能源自已絕種的中國哈巴狗（見第270頁文字框）。

類似巴哥犬的狗在16世紀由荷蘭東印度公司的商人帶到歐洲。這些狗在荷蘭貴族圈大受歡迎，並由奧蘭治親王夫婦威廉與瑪麗在1689年登基為英國女王與國王時帶到英國。18世紀巴哥犬的人氣進一步攀升，出現在法蘭西斯科・戈雅（Francisco Goya，1746-1828年）與威廉・賀加斯（見22頁，1697-1764年）的畫作中。

巴哥犬於19世紀引進美國，1885年正式獲得承認。1877年由中國出口到英國的巴哥犬出現了第三種毛色：黑色，黑色巴哥犬於1896年獲得畜犬協會承認。

在巴哥犬滿是皺紋、帶著悲傷表情的小臉下，其實有著開朗且時常調皮搗蛋的活潑個性。這個犬種極為聰明、可愛且忠心，與兒童和其他寵物都能相處融洽。巴哥犬喜歡規律運動，但不需要太多空間。

改頭換面

自19世紀以來，巴哥犬的外表已有大幅改變，從下圖這張1893年的銅版畫即可看出。畫中的巴哥犬口鼻部較長，也沒有如今巴哥犬的扁平臉和朝天鼻。牠們的腿較長，身體也較壯碩、不那麼寬短。現代版巴哥犬的特徵是在接近19世紀末時才出現。下圖中的兩隻巴哥犬都有剪耳，這個做法在當時十分常見，但到了維多利亞女王時期因女王認為此舉過於殘忍，從此全英國禁止剪耳。

北京犬 Pekingese

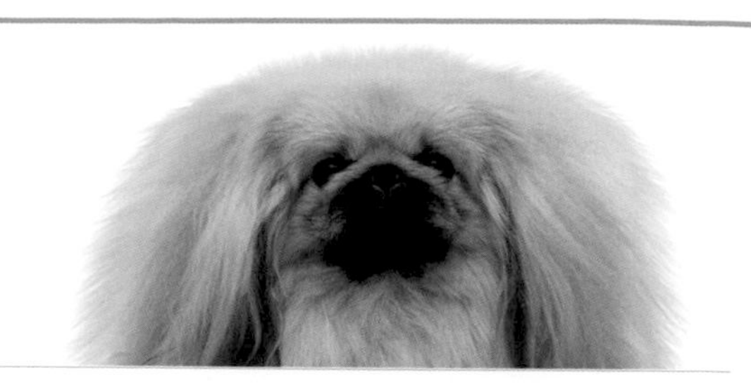

身高	體重	壽命	多種顏色
15-23公分	5公斤	超過12年	

北京犬高貴、勇敢卻又敏感，性情溫厚，但有自己的想法，因此難以訓練

北京犬以中國首都為名，透過DNA分析可知牠是現存最古老的犬種之一。這種嬌小圓鼻子的小狗至少自唐代（公元618-907年）開始就和中國宮廷有關聯。北京犬因外型與獅子（是佛祖的崇高象徵）相似，因此被視為聖獸，只能由帝王之家飼養。平民百姓必須對北京犬行禮，凡是偷竊北京犬者一律處死。體型最小的北京犬稱為「袖珍犬」，由貴族放在寬大的袖子裡當成守衛犬。

到了1820年代，北京犬在中國的繁育已達到鼎盛的狀態，宮廷畫師把最頂尖的狗繪成圖，集成《宮廷犬圖冊》，作為圖像血統書。1860年英國人掠劫中國皇宮時抓走了五隻北京犬，從此北京犬才流入西方。1900年代慈禧太后也曾將北京犬當成禮物送給她的歐洲和美國貴賓。

北京犬是最適合飼養在公寓的犬種，雖然喜歡運動，但並不需要長途散步。牠忠心且大膽，但可能對兒童和別的狗產生嫉妒心。

獅與狨

在中國傳說中，曾有一隻獅子愛上一隻狨猿，但兩者的體型差異導致這段戀情無法開花結果。獅子於是請求動物的守護神把他的體型縮小成狨猿的大小，但保留他的獅子之心與性情。這兩隻動物結合，產下了「獅子狗」（如下圖《宮廷犬圖冊》中所繪，圖右為哈巴狗）。

比熊犬 Bichon Frise

身高 23-28公分
體重 5-7公斤
壽命 超過12年

比熊犬有時也稱為特內里費犬（Tenerife dog），是法國水犬與貴賓犬（見229頁）的後代，據說是從特內里費島被帶到法國。這個開朗的小型犬喜愛成為關注的焦點，不喜歡獨處。

棉花面紗犬 Coton de Tulear

身高 25-32公分
體重 4-6公斤
壽命 超過12年

這種小型長毛犬以個性開朗而聞名，喜歡人類和別的狗陪伴，不喜歡獨處。這個犬種有時也稱為馬達加斯加皇家犬（Royal Dog of Madagascar），在引進法國之前已在馬達加斯加島上存在數百年之久。

拉薩犬 Lhasa Apso

身高 最高25公分
體重 6-7公斤
壽命 15-18年

多種顏色

拉薩犬最早在西藏作為寺廟及僧院的看門犬，於1920年代經印度引進歐洲。這種吃苦耐勞的小型犬喜歡散步時走上好幾公里。牠的柔順長毛其實不難照料。個性十分親人，但也極為固執。

羅秦犬 Löwchen

身高 25-33公分
體重 4-8公斤
壽命 12-14年

任何顏色

羅秦犬原產於法國與德國，這個名稱是德語中「小獅子」之意，也因此有「小獅子犬」的稱號。羅秦犬體型嬌小，表情開朗，以動作敏捷迅速著稱。這個犬種聰明、外向，相處起來十分愉快。非常推薦飼養羅秦犬作為寵物，且因為牠體型嬌小又不會蛻毛，是理想的家庭犬。

波隆納犬 Bolognese

身高 26-31公分
體重 3-4公斤
壽命 超過12年

原產於義大利北部，但早在羅馬時代就有類似的犬種存在，也出現在16世紀的許多義大利繪畫中。波隆納犬的個性比牠的親戚比熊犬（見271頁）略為內向害羞，但也喜歡人，且願意與飼主建立深厚的感情。和比熊犬一樣不會換毛。

馬爾濟斯犬 Maltese

身高 最高25公分
體重 2-3公斤
壽命 超過12年

馬爾濟斯犬是原產於地中海的古老犬種，早在公元前300年的文獻中就曾提及類似的狗。這種小型犬個性活潑、喜愛玩耍，與牠的精緻外表給人的印象截然不同。柔順的長毛是牠的一大魅力，雖然不會蛻毛，但需要每天梳毛以避免糾結。

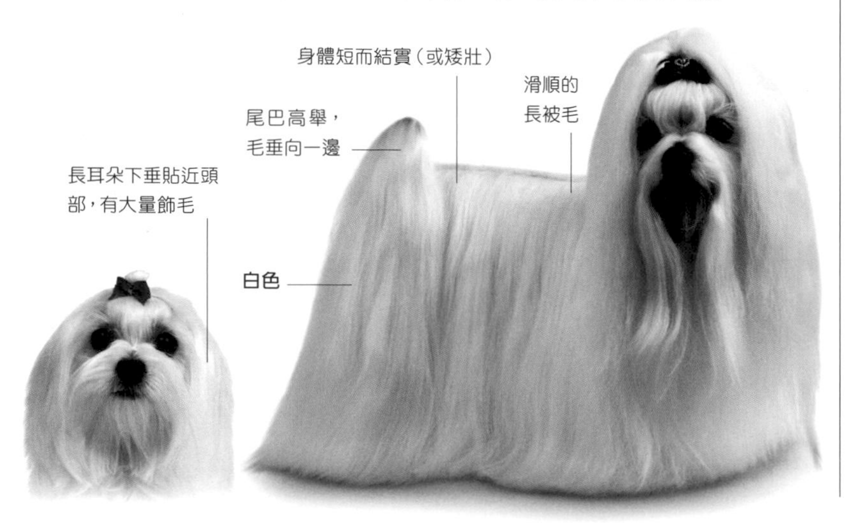

哈瓦那犬 Havanese

身高 23-28公分
體重 3-6公斤
壽命 超過12年

任何顏色

哈瓦那犬是古巴的國犬，古巴名稱為Habanero。這種犬種與比熊犬（見271頁）有血緣關係，很可能是由義大利或西班牙貿易商帶到古巴。哈瓦那犬喜歡成為家庭的中心，能和兒童玩個不停，也是理想的看門犬。

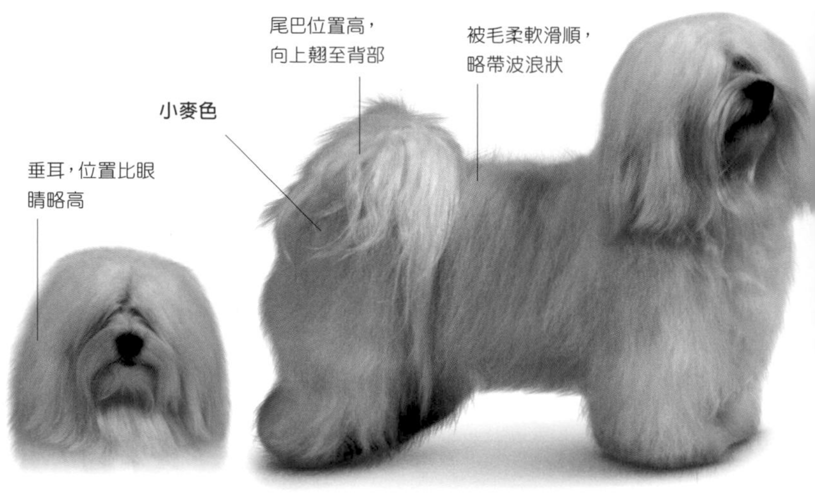

俄羅斯玩具犬 Russian Toy

身高	體重	壽命	毛色
20-28公分	最多3公斤	超過12年	紅色 黑褐色 藍褐色

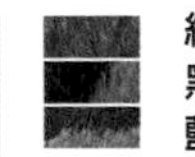

迷你㹴犬

小型犬一直是極受歡迎的寵物，人類也創造出許多不同品種的小型犬。最近期的犬種就是俄羅斯玩具犬，先後在2006年獲得世界畜犬聯盟、2017年獲得英國畜犬協會承認。這是世界上體型最小的犬種之一，與吉娃娃（282頁）的大小相當。俄羅斯玩具犬雖然嬌小，但這種迷你㹴犬的兩項特色都被形容為巨大，包括牠表情豐富的黑色眼睛，以及三角形豎耳。

短毛幼犬

可愛的俄羅斯玩具犬體型嬌小卻不纖弱，有令人不可忽視的性格，喜歡人類陪伴

這個迷你犬種又名為Russkiy Toy，是英國玩具㹴（見211頁）的後代，最早在18世紀引進俄羅斯，以滿足俄國貴族對英式生活的嚮往。這種與貴族的關聯，導致該犬種在1917年共產黨革命時數量驟減。1940年代末，數量減少的情形更加惡化，當時在俄國只培育具有軍事功能的犬種。不過，仍有少數的小型犬倖存，牠們的後代稱為 短毛俄羅斯玩具犬」。而長毛型的俄羅斯玩具犬則在1958年出現於莫斯科，由一對短毛俄羅斯玩具犬誕生出一隻有柔順的被毛和流蘇耳朵的幼犬。

1980年代蘇聯政權垮臺後，長毛型與短毛型玩具犬的數量雙雙再度減少，這一次是因為西方犬種大量湧入俄羅斯的關係。雖然這兩個類型的俄羅斯玩具犬至今仍然罕見，但1988年在俄羅斯正式獲得承認後，確保了品種的存續。儘管體型嬌小，外表看來脆弱，但牠的個性活潑外向，且通常身體極為健康。

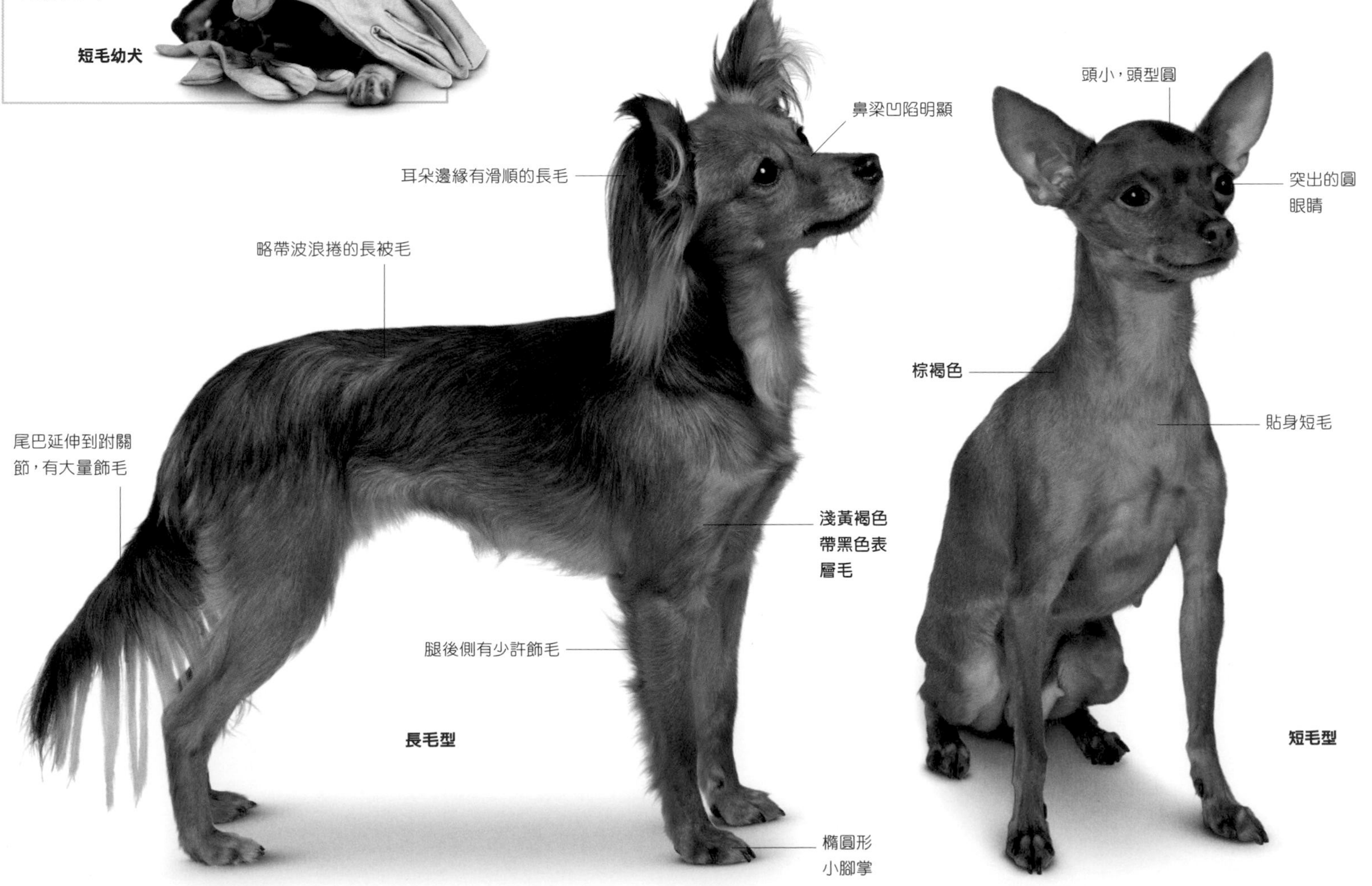

長毛型

短毛型

貴賓犬 Poodle

身高	體重	壽命	任何單色
玩賞型：最高28公分 迷你型：28-38公分 中型：38-45公分	玩賞型：3-4公斤 迷你型：7-8公斤 中型：21-35公斤	超過12年	

這個極為聰明而外向的犬種天生具有娛樂牠人的才華，而且活潑、敏捷、學習能力強

今天的較小型貴賓犬，是以標準貴賓犬（見229頁）培育而成，而且是在標準貴賓犬出現不久後，就透過刻意縮小體型的方式，創造出小型貴賓犬。早在15世紀末至16世紀初，類似貴賓犬的狗就出現在德國藝術家阿爾布雷希特．杜勒（Albrecht Dürer）的版畫作品中。這些小型貴賓犬一直是陪伴犬；在路易十四到路易十六期間的法國宮廷大受歡迎，也是西班牙宮廷的最愛，並於18世紀進入英格蘭。小型貴賓犬在19世紀後期引進美國，但直到1950年代才開始受歡迎，而今已成為美國人最愛的品種之一。最常見的小型貴賓犬包括迷你型與玩賞型。另一種獲得世界畜犬聯盟承認的體型是中型貴賓犬，又稱小貴賓犬（Klein Poodle）或中貴賓犬（Moyen Poodle），體型介於標準貴賓犬與迷你貴賓犬之間。

小型貴賓犬較特殊的用途是當成馬戲團表演犬，由於頭腦聰明，容易訓練牠學習各種雜耍技巧。據了解，各式各樣華麗的貴賓犬剪毛型式都源自馬戲團和犬展。

貴賓犬活潑、聰明、親人且喜歡討好人，不過生性敏感，往往與特定某個人的感情最深厚。貴賓犬不會蛻毛，但需要定期梳毛與剪毛。

剪毛型式

由於貴賓犬不會蛻毛，因此必須剪毛。最常見的剪毛方式，是把某些部位的毛留長，其他部位剃光。工作用標準貴賓犬（229頁）原本的剪毛型式，是為了保護牠的腳不受到灌木叢刺傷，同時為重要器官保暖，至於臉部、下半身和腿上半部的毛則剃光，以保持清潔和便於牠們行動。許多剪毛型式都是因為犬展、表演和專業梳理而產生，下圖19世紀的版畫就顯示了其中兩種剪毛型式。

基里奧犬 Kyi Leo

身高 23-28公分
體重 4-6公斤
壽命 13-15年

多種顏色

可能有褐色毛。

基里奧犬是玩心重又親人的美國犬種，目前人氣愈來愈高。該犬種的名字源自牠的雙親：來自西藏的拉薩犬「基」，和馬爾濟斯犬「里奧」；基（Kyi）是西藏語「犬」的意思，里奧（Leo）則是拉丁文「獅子」的意思，因為馬爾濟斯犬過去曾被稱為獅子犬。基里奧犬適合室內生活，且警覺性高，是理想的看門犬。

騎士查理王小獵犬 Cavalier King Charles Spaniel

身高 30-33公分
體重 5-8公斤
壽命 超過12年

查理王子色（右）
紅寶石色

與查理王小獵犬（右頁）有血緣關係，血統可追溯到數個世紀以前。騎士查理王小獵犬擁有深色的大眼睛、甜美的表情和搖個不停的尾巴，個性勇敢，容易訓練且喜歡兒童，因此是最佳家庭寵物。牠如絲般滑順的毛需要定期梳理。

查理王小獵犬 King Charles Spaniel

身高	體重	壽命	
25-27公分	4-6公斤	超過12年	紅寶石色 查理王色

王室的最愛

英格蘭王查理二世（1630-1685年）對他的狗極為寵愛，不但讓牠們在皇宮各處自由來去，還讓牠們出現在國事場合；下圖的安東尼・范・戴克（Anthony van Dyck）畫作，描繪兒時的查理以及他的兩位姊妹和兩隻愛犬。日記作家繆爾・皮普斯（Samuel Pepys）記錄了這位國王對狗的寵愛程度，包括他陪愛犬玩耍而不理會朝政的「荒唐」。這位國王對這種狗的強烈感情一直延續至今，因為連犬種都承襲了他的名字。

生性乖巧，喜歡討好人，是溫柔又親人的陪伴犬

又名為英國玩具小獵犬（English Toy Spaniel），這個英國犬種與騎士查理王小獵犬（左頁）有血緣關係，但騎士查理王小獵犬是較新的品種。查理王小獵犬的祖先最早於16世紀出現在歐洲及英國王室宮廷，據說是中國與日本小型犬的後代。

這種最初的「撫慰犬」看起來像其他獵鷸犬，有的也曾用於狩獵。但自18世紀末，這些狗與巴哥犬（268頁）雜交之後，有了時髦的短鼻子，也變成只會出現在懷裡的寵物。到了19世紀末，查理王小獵犬已經有四個變種：查理王色（黑褐色）、布倫安色（紅白色）、紅寶石色（深紅色）和查理王子色（白色帶黑褐色花紋）。這四個類型在1903年重新歸為單一品種，也就是查理王小獵犬。

現代的查理王小獵犬個性沉靜、順從但又喜歡玩耍，是絕佳的家庭寵物，在空間有限的家庭內也能生活愉快，而且只需要適度運動。這種狗喜歡友伴，最好不要讓牠獨處太久。長毛需要每隔幾天梳理一次。

蓄勢待發

這隻中國冠毛犬警覺的表情、肌肉飽滿的身體和高舉的尾巴，顯露出牠愛玩耍的個性。飄逸的長冠毛與長滿流蘇狀飾毛的耳朵，為牠增添了幾分魅力。

中國冠毛犬 Chinese Crested

身高	體重	壽命	任何顏色
23-33公分	最多5公斤	12年	

吉普賽·蘿絲·李

現代版中國冠毛犬的育犬先驅之一就是知名美國舞孃吉普賽·蘿絲·李（Gypsy Rose Lee）。她與該犬種的邂逅，源於她的妹妹從動物收容所救了一隻中國冠毛犬。蘿絲·李（下圖左）把這隻狗編進她的演出中，因此推升了該犬種的名氣。她也在1950年代成立了「李犬舍」繁殖中國冠毛犬，並建立了今天中國冠毛犬的兩大世系之一。

這個優雅聰明的犬種不論走到哪裡都是目光的焦點，但牠並不需要大量戶外運動

世界各地有好幾個犬種都有無毛的特徵，這是基因突變所造成，起初被認為奇怪，但後來反而成為吸引人的特點，因為無毛犬種不會長跳蚤、蛻毛或產生體臭。中國冠毛犬雖然不太需要梳理，但牠裸露的肌膚十分敏感，在冬天需要外套保暖，夏天則需要防曬，以免曬傷及皮膚乾燥。由於皮膚嬌嫩加上不太需要運動與活動，因此不適合喜歡長時間待在戶外的飼主。不過，中國冠毛犬個性開朗友善，喜歡玩耍，是適合老年人的玩賞犬。

中國冠毛犬的另一個變種是粉撲犬（Powderpuff），有柔順的長毛，需要定期梳裡以避免糾結。同一窩幼犬可能同時出現有毛及無毛類型。某些中國冠毛犬的體格比其他冠毛犬輕巧。這些骨架輕巧的中國冠毛犬稱為鹿型（deer type），較壯碩的中國冠毛犬則稱為矮腳馬型（cobby type）。

粉撲犬

吉娃娃 Chihuahua

身高	體重	壽命	任何顏色
15-23公分	2-3公斤	超過12年	一定是單色，絕不能有花紋或斑點。

這個友善、聰明的嬌小犬種擁有巨犬般的性格，是非常忠心的寵物

吉娃娃是全世界體型最小的犬種，以1850年代墨西哥發現這個犬種的州為名。吉娃娃最有可能是提吉吉犬（Techichi）的後代；提吉吉犬是墨西哥原住民托爾特克人（Toltec，約公元800-1000年）飼養的一種不會叫的小型犬，有時會被當成食物或宗教儀式的祭品。

到了15、16世紀，探險家哥倫布與西班牙征服者就已經知道這類小型犬的存在。吉娃娃在1890年代首度引進美國，1904年獲得美國畜犬協會承認。1930年代及40年代，盧佩・貝萊斯（Lupe Velez）等明星以及樂隊領隊沙維爾・庫加（Xavier Cugat）等人，讓吉娃娃成為流行的玩賞犬，如今是美國最受歡迎的犬種之一。吉娃娃通常有「蘋果頭型」（鼻子短，頭骨圓），分為短毛型與長毛型兩種，都不太需要梳理。

吉娃娃是可愛的玩賞犬，通常會對飼主產生深厚的感情。每天短程散步和遊戲對該犬種有益。吉娃娃通常不適合兒童飼養；成人飼主應將牠當成犬隻來照顧，而不是當成玩具或流行飾品。

塔可鐘代言犬——吉德潔特

1997年，一隻名叫吉德潔特（Gidget）的吉娃娃獲選為美國美墨料理連鎖店「塔可鐘」（Taco Bell）的吉祥物。吉德潔特是母狗，但牠在廣告中扮演的「角色」卻是由帶有墨西哥腔的男性配音。吉德潔特成為大明星，也讓這家連鎖店聲名大噪。2000年宣傳活動結束後，吉德潔特又接演了其他廣告，和電影《金法尤物2：白宮粉緊張》（Legally Blonde 2: Red, White, & Blonde）。吉德潔特於2009年辭世，享年15歲。

西藏獵犬 Tibetan Spaniel

身高 25公分
體重 4-7公斤
壽命 超過12年

任何顏色

這種小型犬個性開朗隨和，由西藏僧侶培育和飼養。西藏獵犬歷史悠久，大約在1900年由返國的醫療傳教士帶入英國。西藏獵犬雖然表情略顯高傲，但只要能在庭院裡跑跑步和玩耍就很開心。

表情豐富的橢圓形深棕色眼睛

相較於身體，頭的比例較小

貂色

西藏㹴 Tibetan Terrier

身高 36-41公分
體重 8-14公斤
壽命 超過10年

多種顏色

西藏㹴外型類似迷你版的英國古代牧羊犬（見56頁），原本用於放牧，也被往返中國的商人當成守衛犬。這種體型中等的狗需要以堅定的態度對待，相對地，牠也會成為忠心耿耿的陪伴犬。西藏㹴的長毛需要每天梳理。

大麥町 Dalmatian

身高	體重	壽命	
56-61公分	18-27公斤	超過10年	白色帶肝色斑點

喜歡玩耍又隨和的大麥町是理想的家庭寵物，但需要大量運動和持續不懈的訓練

大麥町是現存唯一的斑點犬。血統來源不明，但早在古代歐洲、非洲與亞洲就已知有斑點犬存在。世界畜犬聯盟認定達爾馬提亞（Dalmatia）是這個品種的發源地，位於克羅埃西亞的亞得里亞海東岸。

大麥町有很多用途，包括作為狩獵犬、戰犬以及牲口的守衛犬。19世紀初大麥町在英國尤其受歡迎，由於牠被訓練來跑在馬車下方或旁邊，常跟著車長途旅行，因此又稱為「馬車犬」。除了外型高雅外，大麥町也能保護馬匹與馬車，避免受到流浪犬攻擊。

過去大麥町在美國主要當成「消防犬」，會跟著馬匹拉動的消防車奔跑，沿途吠叫替消防車開路。有些消防局至今仍把大麥町當成吉祥物飼養。這個犬種也是美國啤酒公司安海斯－布希（American Anheuser-Busch）的象徵，時常可以看到大麥町跟在知名的克萊茲代馬（Clydesdale）所拉的啤酒貨車旁。

大麥町聰明、友善又外向，喜歡人類陪伴，與馬匹始終維持深厚的友誼。不過，牠精力充沛又固執，而且對其牠的狗可能有攻擊性，因此飼主必須讓牠維持活潑的生活，並持續給予訓練。

大麥町幼犬出生時是全白色，大約四週後才會出現黑色或肝色斑點。白毛會大量蛻毛。

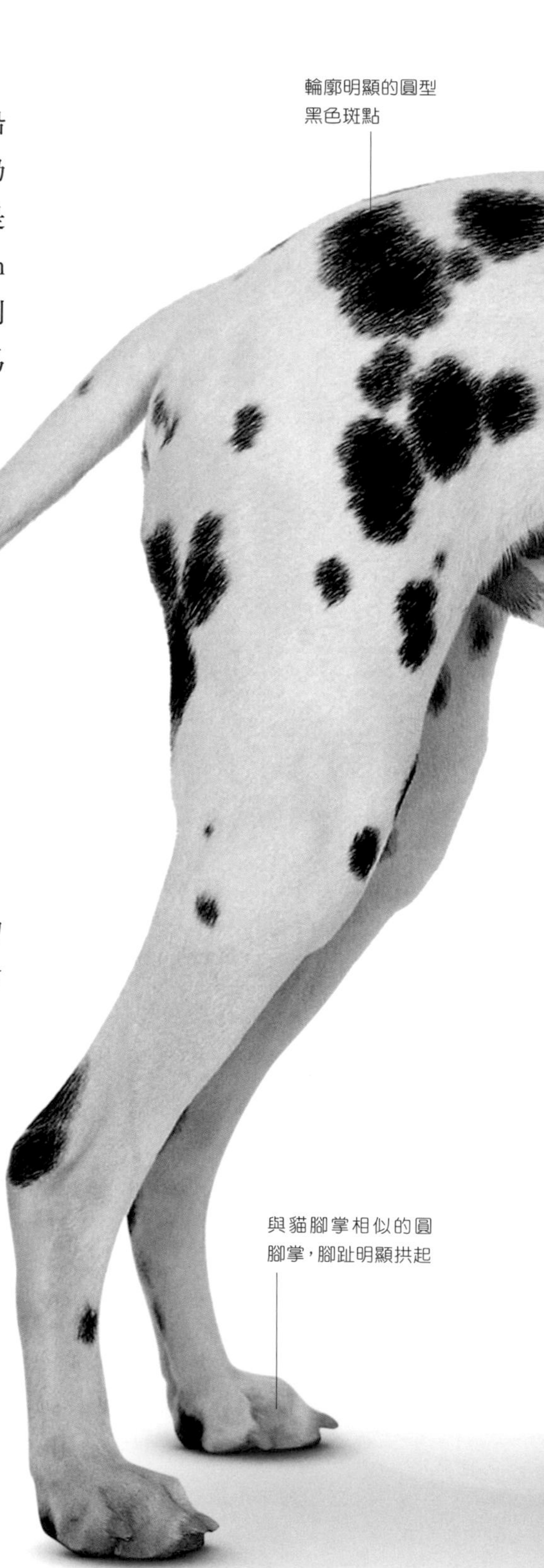

幼犬

101忠狗

多蒂·史密斯（Dodie Smith）1956年出版的童書《101忠狗》（The Hundred and One Dalmatians），描述一窩大麥町幼犬被邪惡的庫伊拉·德維爾（Cruella De Vil）綁架，打算把牠們剝皮做成毛草大衣，所幸後來由牠們的雙親彭哥（Pongo）與白佩蒂（Perdita）救回。之後迪士尼把這個故事改編為電影，大麥町因此人氣暴漲。不過，許多新飼主缺乏飼養這種活潑犬種的經驗，結果許多大麥町被遺棄，最後進了動物收容所。

鼻梁凹陷輪廓清晰
白色帶黑色斑點
耳根位置高的
垂耳，末端漸
細，尖端圓鈍
黑色鼻子
濃密有光澤的短毛

黃金貴賓犬

這個極具魅力的犬種是標準貴賓犬與黃金獵犬混種而成，有明顯的貴賓犬親本特徵。

混種犬

混種犬種類繁多，包括所謂的「設計師犬」，也就是以兩個正式犬種的純種犬配種而成的狗，以及各種意外隨機混種所產生的混種犬（見298頁）。有的設計師犬現在極為流行，大多都有古怪的複合式名稱，例如可卡犬與貴賓犬混種而成的可卡貴賓犬（Cockapoo）。

創造現代混種犬的理由之一，是要把某個不蛻毛品種身上的優點，與另一個品種結合。目前最受歡迎的這類混種犬就是拉布拉多貴賓犬（見291頁），是以拉布拉多獵犬（260頁）與標準貴賓犬（229頁）混種而成。不過，即使雙親都是這種一眼可辨識的犬種，也無法預測幼犬承襲到的特徵會偏向哪一邊。以拉布拉多貴賓犬來說，每一窩幼犬幾乎都不相同，有的幼犬承襲了貴賓犬的捲毛，有的則是拉布拉多的特徵較明顯。這種缺乏標準化的情況在設計師犬身上極為常見，不過偶爾會發現一些情況，證明建立標準、並嘗試繁育出符合標準的類型是有可能的。盧卡斯㹴（293頁）就是一例，這是以西里漢㹴（189頁）和諾福克㹴（192頁）混種而成。目前有少數這類混種犬已達到官方承認的品種標準。

刻意將兩個特定犬種混種以產生特定特徵，這種作法自20世紀末起愈來愈普遍，但並非現代才有的趨勢。最知名的混種犬之一勒車犬（290頁）已經存在數百年之久。這個犬種結合了靈緹（126頁）和惠比特犬（128頁）等視獵犬的速度，也擁有其他犬種的優點，包括長毛牧羊犬的工作熱忱，以及㹴犬的堅毅個性。

有意飼養混種犬的人，如果要飼養設計師犬，應該把牠的兩個親本的性格和習性都納入考量。兩個親本品種可能差異極大，任何一方都可能成為主要影響。此外也必須考量這兩個親本需要的一般照顧與運動條件。

一般認為，所有的混種犬都比純種犬聰明，但這點並沒有具體證據證明。據說隨機混種的狗往往比純種犬健康，和某些較常罹患遺傳疾病的犬種比起來，混種犬的罹病風險的確低得多。

比熊約克犬 Bichon Yorkie

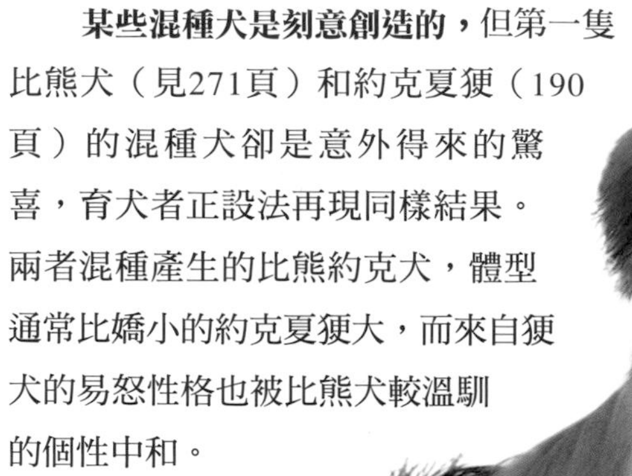

身高 23-31公分
體重 3-6公斤
壽命 13-15年

多種顏色

某些混種犬是刻意創造的，但第一隻比熊犬（見271頁）和約克夏㹴（190頁）的混種犬卻是意外得來的驚喜，育犬者正設法再現同樣結果。兩者混種產生的比熊約克犬，體型通常比嬌小的約克夏㹴大，而來自㹴犬的易怒性格也被比熊犬較溫馴的個性中和。

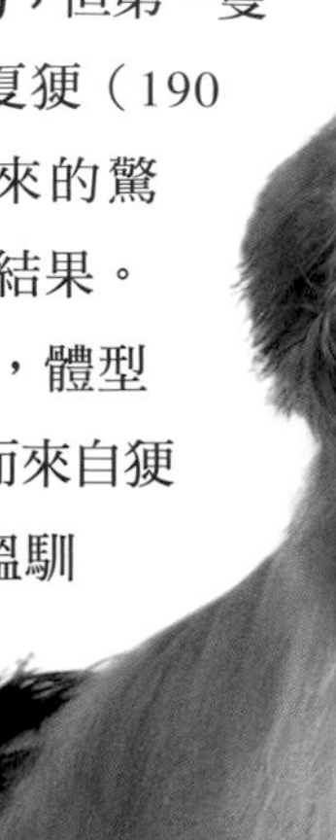

鬥牛拳師犬 Bull Boxer

身高 41-53公分
體重 17-24公斤
壽命 12-13年

多種顏色

鬥牛拳師犬是慵懶的拳師犬（見90頁）與斯塔福郡鬥牛㹴（214頁）等鬥牛犬的混種；後者雖然很受喜愛，但可能難以與其他寵物共處。鬥牛拳師犬的體型與個性介於兩者之間，雖然需要費心照顧，但也能給予飼主對等的回報。

喬基犬 Chorkie

身高 15-23公分
體重 3.5-4.5公斤
壽命 10-15年

多種顏色

最早的喬基犬於1990年代的美國，由吉娃娃犬（見282頁）和約克夏㹴（見190-191頁）混種而來。比起在有幼童的家庭，喬基犬和成年人與較年長者相處時表現最好，很容易適應公寓的生活。喬基犬和很多的品種間雜交犬一樣，遺傳自雙親的特徵比重各異，因此外觀差異很大。

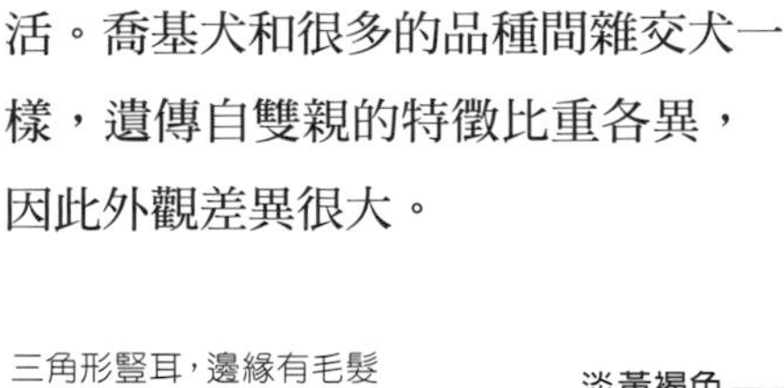

約克貴賓犬 Yorkipoo

身高 20-38公分
體重 2-5.5公斤
壽命 12-15年

多種顏色

這種新的混種犬由約克夏㹴（見190-191頁）和玩具型或迷你型貴賓犬（見277頁）培育而成，個性較強，需要施以和善但嚴格的訓練，同時十分聰明，喜歡大量運動和玩耍。約克貴賓犬喜愛有人陪伴，適合大部分的家庭，但要先教會小孩怎麼和狗相處。

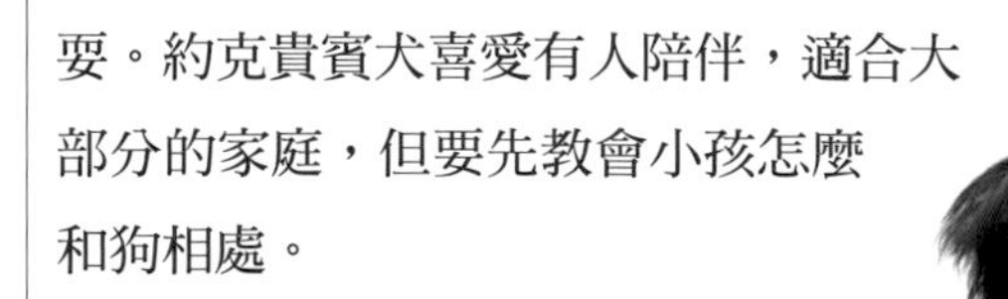

盧卡斯㹴 Lucas Terrier

身高 23-30公分
體重 5-9公斤
壽命 14-15年

白色

這種稀有的工作㹴犬是在1940年代以諾福克㹴（見192頁）與西里漢㹴（189頁）混種之後培育而來，目的是培養出一種能跟著獵物鑽進地面的靈活小型犬。這種狗聰明且喜歡討好人，因此容易訓練，只要每天有充足散步就會很乖巧。盧卡斯㹴喜歡玩耍、挖掘，但不像其他㹴犬那麼愛叫。

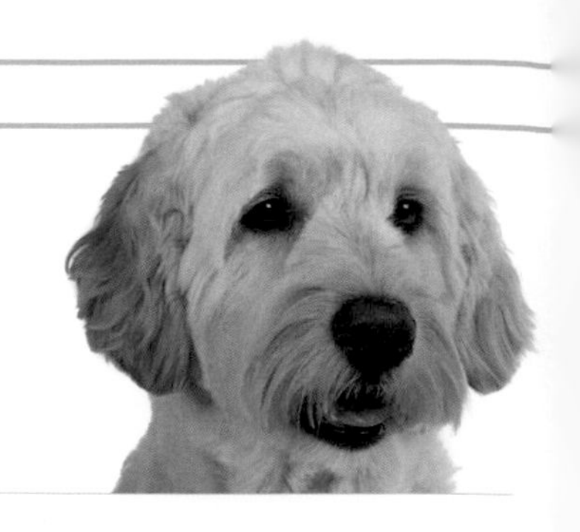

黃金貴賓犬 Goldendoodle

身高	體重	壽命	任何顏色
最多61公分	23-41公斤	10-15年	

適合過敏患者的狗

黃金貴賓犬通常被稱為「低過敏原」或「不蛻毛」的狗，適合對狗過敏的人飼養。雖然實際上並沒有真正的低過敏原狗（也就是幾乎不會或完全不會引發過敏），但黃金貴賓犬的蛻毛量的確少於其他犬種，尤其是捲毛或波浪捲毛的黃金貴賓犬，此外牠們的皮屑也較少。因此該犬種可能較適合已知對狗（或狗毛）有過敏反應的人。

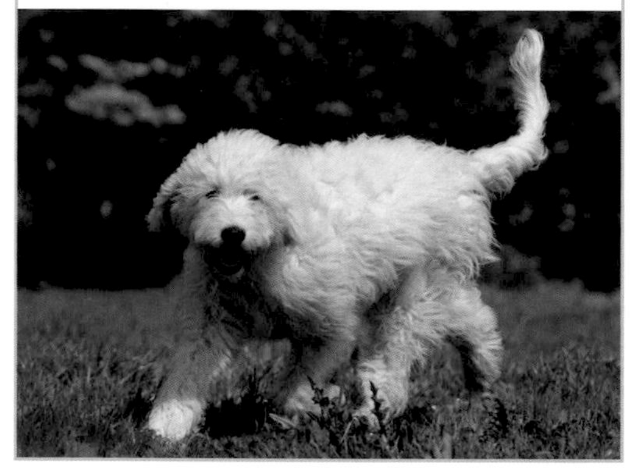

黃金貴賓犬是開朗的新型混種犬，個性隨和、容易訓練，也是可以一起愉快生活的陪伴犬

這個貴賓犬與黃金獵犬（見259頁）混種犬是最新的「設計師犬」之一，最初在1990年代於美國及澳洲培育而成，此後人氣就不斷攀升，鼓勵了其他地方的育犬者繼續發展這個犬種。原本的「標準」黃金貴賓犬是以標準貴賓犬（229頁）與黃金獵犬混種，但1999年後陸續以迷你型貴賓犬或玩賞型貴賓犬（276頁）培育出體型較小的「中型」、「小型」與「迷你型」黃金貴賓犬。

這種狗大多是第一代混種犬，外表差異極大。黃金貴賓犬也用來互相混種，或回頭和貴賓犬混種。目前有三種毛型：直毛，與黃金獵犬的毛型相似；捲毛，與貴賓犬的毛相似；以及波浪狀毛，有蓬鬆的大波浪捲。

黃金貴賓犬是高人氣的導盲犬、輔助犬、治療犬和搜救犬。此外也是極受歡迎的寵物；2012年美國歌手亞瑟小子（Usher）在慈善拍賣會上以1萬2000美元標得一隻黃金貴賓犬幼犬。這個犬種活潑又溫馴，通常也很容易訓練，與兒童和其他寵物相處融洽，也喜歡人類陪伴。

深色眼睛，眼神溫柔

垂耳的顏色較其他部位的毛色深

鼻梁凹陷明顯

鞍部毛色較深

棕色鼻子

濃密的捲毛

杏色

腹部略上提

前腳掌較後腳掌大

尾巴有大量飾毛

拉布拉激飛犬 Labradinger

身高	體重	壽命
46-56公分	25-41公斤	10-14年

黃色
肝色
巧克力色

軍犬特雷歐

一隻名叫特雷歐（Treo）的激飛獵犬與拉布拉多混種犬因為隨英軍到阿富汗工作而成為軍中英雄。特雷歐原本因為愛咬人、對人亂吼而被送到軍方，但後來卻成為與眾不同的槍炮偵測犬，與訓練師戴夫．黑霍（Dave Heyhoe）中士一起工作。特雷歐曾兩度偵測到塔利班設下的連串路邊炸彈，讓軍方得以事先拆除，拯救了許多人的性命。特雷歐英勇的行為讓牠獲得迪金勳章（Dickin Medal），這是「動物版」的維多利亞十字勳章。

特雷歐與訓練師戴夫．黑霍中士和牠的迪金勳章

這個充滿吸引力的全方位犬種需要充分運動，適合作為槍獵犬和家犬

這是拉布拉多獵犬（見260頁）與英國激飛獵犬（224頁）的混種犬，有時也稱為激飛多犬（Springador）。早在幾個世紀前，飼養這類槍獵犬的傳統鄉下莊園內可能就已經有這兩個犬種的非計畫性混種。由於近期大家開始對拉布拉多貴賓犬（291頁）等「設計師」混種犬產生興趣，拉布拉激飛犬如今不僅有人氣，也有了名稱。

拉布拉激飛犬的外表各有不同，但通常體型比拉布拉多獵犬小而輕盈，五官也更精緻。牠的體型比英國激飛獵犬大，腿也較長；被毛可能是貼身的直毛，或略長、帶捲的毛型。

拉布拉激飛犬是傑出的槍獵犬，可以訓練成像拉布拉多獵犬一樣的尋回犬，也可以像獵鷸犬一樣用來激飛獵物。此外牠也是絕佳的家犬，聰明、愛玩耍、親人且非常喜歡人。需要大量陪伴和每天大量運動，包括散步和遊戲，以免因為無聊而出現行為問題。

巴格犬 Puggle

身高	體重	壽命		
25-38公分	7-14公斤	10-13年	紅色或褐色 檸檬色 黑色	這些顏色都帶有白毛（乳牛斑）。口鼻部可能為黑色。

巴格犬性情溫和又聰明，只要讓牠充足運動，就能成為理想的家庭陪伴犬

巴格犬是最新的「設計師犬」之一，在1990年代於美國以巴哥犬（見268頁）和米格魯獵犬（152頁）混種而成。育犬者原本的目標是想創造一種兼具巴哥犬的嬌小體型與米格魯的可愛個性，但又沒有巴哥犬常見的健康問題的新犬種。這個新混種犬已在美國混種犬協會（American Canine Hybrid Club）註冊。

近幾年巴格犬人氣大幅攀升，在美國媒體界曾獲得「2005年人氣狗王」的頭銜，且十分受到名人及好萊塢明星喜愛。2006年巴格犬占混種犬銷售量的五成以上，如今是美國最受歡迎的混種犬，2013年售出的幼犬每隻價格高達1000美元。

巴格犬看起來就像有朝天鼻的米格魯獵犬，通常和巴哥犬一樣有捲尾巴和黑色口鼻部。這個犬種很容易訓練，是活潑而親人的家犬，極易與飼主建立感情，也喜歡人類的陪伴；與兒童相處融洽，又能隨時接納陌生人與其他的狗。此外很容易適應公寓生活，因此在洛杉磯與曼哈頓等都會區尤其受歡迎。巴格犬必須每天散步，包括玩遊戲，才能保持愉快心情。短毛不太需要梳理，只要每週梳毛一次即可。

名人的寵物

巴格犬急速竄紅主要是因為名人的青睞，其中如詹姆士．甘多費尼（James Gandolfini）、傑克．葛倫霍（Jake Gyllenhaal）、烏瑪．舒曼（Uma Thurman）及知名愛犬人士亨利．溫克勒（Henry Winkler（下圖）等都飼養了巴格犬。這些名人帶著愛犬參加派對、上電視節目、出席媒體活動，並與愛犬一同入鏡，巴格犬因此引起大眾的興趣。大家想要認識這種特殊的狗，有人甚至跟著購買。

硬毛與捲毛

擁有硬毛與捲毛的狗可能與視獵犬、㹴犬或某些牧犬相似，但若不分析DNA就不可能確知牠們的血統。

雙層短毛

這三種狗都有雙層短毛，但外型大不相同。黑狗有拉布拉多獵犬（260頁）的血統，最右邊的狗則與德國牧羊犬（42頁）較相似。

單層短毛

這些狗擁有較短而寬的顎部及粗硬短毛，顯示與斯塔福郡鬥牛㹴（214頁）等犬種有血緣關係。最右邊的狗體型遠比另外兩種小，但仍有類似㹴犬的特質。

短腿

利用最小型的犬種進行選育，可縮小狗的體型，但隨機配種的狗也可能出現短腿。短腿狗可能有軟骨發育不全（侏儒症），導致前肢骨頭彎曲。短腿狗可能有各種毛型。

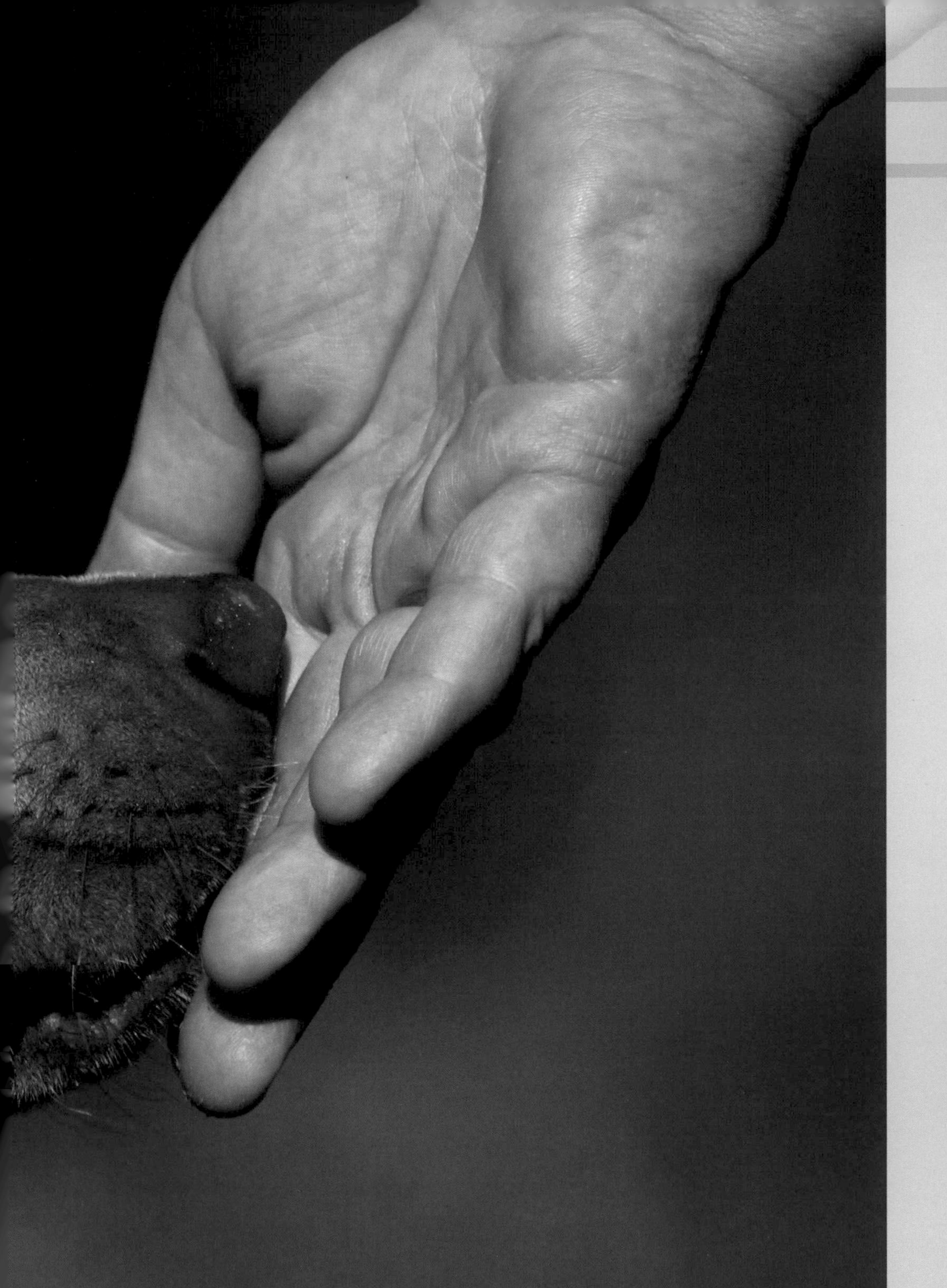

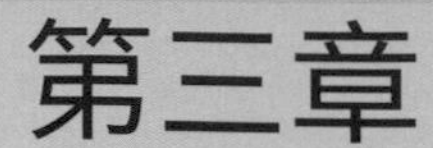

第三章

照顧與訓練

圓滿的開始

確認你的需求是什麼──要養幼犬還是大一點的狗、是不是去收容所找、體型要多大、公狗還是母狗、什麼品種等等。要建立長久而令人滿意的關係，關鍵在於一開始的正確決定。

成為狗主人

狗可以成為家中很棒的新成員，但是把新寵物帶進生活中是必須負起責任的，你需要事前的準備和規劃，考量哪種狗最符合你的需求，並確保你能提供一個安全的家給牠。

首要考量

購買或認養一隻狗之前，你必須很清楚接下來要負起的責任。狗可以活到十八歲，牠這輩子你都必須好好照顧牠。

先問問自己幾個相關的問題：你或者家裡的任何人是否有時間訓練幼犬和陪牠玩？你負擔得起養狗的費用嗎？家裡的環境合適嗎？你是否有其他寵物或是非常幼小的孩子？家裡有人對狗過敏嗎？

想想你要的是什麼樣的狗，以決定適合你的品種。就算某個品種的外表很吸引你，也要記得性情比長相重要：你應付得了精力旺盛、好動、需要大量運動的狗嗎？你需要擅長跟孩子相處的狗嗎？大型狗通常需要大量的照顧和訓練，吃得又多，這些都會很花錢，小一點的狗會不會更適合你的生活方式和環境？你比較喜歡公狗還是母狗？公狗比較親人，但是訓練時容易分心。未絕育的公狗可能有攻擊性。若是需要跟孩子相處的話，一般認為母狗會比較平靜。

什麼年齡最好？幼犬會在成長過程中學會融入家中的生活規律，但一開始卻需要額外照顧，不能讓牠長時間自己在家。如果家中成員整天都不在，最好還是認養成犬。

要找一隻成犬來養，常見的做法是去收容中心。有些收容所是由慈善機構經營的，會送養各種體型和年齡的狗；有些則專門處理特定品種狗的送養，例如賽犬生涯結束後的靈緹，或是有特殊照顧及訓練需求的狗，例如杜賓犬（見176頁）和斯塔福郡鬥牛㹴（見214頁）。大多數的品種犬協會都有經營品種犬的收容服務。

在收容中心，狗的性情會受到評估。這裡的狗有許多都吃過不少苦，例如被遺棄或冷落，所以工作人員都很希望這些狗能找到有愛心、會保護牠們的家庭。你可能必須填寫申請表、參加面談（你的家庭成員可能也要一起），正式認養之前工作人員還會先檢查你的家中環境。相對的，你可以問問題、認識一些能配合你的生活方式的狗，工作人員也會在照顧、疾病和行為問題等各方面給你建議。

法律相關

寵物的福祉是主人的責任，許多國家都有法律來確保主人適當地照顧好他們的寵物。基本的職責包括給狗一個安全的地方住、有好的食物和許多的陪伴。身為狗主人，你也要確保你的狗不會對牠自己或其他人或動物造成傷害。

當狗主人之前，先買寵物保險吧。保險在寵物生病或受傷時非常必要，碰到寵物走失、死亡、傷害其他人或動物、破壞別人的財產時，保險還可能幫你負擔費用。

居家安全檢核表

室內

- 硬地板要保持乾燥，狗身上溼了要馬上用毛巾擦乾。
- 保持外門關閉；樓梯要裝設柵門。
- 堵住家具之間和後面的任何小縫隙。
- 修理磨損的電線。
- 櫥櫃門和抽屜裝上兒童安全鎖。
- 使用有安全蓋的垃圾箱。
- 清潔劑要收好，放在狗碰不到的地方。
- 把藥品收進櫥櫃。
- 移除任何有毒的室內植物。
- 檢查地板或較低的平面有沒有小東西或尖銳物品。
- 過節慶的時候，讓狗遠離易碎的裝飾品和燃燒中的蠟燭。放煙火時找個安全的地方讓牠躲起來。

室外

- 把籬笆、柵欄或門下的所有開口都封死。
- 移走或丟掉有毒的植物。
- 確認狗在花園中有足夠的陰涼處。
- 把車庫或工具房的門關上，不要讓狗碰到機具、銳利沉重的物品，或是抗凝劑、油漆、油漆稀釋劑之類的化學物品。
- 把毒藥和肥料鎖起來，或放在高處。
- 不要讓狗接觸使用過毒藥或除蟲藥的地方；吃了毒藥的動物屍體要清理。
- 烤肉時千萬不要把狗單獨留在烤肉架旁邊——炙熱的木炭和銳利的烤肉叉都會造成傷害。

接回家前的準備

把新狗迎進生活當中是件令人興奮的事，但是重責大任也隨之而來。花點時間把家裡和院子打理好，就能讓牠到來時安全無虞，而你和牠也才能享受這個過程。

帶狗兒回家

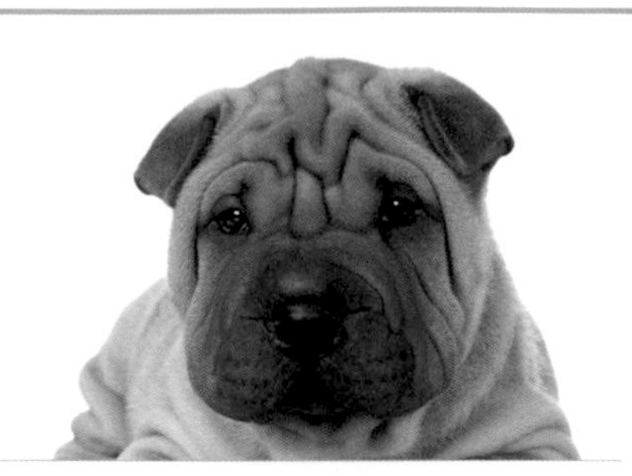

把新寵物迎進家門，難免令人興奮又有點緊張——尤其對你的狗來說。盡可能事先準備好，讓這第一天平靜順利地度過，狗也才能好好安頓下來。

接回家前的準備

在接狗回家之前，最好先配好必要的配備。最重要的就是一張狗床，如果是幼犬，堅固一點的紙箱可能就夠了，要是弄髒、咬壞，或是狗長大了，可以直接丟掉。要不模造塑膠狗床也是不錯的選擇，不但容易清理，還相當耐咬。不管選擇哪一種，狗床都要夠大，讓牠能在裡面伸展、轉身。在紙箱或塑膠床上鋪一層柔軟的毛巾或毯子，或是用泡棉床墊。泡棉床墊睡起來很舒服，大多數都附有可機洗的套子，很適合有關節問題的老狗，但小狗比較會咬壞或弄髒床墊，就不那麼合適。如果你打算養的是小狗，在臥房裡擺一個紙箱或籃子讓牠睡，反而讓牠更容易安頓下來。

有些新來的小狗或成犬比較需要安全感，可以使用有實心底座的鐵絲狗籠，或是不加蓋的寵物圍欄，都會有幫助。狗籠要有足夠的空間，讓狗能在裡面舒服地站立、躺下、伸展、轉身。把狗籠或圍欄放在溫暖安靜的地方，讓狗可以看到、聽到有人在，讓牠不會感到孤單。在底部鋪好報紙以防意外，把鋪墊和玩具放進去，在牠學會如廁之前，這是個讓牠短暫獨處的好地方，萬一難過或生病時也可以當作避風港，但絕不要長時間將牠留在狗籠裡，或是把牠鎖在裡面當成懲罰。

第二項必要的物品是盛裝食物和水的碗，兩種碗都要每天清洗，盛食物的碗更是每次用餐前都要清乾淨。陶碗夠結實，大型犬用都沒有問題，但是這種碗的邊緣通常是垂直的，有些角落難免搆不到；不鏽鋼碗好用又好清潔，最理想是底部加上橡膠邊緣的防滑碗，狗在使用時碗也能保持不動；塑膠碗則比較適合小狗和小型犬。你可以向繁殖場或收容所索取飲食清單和一開始的狗糧，總之至少要儲備一週的狗糧。

你的狗還需要項圈。小狗要用柔軟的織布項圈，調整鬆緊時項圈和小狗頸部之間要塞得進兩根手指，每週都要確認項圈會不會變得太緊。成犬可使用織布或皮製項圈，寬度要和狗脖子的大小搭配，或者使用胸背帶。

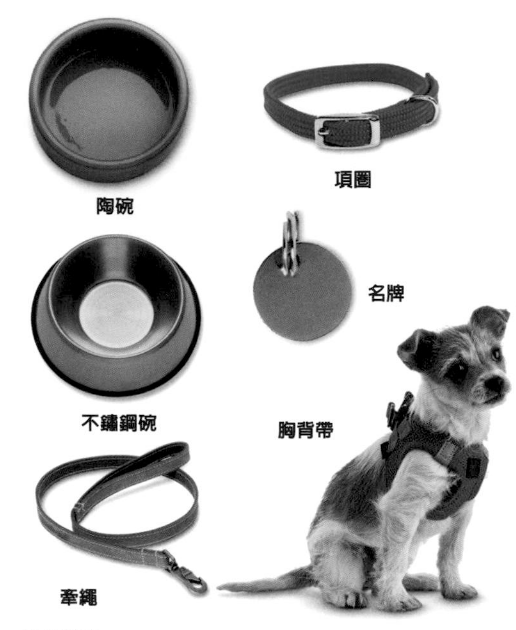

必要配備

平穩而形狀適中的食物碗和水碗、舒適的織布項圈、扣在項圈上的名牌、堅固的牽繩，這些都是把新狗迎回家前必須備好的重要物品。

就算是短毛狗，你也會需要一套基本的寵物修容組（見319頁）。為了在室外清理狗糞便，你要攜帶可生物分解的小袋子，獸醫和寵物店都有販售專供清理狗糞便的袋子。

除了配備之外，你還需要想好名字。盡量選一到兩個音節的名字，這樣狗比較容易記住，但要避免選跟訓練狗時會用到的字混淆的名字，例如「停」或「不行」。

狗的安全之家

把新狗帶進家門之前，必須先檢查是否有任何會對牠造成傷害的東西（見305頁）。蹲低身子到「狗的高度」，來評估可能的危害，例如可供逃脫的路徑。狗有可能衝出房門、從柵欄門下鑽出去，或是

狗玩具

玩具能讓狗表現出自然的行為，例如追趕與啃咬。你可以購買圖中這些犬用玩具，也可以用舊足球或繩子之類的東西做成自製玩具。玩具要選不易碎或不會讓狗噎到的材質，而且要夠大，才不會卡在牠的喉嚨裡。不要用舊衣服或鞋子來當作玩具，以免你的狗養成壞習慣。

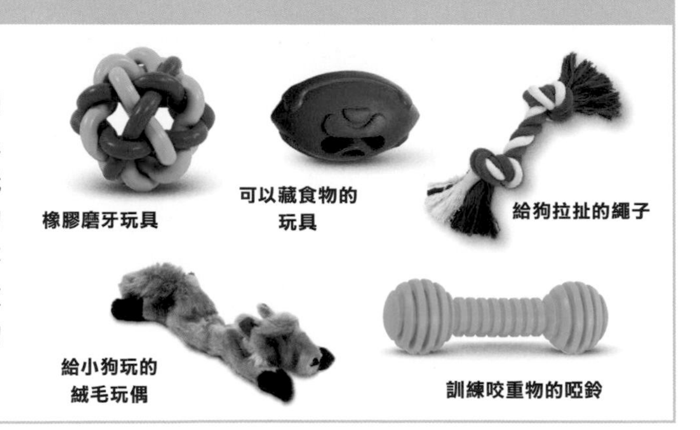

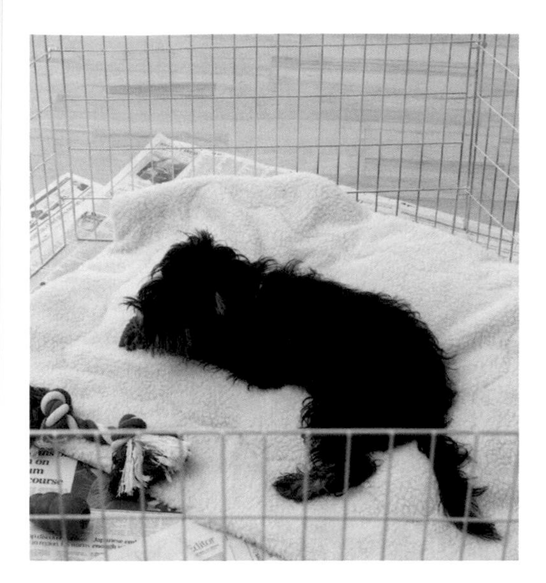

幼犬圍欄
把圍欄放在溫暖、不會吹到風的地方，讓小狗在白天中可以看到你和家裡的其他人。圍欄要夠大，讓牠可以在裡面四處走動。

介紹小朋友
狗一旦安頓了下來，就可以讓牠跟你的孩子見面。先示範如何輕柔的撫摸狗，再讓你的小孩試試看。

衝下樓梯跑到街上。把尖銳的物品放在狗碰不到的地方，移走牠有可能啃咬的物品，例如會噎到牠的氣球。有些人吃的食物也會對狗有害（見344頁），例如巧克力、葡萄或葡萄乾，所以也要清掉。

把新狗帶回家後，第一件事就是帶牠到院子裡或室外，因為牠可能會想要解放一下。然後把狗引進屋內，讓牠自己探索。至少在第一天，讓狗待在牠的狗窩裡，這樣牠才能慢慢習慣這個家。小狗很快就會累，所以只要牠想睡就讓牠睡。

初次見面

把狗介紹給家裡的每一個人。如果你有孩子，一開始那幾天是他們跟狗彼此適應的時期，要好好監督幾天，跟孩子解釋說新來的狗可能會感到緊張，所以在牠身邊的時候要安靜。讓孩子跟著狗一起走進房間，大家安靜地坐下後，拿出零食給狗吃。一開始那幾天不要讓孩子跟狗玩得太久，免得狗太累或太過興奮；千萬別讓孩子突然抓住或抱起狗，一旦狗受到驚嚇，孩子就有可能被咬。

大概一兩天過後，等新狗安頓好了，再帶牠見其他寵物，而且一次只見一隻。介紹家裡的狗給新狗認識時，最好選擇在「中立領域」，例如院子裡，這樣萬一其中一隻緊張起來才有空間逃跑。先刻意體貼家裡那隻狗，接著才把注意力放在新狗身上，以免家裡的狗吃醋。要跟貓見面的話，則要選擇大房間，先把狗抓好，再讓貓走進來見過新狗，同時要確認貓有可以輕鬆脫逃的路徑。貓跟狗絕不要一起餵食，因為狗會偷吃貓的食物。

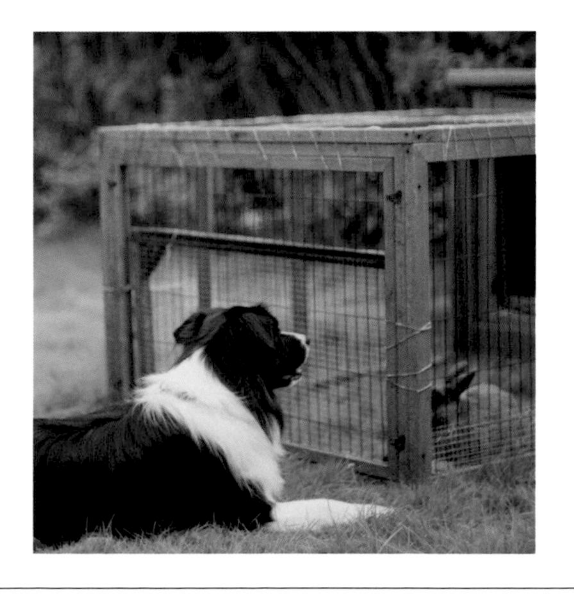

及早建立規律

從第一天起就要建立日常生活的規律，並要求家中的每一個人遵守。不論餵食、帶狗外出大小解，都要在固定的時間，牠可以做什麼、能夠去哪裡，要訂好基本原則。

培養出固定的規律有助於減少如廁訓練期間的意外。如果是小狗，每次吃完東西、小睡過後、就寢之前，或是任何讓牠興奮的事件之後（例如跟沒見過的人見面），就把牠帶到外面，你可能每過一個小時左右就得帶牠出去一次。只要一觀察到嗅地面、轉圈、蹲下之類的動作，就要馬上把小狗帶出去。在戶外一直待到你的狗解放為止，然後給牠許多的讚美。

吸塵器和洗衣機之類的家庭電器很吵，可能會嚇到牠，所以機器運轉的時候要讓狗在場——但是要保持舒適的距離，還要有「逃脫路線」。如果牠看起來很緊張，就用輕柔的語調跟牠說話，或是用玩具分散牠的注意力。

獨處會讓狗感到很有壓力，你必須讓牠明白牠自己在家也會很安全，而且相信你會回來。開始訓練時，可以選牠平靜或是想睡的時候，把牠留在圍欄或是房間裡過幾分鐘，然後再回到房間，但是不要理會牠，安靜的待在附近，直到牠平靜下來。慢慢延長訓練的時間，直到你可以丟著牠幾個小時為止。把狗單獨留在家的時候，要確認牠有辦法爬進自己的被窩，還要有水可以喝接觸到牠的床和水碗。留一些牠喜歡的玩具給牠，最好要有裡面可以藏食物的那種，好讓牠在你離開之後還能忙上一陣子。

交朋友
如果家裡或院子裡有兔子或其他小型動物，要把牠們跟狗隔開，只要狗在牠們的附近，你一定要在一旁監督。

飲食的變化

成長中的幼犬、哺乳期的母狗、賽犬、年紀大的狗——不同階段的狗會有不同的營養需求。確保你的狗能攝取到牠這個年紀所需要的營養，這對牠的健康十分重要。

幼犬

小狗一斷奶，就需要少量多餐地餵食——一開始一天四次，從大約六個月開始減到一天三次。小狗長得很快，需要高熱量的食物，如果你不確定該餵食多少份量才符合你的小狗的體型，可以詢問獸醫。隨著小狗長大，可以慢慢增加餵食量，但是要避免餵太多。市售幼犬食品或許是最好的選擇，這樣才能確保牠得到均衡的營養。

如果你是從繁殖場購買小狗，對方大概會給你一些牠正在吃的食物的樣品。一開始要照原來的食物餵食，再慢慢改變。

成犬

一天兩餐（早晚各一）通常就夠了。絕育的狗比未絕育的狗需要更少熱量，除此之外，就是依照狗的體型大小和活動量來餵食，並且監控牠的體重（見314-315頁）。

工作犬

工作犬或賽犬要吃高蛋白質、高能量、容易消化的食物，好讓牠們的力氣和耐力增加到最大。然而，給工作犬的食物份量不應該超過正常的成犬。狗從事的如果是時間短、消耗大的工作，例如賽跑或花式表演，就需要適度增加脂肪的攝取。至於耐力型的工作，例如拉雪橇、狩獵或是放牧，則需要高脂肪的食物加上額外的蛋白質。

吾家有犬初成長
讓你的幼犬不斷保持飲食均衡，牠就會長出強壯的身體。一定要選擇特別為幼犬調配的食物，隨著幼犬成熟長大，再換到成犬用的配方。

哺乳期的母狗

懷孕的母狗可以維持平常的飲食，一直到懷孕的最後兩到三週，從這個時候開始到生產為止，牠的能量需求會增加大約25%到50%。隨著產期到來，牠可能會食慾不振，但是幼犬一出生很快就會恢復了。產乳中的母狗在前四週——也就是幼犬對母乳的需求量最大的時候——需要的熱量是正常的二到三倍。這時要餵牠特別為授乳母狗調配的高能量食物，而且要少量多餐。等幼犬開始斷奶（六到八週），母狗仍然需要額外的熱量，一直要等到牠停止產乳之後，牠的飲食才可以改回正常。

養病中的狗

生病的狗需要容易消化、特別營養的食物，例如煮熟的雞肉或米飯，或是特製的市售狗食，獸醫可以給你建議。要少量多餐，把食物加熱到體溫的溫度，這會讓食物更有吸引力。紀錄牠吃了多少，有任何食慾不振的狀況就要告訴獸醫。

年紀大的狗

從大約七歲之後，狗需要的營養素開始增加，但是熱量則減少。很多狗吃一般成犬的食物就可以了，只要稍微減量、並補充維他命跟礦物質。你可以買「老犬」配方，飼料比較軟，含有更高的蛋白質、更少脂肪，以及更多的維他命和礦物質。你可能必須調整成一天餵食三次，老狗的新陳代謝率降低，更容易肥胖，維持健康的體重可以增進狗的生活品質和壽命。

氣候也要考量
住在氣候寒冷地區或養在室外狗場的狗，比起溫暖地區的狗需要更多的能量，以維持體溫的穩定。正餐時吃高脂肪熱量的食物，就可以滿足這些狗額外的能量需求。

育兒需求

哺乳期的母狗需要的營養比成長中的狗還多，隨著幼犬的成長，牠需要的熱量會穩定增加，因為牠必須產出更多的母乳來餵幼犬。

控制食量

跟人類一樣，動物也會因為吃得太多或飲食不均衡而出現健康問題。一定要給你的狗吃份量剛剛好的高品質食物，以維持牠這個品種或體型的理想體重。

良好餵食習慣

從一開始就培養良好的習慣，狗慢慢長大後才不會有各種餵食的問題。請遵循下列原則餵食：

- 餵食時間要固定。
- 確保隨時都有新鮮的飲用水。
- 食物碗每次使用前一定要清洗。
- 狗吃飽之後就撤走食碗，尤其是餵食罐頭或是自製溼食的時候。
- 家人吃飯的時候不要餵狗——狗的需求不一樣，而且有些人吃的食物可能對狗有毒，例如巧克力（見344頁）。
- 要改變狗的飲食的時候，要逐步慢慢更動，以免腸胃不適。

吃太快了嗎？

狗吃得快是很自然的事，因為在野外，吃得快才不會被狗群裡的其他成員搶走食物。你可以嘗試使用慢食碗，這種碗在底部有一塊塊突出的形狀，狗在吃碗裡的東西時必須沿著邊緣進行，讓牠慢下來，有助於預防脹氣、嘔吐和消化不良等消化問題。

慢食碗
慢食碗讓狗沒辦法大快朵頤，因為狗必須沿著模造形體的邊緣吃東西，進而使餵食過程更慢、更放鬆。

預防肥胖

狗是吃腐肉的動物，不管什麼東西放在面前牠都會吃，因為牠不知道接下來什麼時候才找得到食物。但寵物狗可以固定吃到豐富的食物，這種天性就造成過重的發生率大大提高。有些品種特別容易變胖，例如巴吉度獵犬（見146頁）、臘腸犬（見170頁）以及騎士查理王小獵犬（見278頁）。然而，任何狗只要吃太多高能量食物又太少運動，都有可能變胖。給狗吃得太多會造成心臟問題、糖尿病以及關節疼痛，尤其對某些身體胖大、腿卻很細的品種（例如羅威那犬，見83頁；斯塔福郡鬥牛㹴，見214頁），體重加上運動很容易造成韌帶問題。

要預防狗出現體重問題，你應該：

- 依狗的年齡、體型和活動量來餵食（見312-313頁）。
- 不要隨便餵狗吃美味佳餚，不要拿餐桌上的剩食給牠吃，牠向你討食物的時候，不要屈服。
- 養小型犬的主人可以在家裡用體重計幫狗秤體重，如果你養的是大型犬，就到獸醫診所要求給牠秤體重。
- 隨時注意狗的體形，這跟幫牠秤體重一樣有幫助。如果你擔心的話，每週拍張照片來監控牠體形的變化。
- 要是狗變胖了，可詢問獸醫有沒有可以減肥的均衡飲食。

健康的體重
你必須定期檢查狗的狀況，才能確保牠不會太胖或太瘦。不同品種會有不同的體形，所以要找出你養的品種怎樣才算正常。如果不確定該餵多少才對，儘管詢問獸醫。

臉部瘦削
肋骨明顯而容易摸到
腹部比正常更往內縮
瘦

毛皮有光澤
肌肉發達的身體
腰部苗條
健康

脖子後面有一圈圈肥肉
肋骨上有厚厚的脂肪
大肚子
胖

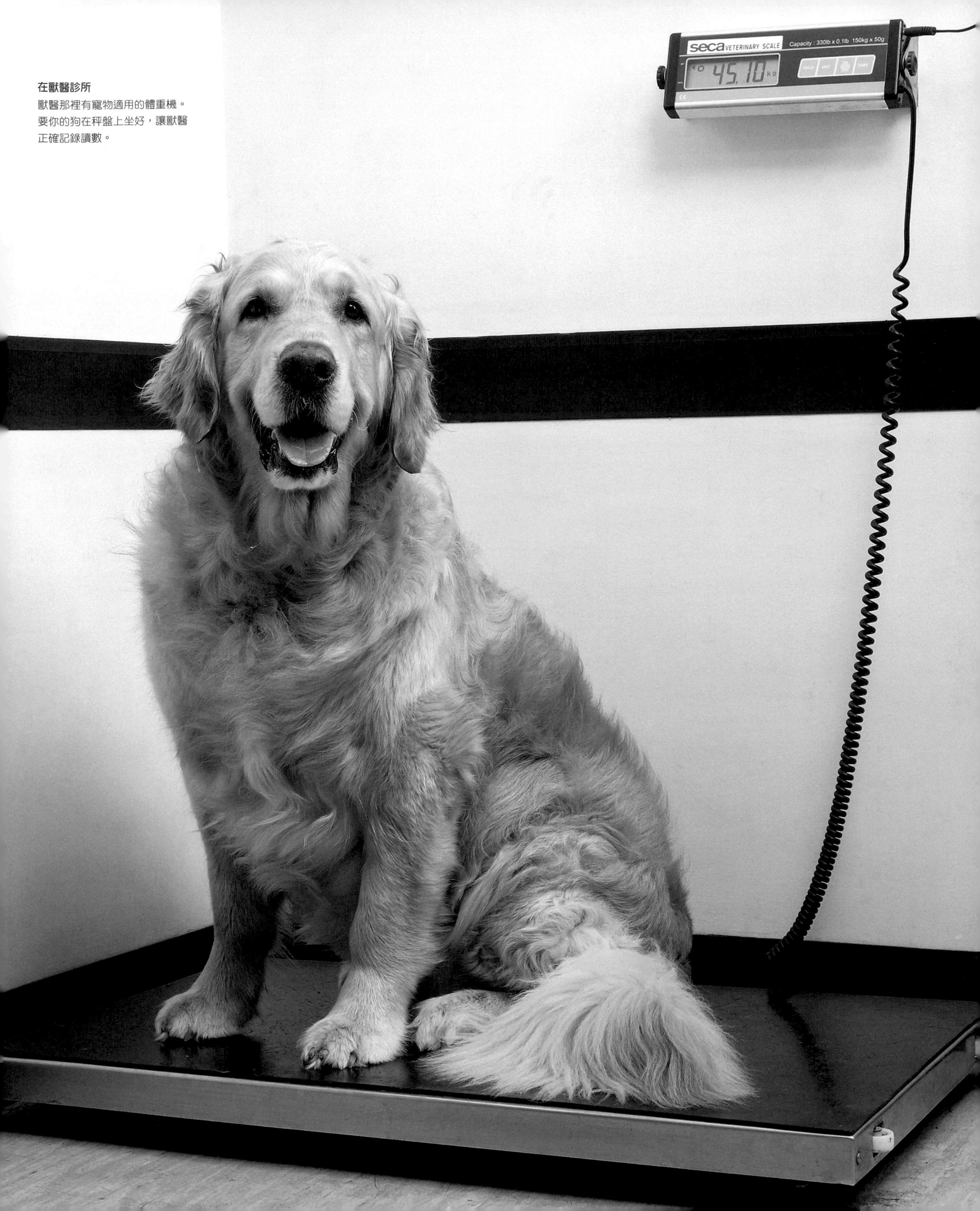

在獸醫診所

獸醫那裡有寵物適用的體重機。要你的狗在秤盤上坐好，讓獸醫正確記錄讀數。

運動

所有的狗都需要運動，避免無聊或情緒低落。規律的運動和遊戲能幫助愛犬消耗過多精力，沉靜度過居家時光，還有助於你和牠之間建立親密關係。

散步和遊戲

狗每天都需要定時運動。運動能幫助幼犬鍛鍊肌力並強化學習力，老犬能透過和緩的活動預防肥胖和關節疼痛等問題。

獵犬和工作犬的活動力比其他犬種來得強，因此一天散步兩次、每次半小時的活動量，對約克夏㹴（見190頁）或巴哥犬（268頁）來說可能已經很多了，但大麥町（286頁）和拳師犬（90頁）每天可能需要至少散步或跑步一個小時，外加遊戲時間。

狗對運動的需求會隨著生命各階段而改變。幼犬接種疫苗後，就可以帶出門短時間走走。對成犬而言，長時間散步、跑步和體能遊戲都很理想。愛犬懷孕、生病或病癒恢復時，則只需要短時間的和緩運動。老狗雖然較適合短時間慢走，但依然可能樂於學習新把戲。

運動量不足的狗除了體重增加外，也可能進一步出現行為問題，變得過動、容易激動，情緒難以平穩。為了發洩身心精力，或許還會尋找破壞性的替代出口，像是啃咬家具、過度吠叫，或是離家找樂子去。

建議把帶愛犬去運動變成你日常活動的一部分，例如接小孩放學或是到附近商店買東西時帶著牠一起去；幫牠找一處能玩耍的開放空間，或讓牠在自家庭院裡運動也可以。以下小妙方能幫助愛犬自在地運動：

- 注意不要讓愛犬過度疲累：每次運動前後的十分鐘要慢步走，作為「暖身」和「收操」時段。
- 天氣熱時隨身攜帶飲水，並在清晨或黃昏較涼爽時運動。
- 天冷時可考慮為短毛犬或老犬穿上背心，幫助愛犬的肌肉保持溫暖。
- 愛犬若不習慣硬地，就不要讓牠在上面奔跑，否則爪墊可能受傷。同樣道理，也要避開太熱或太冷的硬地。
- 散步時帶著狗兒最喜歡的玩具或球，可以鼓勵牠玩耍或進行耗體能的追逐遊戲。這類遊戲對愛犬來說也是很好的心智活動。
- 設法把每天的運動時段固定下來，讓愛犬養成習慣，在不運動的時候就知道要休息。

去撿回來！
玩撿拾遊戲時，玩具比棍子來得好用。撿拾遊戲也能鼓勵愛犬聽到召喚就回到你身邊。

家庭樂趣
全家一起帶著愛犬去運動，有助於每位家人和愛犬間建立密不可分的關係。

動態生活
活動力強的狗需要大量運動和遊戲，才能保持平靜愉悅的情緒，尤其是年輕的狗特別需要能夠自由奔跑的開放空間。

走路與慢跑

為了愛犬自身和他人的安全起見，牠必須能平靜地被牽著走路（見326頁）。這項訓練一旦完成，不論到哪裡牠都能好好散步。跟愛犬一起慢跑能幫助你們雙方都保持良好身材。記得要帶著可分解的袋子，撿拾愛犬的排泄物。

自由奔跑

在開放空間自由奔跑對惠比特犬（128頁）和靈猩（126頁）這類高體能犬或賽犬來說，是特別好的運動。首先，為了能放心讓愛犬跑遠，牠必須接受召回訓練，聽到你的呼喚就會回來（328頁）。找一處操場或沙灘等空曠人少的開放空間，看看附近有沒有其他動物干擾，而且要確認這個地方容許狗兒自由活動，因為很多都市公園是不允許不繫牽繩的寵物狗進入的。

為了確保愛犬到處奔跑時還記得你在旁邊，先跟牠玩幾次「捉迷藏」或「撿拾」遊戲。另外躍過或跑過障礙物等訓練敏捷度的遊戲，狗兒也非常喜歡。

小孩和玩耍

狗和小孩可以成為最好的朋友，不過先需要時間習慣對方。孩子玩耍時動作可能過於粗魯，因此必須從旁關照他們的互動。應避免發生愛犬被迫還擊的情況，隨時準備好介入幫助。向孩子解釋不可逗弄狗，否則狗生氣時可能會咬人；幼犬容易疲倦，想睡時就應該讓牠睡。狗吃東西時不喜歡被打擾，因此不要讓孩子玩弄狗的飼料碗或水碗，也不要靠近。只有大人才能餵狗。

遊戲時間

無論成犬或幼犬，遊戲都能以趣味方式呈現出牠們的天性本能。正在學習如何與其他狗玩耍的幼犬膽子較大，侵略性也較低。遊戲時段短且內容多樣化，狗才不會感到疲倦或興奮過頭。遊戲何時開始、何時結束，務必由你決定，藉此可以微妙地加強你的控制權。千萬不要鼓勵愛犬去追人。人類應該是狗的朋友和領導者，而不是「獵物」。

撿拾遊戲

這是消耗愛犬精力的絕佳方式。牠知道把玩具帶回給你後，又可以再追逐一次，過程中就能學到拾回物品的技巧。玩的時候丟玩具，不要丟棍子，因為牠可能在接咬或撲抓棍子的過程中傷到口腔。

拔河

使用「拔河」專用玩具（306頁）。你贏的次數務必要比牠多。請記住，所有玩具都是你的。只要你要求，牠就必須放棄玩具。如果牠巴著你的衣物或抓著你身體不放，你應該立刻停止遊戲並安靜地掉頭走開。千萬不要讓愛犬撲向任何人或抓他們的東西。

捉迷藏

這個遊戲能滿足狗兒搜尋食物的本能。把一點點食物藏在玩具裡，讓愛犬必須四處翻找嗅聞才找得到。這個遊戲也可以由兩人進行：一人先抓著狗，另一人拿走牠的「撿拾」玩具躲起來後，出聲召喚狗，第一個人再把狗放開。狗找到躲著的那人後，就把玩具丟給狗。這個遊戲也是教導愛犬聽到召喚就過來的好方法。

啾啾玩具

會啾啾作響的玩具非常適合於追逐和拋接遊戲。愛犬甚至可能會把玩具咬到支離破碎、停止作響才干休，因此你要隨時準備把玩具拿開，否則牠可能為了找出玩具裡面的聲音而噎到自己。

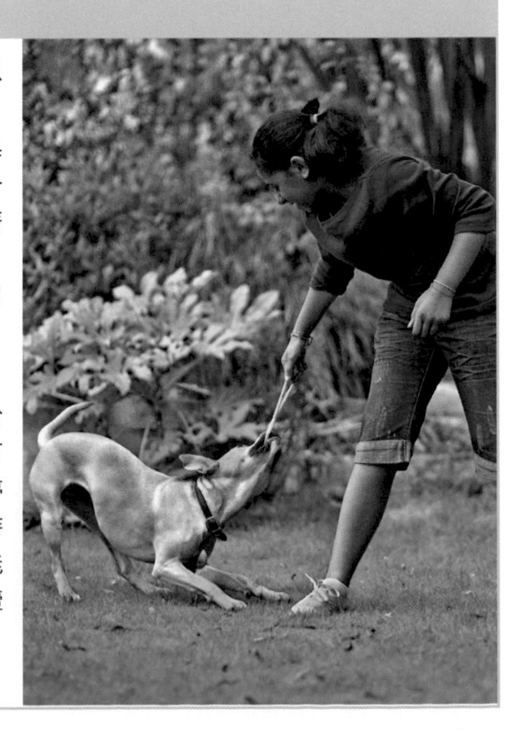

梳毛

不分品種，定期梳毛和偶爾洗澡都是狗兒幸福快樂的關鍵，有助於維持皮膚毛髮健康，還能把灰塵、異味、蛻毛的量減到最低。

梳毛要點

定期梳毛對所有的狗都有益，飼主應該把幫愛犬梳毛排進行事曆。梳毛既可清除死毛，有益皮膚健康，降低愛犬感染跳蚤、壁蝨等寄生蟲的機會，梳毛過程中還能檢查有無需要就醫的新腫塊、濃疱或傷口。梳毛能讓狗放鬆，同時強化狗與飼主間的緊密關係。

短毛犬或許一週只需梳毛一次，長毛犬則天生就需要更多定期照顧，有些品種甚至可能得每天梳毛。舉例來說，長毛獵犬身上的打結或毛球，一旦成型固定了，清除時既疼痛又困難。灰塵也是類似情況，如果長期累積很容易刺激皮膚，應該避免。

幫狗梳毛時，應特別留意腹股溝、耳朵、腿部和胸前等因為彼此經常摩擦而容易出現打結或毛球的部位。此外還要仔細注意腳部和尾巴下側，很容易累積灰塵。

梳毛雖然重要，但也別梳得過火。使用任何金屬梳齒類工具時更要小心，太用力或持續梳同一處都有可能造成擦傷。把所有鬆脫的毛都梳掉——判斷標準是梳下的毛量很難累積到梳子的一半——梳毛工作就大功告成了。

務必用平靜放鬆的態度幫愛犬梳毛，不可強迫牠。如果愛犬因故感到不舒服，應該慢慢來，並用零食來幫牠適應。強迫梳毛或許能快速了事，但未來梳毛時會變得愈來愈難以處理，因為牠會把梳毛跟不舒服連結到一起，想方設法地躲開。

梳子和剪子

梳毛工具有很多種，每一種都誇稱能讓梳毛更有效率，例如，各種長度的梳子、有無把手等。重要的是毛梳是否適合愛犬的毛髮種類。梳頭的形狀尺寸也各有不同，你應該花些時間挑選自己握著舒適又適合愛犬大小的工具。每次使用後應清潔梳毛工具以防感染。

針梳　去毛刮刀　排梳

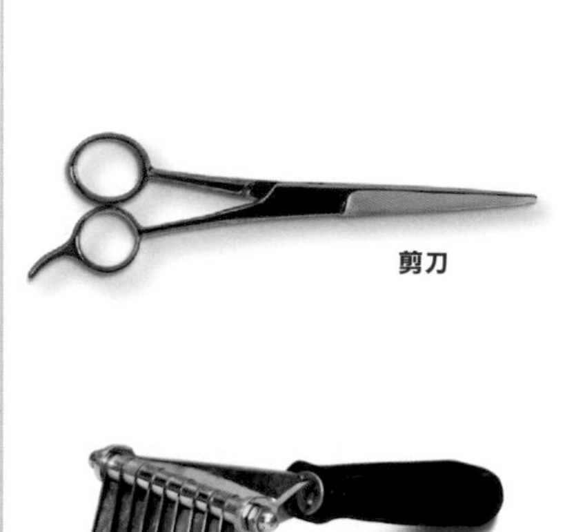

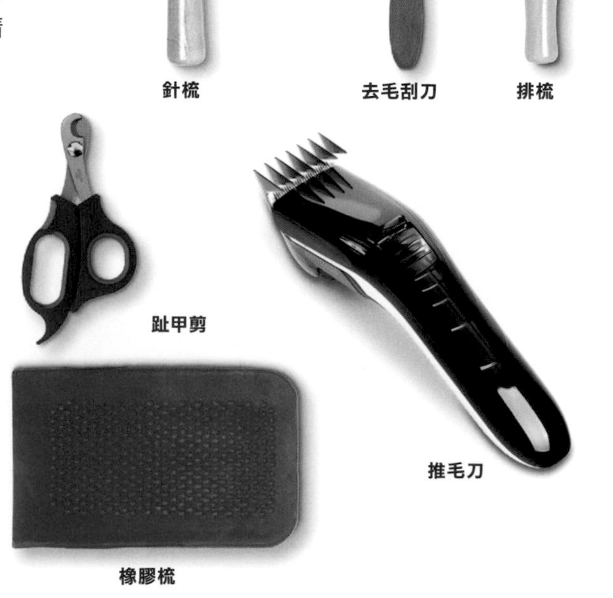

幫愛犬梳毛
無論愛犬是什麼品種，都應該定期梳毛，清除死毛並檢查有無寄生蟲。

長毛犬
長毛犬應該每天梳毛以防打結。使用刮毛梳把糾纏在一起的毛分成小區，比較容易梳理。

幫愛犬洗澡

多久必須幫愛犬洗一次澡取決於牠的毛髮種類。有些長毛犬有「雙層毛」，底毛用來保暖，表層粗硬的衛毛則有保護功能，天生就能防塵，所以不必經常洗澡，一年洗兩次澡就夠了。單層毛的短毛狗則應該較常洗澡，大約三個月一次。貴賓狗之類的捲毛品種不會蛻毛，因此可能需要更常定期洗澡，甚至每個月洗一次。重點是任何狗都不應該太常洗澡，否則會讓毛髮的補償作用製造更多油脂，導致天然體味更重。如果愛犬散步後一身泥濘，其實也不一定要洗澡，只須等泥巴乾了就可刷除乾淨。

洗澡時間 讓洗澡成為愛犬的快樂時光。弄溼牠之前先犒賞一點零食。所有用品應放在伸手可及之處，你就不必離開而任牠無人照料。洗澡期間時時留意牠是否感到舒服高興。

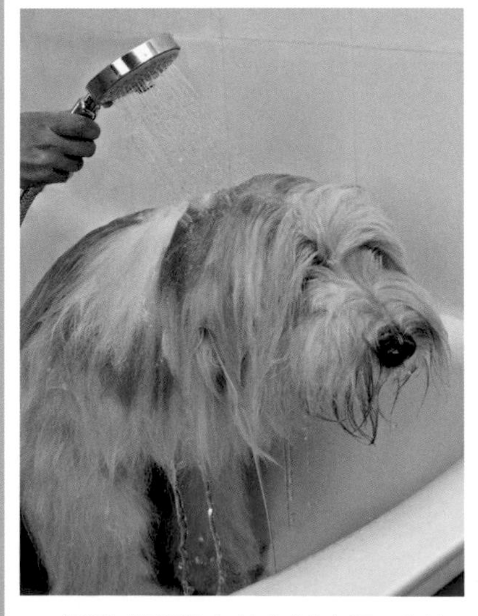

1 把愛犬淋溼之前先試水溫，應該要溫暖但不燙。從頭部開始一路到尾巴徹底淋溼。小心別讓水進到牠的眼睛、耳朵或鼻子裡。

2 抹上狗專用洗髮精，然後徹底按摩讓它深入毛髮和皮膚。

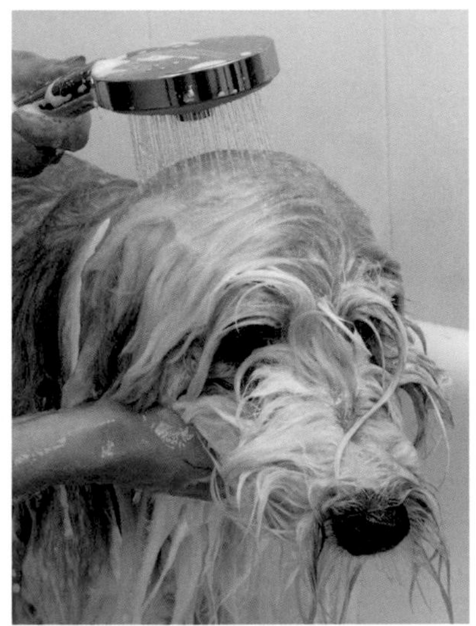

3 用溫水徹底沖淨愛犬毛髮上的洗髮精。任何殘留在毛髮上的洗髮精都會刺激牠的皮膚。

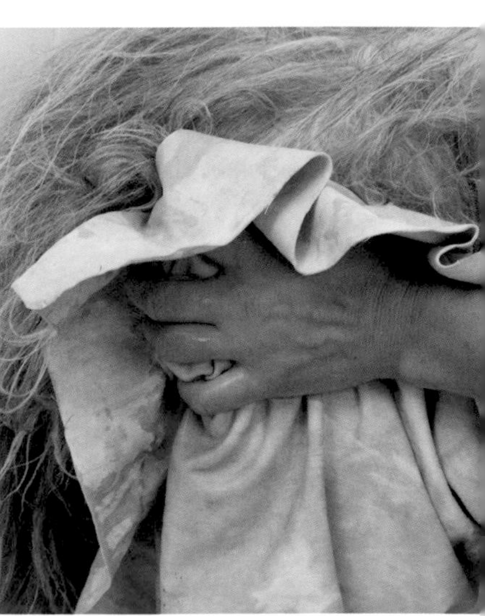

4 用手擠除愛犬毛髮上的多餘水分，再用毛巾把全身擦到快要乾了，最後拿吹風機用低溫（只要噪音不會讓牠不安即可）吹到全乾，就可以幫牠梳毛了。

掌握主導權

建立與愛犬之間的良好關係，是牠行為得宜的基礎。學會用愛犬能夠理解又清楚平穩的方式溝通規矩，可以確保牠正面回應你的要求。

訂定規矩

狗和人類一樣都是群體動物，也會尋覓友伴建立堅實的關係。狗的祖先曾經過著群體生活，因此牠們期望擁有能夠尊敬追隨的領導者。缺乏強勢領導者的狗，可能會變得無法無天。狗並非天性頑劣，其實牠們十分渴望規矩和界線，只不過小狗並非天生便知規矩為何物，而且就算是成犬也可能無法全盤了解你想要牠遵守哪些規矩。

先把你覺得重要的規矩定下來，然後透過獎勵訓練等方式持續強制愛犬遵守（見324-325頁）。任何打破你規矩的行為必須立即加以制止，如此一來愛犬很快就知道哪些行為可以被接受，哪些不行。

你沒有必要證明自己的力氣大小或主宰地位。愛犬如果感覺到你生氣或分心，牠可能會害怕或退縮。一個好飼主必須沉穩、公平、容易親近，而且務必能幫助愛犬了解自己何時犯錯，而不是在牠犯錯時生氣或大聲咆哮。透過稱讚與疼愛來肯定愛犬，是使牠獲得安全感與被愛的最佳管道。

讓你和愛犬的關係建立在能產生正向循環回饋的互動上，你和狗都會更快樂，狗也會更容易出現好的行為。只要牠了解自己該做什麼，就會樂於遵循你下達的指令。訓練出現問題的原因通常是人犬之間溝通不良。由於狗跟人類的動機和需求不同，因此花時間去了解愛犬的學習狀況以及牠能遵守的信號，你的期望會更務實。

聲音與手勢指令

你的聲音是很有用的訓練工具，但大家卻常忘了狗其實聽不懂人話。愛犬有能力記住某些字的聲音，以及聽到那些聲音時該做出何種行為，但前提是要經過反覆訓練，而且那些字的聲音務必一致才行。今天要求牠「坐」，明天卻要牠「坐下」，只會讓牠感到迷惑，增添訓練的麻煩。你的聲調也是關鍵。愛犬能根據你的聲調來衡量自己是否犯錯，因此教新字時務必保持愉悅的聲調。

保持專心
愛犬受周遭環境影響而分心時，千萬別生氣。反之，你應該設法把牠的注意力拉回來。零食、玩具、甚至追逐遊戲，都有助於牠重新投入訓練。

快樂相伴
健康的關係對愛犬來說，在於牠了解你的期望而感到自在，對你來說則是因為牠能夠回應你的要求，所以你能享受牠的陪伴。

愛犬還能從你的身體姿勢去解讀狀況以及你所要求的內容。如果你發現狗好像不懂你的意思，請想想你的身體朝向哪裡，以及你的姿態是緊張還是放鬆。你能教會牠了解你指的地方和手勢。

對於狗、尤其是小狗來說，了解手勢指令要比聲音指令來得容易，因為狗的腦只有一小部分能處理口語訊息。一旦愛犬學會了手勢信號，而且每次都正確回應後，再在手勢之前加上聲音指令。經過多次反覆練習後，即使僅有聲音指令牠也能正確回應。

記住，狗一次只能專心在一件事情上。訓練時要有耐心。教新指令之前，務必確認牠已完整學會前一個指令。

避免混淆

如果你同時用聲音和手勢發出指令，狗會傾向於看懂手勢但忽略聲音。要在手勢上搭配聲音指令，請先下達新的聲音指令或手勢，再接著用牠已經學會的指令。重複幾次之後，牠就會在你發出舊指令前，開始對新指令有所預期並做出反應。

基礎訓練

訓練對你和愛犬雙方來說，都應該是一段美好的經驗。接下來幾頁要介紹幾項基本指令，幫助你開始訓練。但若有任何疑問，仍應及早尋求專業訓犬師協助。

何時訓練

訓練時要考慮的東西很多，其中最重要的就是選擇正確的訓練時間。一天訓練數次、每次數分鐘的訓練效果，要比一天僅一次長時間訓練來得好。選擇你自己沒有壓力或不趕時間的時候，否則愛犬很可能會感受到你的壓力，為了想取悅你而做錯事。

考量幼犬的情緒狀態也一樣重要。運動不足導致興奮過度的幼犬很難進行訓練。飽食大餐後的幼犬除了昏昏欲睡外，零食也不太能激發牠的學習動機。訓練若要十分成功，愛犬的選項應該受到限制，避免牠做出錯誤決定。一開始應該在家中客廳這類安靜無干擾的環境中進行訓練，想教牠新指令或困難的指令時尤應如此。移往室外訓練時，一開始也應該挑選安靜、隱密、遠離其他狗及人群的地方進行。等到幼犬已經練習多次而且接種完疫苗後，才能移往公園等高干擾環境訓練。

獎勵型訓練

所謂訓練包括創造出一個因特定行為表現讓愛犬得到獎勵的情境。凡是持續受到獎勵的行為都會較常重複表現，這代表不好的行為，也就是沒有得到獎勵的行為很快就會消失，由受到獎勵的行為取而代之。若要讓愛犬了解你是多麼希望牠行為良好，就必須在牠表現滿意時立刻給予獎勵。獎勵的方式包括零食、玩玩具、稱讚和疼愛，或甚至與其他狗玩耍一番。記住，不是所有的狗都喜歡相同的獎勵方式。花點時間去了解什麼東西能激勵你的愛犬，然後就用它做為獎勵。

最簡單的獎勵型訓練之一就是用零食誘導愛犬進入你期望的位置。零食應該少量、柔軟且香氣誘人。訓練中能立即給予愛犬、牠又能迅速吃完的零食最好。較複雜的行為可以分解後依階段給予獎勵，也就是「塑型」法。假如你希望牠坐下，那

坐下 狗天生就會自己坐下，因此這個動作很容易得到獎勵。不過花時間讓愛犬依指令而坐，可以確保牠在面對任何干擾時都能快速確實地坐下。這是最簡單的指令，任何狗都能學會。

1 愛犬保持站姿 愛犬在你面前站著時，把零食拿到牠鼻子前方，然後移到牠頭頂，引誘牠抬高鼻子。

2 給牠吃零食並讚美 愛犬改為坐姿時，讓牠吃到零食並輕聲讚美。如果牠持續坐著，繼續讚美並再給牠零食。

3 引入手勢 愛犬學會坐下後，教牠回應清楚的手勢——單手手心朝上平放、向上移動。重複幾次後，在作出手勢的前一刻說「坐下」。

攤手伸出
以攤手伸出的方式餵愛犬吃零食，可以避免牠的牙齒不巧咬到你。訓練時變換各種零食能激勵愛犬，也能讓你運用不同層級的獎勵。

麼每一次當牠靠近地面時就給予獎勵，牠就能了解要求內容。每一回小小的努力都有獎勵，可使牠重複這項行為。

此外，項圈、牽繩、胸背帶等多種用具都有助於訓練進行。挑選你和愛犬雙方使用起來都覺得舒適的用具，並請專家協助調整，指導正確的使用方法。但不要過於依賴用具。如果你忘了帶用具出門或用具損壞時，就能證明良好的訓練本身最為重要。

訓練時間短，結束前以有趣的遊戲收尾，可以確保愛犬全心投入，而且渴望再次訓練。當牠無法順利學習新任務時，務必保持耐心。設法把任務分解成小階段。除非牠信心滿滿，否則不要推進到下一階段。

趴下

愛犬精熟坐下和不動指令後，漸漸教牠「趴下」（下圖）。從坐姿開始，把拿著零食的那隻手一路放低到地上，引誘牠跟著向下，當牠兩肘都碰到地面時，立刻給予獎勵。一旦牠能直接趴下且令人放心後，引入清楚的手勢——手心朝下、向下動作——並再次誘導牠進入趴下姿勢。下一步是訓練牠回應你的聲音。說「趴下」，然後作出手勢。

不動 一旦愛犬學會依指令坐下後，就用手掌平放且手心朝下來教牠「不動」。「坐下」及「不動」這兩個指令都有助於控制不良行為。跟其他基礎訓練不同的是，教導愛犬長時間不動的最佳時機是牠疲憊的時候，因為此時牠會十分樂意維持同一姿勢以便休息。

1 要牠坐下 先要愛犬坐下，然後舉起手、掌心朝下定住，並說「不動」。立即讚美，但稍候再獎勵牠。

2 加入移動 當牠學會不動且令人放心後，你退後一步，重心放在後腳，慢慢遠離牠。

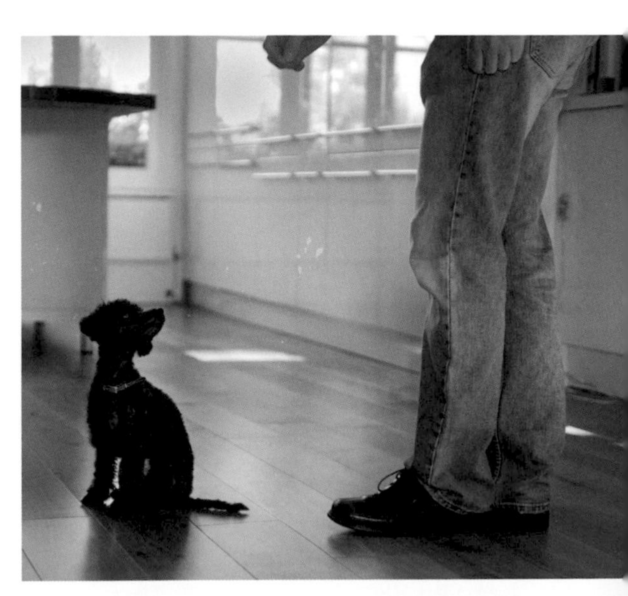

3 增加距離 愛犬坐著時，在牠四周走動。如果牠朝你過來，平靜地叫牠復位並反覆練習數次。逐漸擴大你和牠之間的距離。

訓練準則

所有的狗都需要在某些時候用牽繩隨行以確保安全。讓愛犬學會在不拉扯牽繩下隨行，那麼你和牠都將享受到更愉快的散步時光。不過無論何時開始這項訓練，主要關鍵在於訂定嚴格的基本規則。每個新環境對愛犬來說都是一大挑戰，因此每次訓練時要按部就班地給予獎勵。牠進步到能好好跟著你走上幾步之後，試試看在一段距離之外安排某個會讓牠分心的東西，例如別的狗。如果牠開始拉扯或完全失去專注，代表這個階段的訓練尚未完成，需換一個比較安靜的地方重新開始。

愛犬犯錯時，千萬別生氣。你得花時間才能教會牠不拉扯牽繩隨行，而且要規畫稍長一點的行走距離，以便途中必須多次停下。有些狗，特別是年紀稍長的搜救犬，非常執著於「拉扯」一事，導致基礎訓練無法成功。這種情況最好尋求專業訓犬師協助。

千萬別想要用那種會束緊愛犬頸部的項圈。那種項圈不僅無法教會牠任何事，還可能造成嚴重傷害。

要求愛犬隨時隨地精準地貼在腳側隨行或許沒有必要，但只要牠不拉扯牽繩即可。不過有些時候讓愛犬貼近你的確有用，例如在人行道上行經他人時。運用類似的方法教導愛犬有繩隨行（下圖），用零食使牠靠近你一些。當牠能令你放心地貼近行走時，就可逐漸取消零食而以讚美代之。

新環境
第一次到新環境進行訓練時，應使用對愛犬最具誘惑力的特別零食。

有繩隨行　教導幼犬不拉扯牽繩，要比教成犬來得容易，因為成犬可能已經養成了壞習慣。只要愛犬一拉扯牽繩，你就應該停下來，幫助牠回到你腳側的正確位置。剛開始訓練時可能會因為每步都得停下而十分灰心。遵循以下步驟將有助於你們正確地進行訓練。

1 愛犬定位　左手拿著零食誘導愛犬定位。放低零食以防牠跳起。縮短牽繩避免牠跑開。

2 踏前一步　高興地叫著牠的名字使牠專心，同時用零食讓牠在你腿邊維持定位，坐姿或站姿皆可。

3 定位後給予零食獎勵　踏前一步，停下，當牠維持在正確定位時給予零食獎勵。如果牠仍跟在你的腿邊，就再踏前一步並再次獎勵。

4 練習　每次練習逐漸增加給予獎勵的步數。如果牠離開你或分心了，誘導牠回到正確位置。

訓練課程

無論你的訓犬經驗有多豐富，凡是新來的狗建議都要接受訓練課程，幼犬或成年搜救犬都一樣。狗從團體課程中獲益良多，你也可以藉此精進訓犬技巧。課程中你會遇到心態類似的朋友，並獲知所在區域提供飼主哪些設施。狗的個性無一相同，適用的訓練方法也稍有不同。此外，經驗豐富的訓犬師可以從旁避免你犯錯，團體訓練也能保持較佳的學習動機。

課程規畫對在場所有飼主和狗來說，都應該是完善有趣的。一隻快樂、有自信的狗，在上課期間會輕鬆自在地活動。身體僵硬等壓力徵兆是牠覺得不舒服的警訊。個性緊張、對人或其他狗具攻擊性的狗，都不適合團體課程。這類行為問題常因上課變得更加惡化明顯。通常這些狗一開始由問題行為處理專家採一對一訓練會比較好，之後再進展到團體課程。如果你有任何疑慮，報名前應詢問清楚。所有的訓練課程都會教導腳側隨行這項基礎技巧。如果你能在控制環境下讓愛犬維持在你腳側，那麼不用多久你就能在大眾空間放心遛牠。

何處訓練

你家附近可能有好幾處訓犬中心提供訓練課程。設法請其他飼主或獸醫推薦。選擇通過寵物犬訓練師協會等官方機構認證的訓犬師。選定課程前，先花點時間實地參觀訓練情況。儘管你對訓犬課程毫無概念，仍能感受到其間的優劣差異。輕鬆自在的狗加上快樂的主人，才是你的最佳選擇。避免嘈雜緊湊的環境和課程。學養經驗俱佳的訓犬師應該是以和善有效的態度掌控大局。

挑選課程的重點

- 只有幾隻狗的小班課程。
- 高師生比。
- 運用讚美、食物、玩具等正向訓練法。
- 不用勒頸鍊。
- 沒有攻擊性訓練。
- 環境輕鬆自在。

召回 召回訓練一開始不宜在散步時進行，因為愛犬會受到沿路各種誘惑而忽略你。不過在家裡或庭院中練習以下簡單步驟，牠會了解回到你身邊永遠是比較好的選擇。

1 零食誘導 用愛犬最喜歡的零食來誘導牠把焦點放在你身上。讓牠聞到零食的味道，但同時請一位朋友輕輕拉住項圈，不要讓牠吃到零食。

2 召喚 讓愛犬的注意力維持在你身上，然後退後幾步，蹲下與牠等高，大張雙臂熱情地用「過來」召喚牠。此時朋友鬆手放開項圈。

3 零食鼓勵 當愛犬距離你半公尺以內時，伸出零食誘使牠直接過來你身邊。拿著零食跟牠玩一會兒，以免讓牠咬到零食後就跑掉。

4 獎勵與讚美 給牠吃零食時，用另一隻手輕輕抓著項圈，一邊撫摸或搔抓牠的下巴，一邊出聲讚美並給他更多零食，讓牠知道回到你身邊是值得的。

行為問題

從小接受過基礎規矩訓練的狗，大部分都樂意將規矩與居家生活融為一體。但仍有一些狗可能發展出不當行為，需要進一步訓練或專家協助。

破壞行為

咬東西是幼犬和成犬的天性行為，但當這種行為變得過度或專咬某些不適合的東西時，飼主和愛犬之間很快會出現緊張關係。狗有時候因為身體不舒服或苦於分離焦慮，於是以破壞行為當作發洩情緒出口。分離焦慮是愛犬因為與飼主分開而導致心情極度沮喪的一種狀況。即使家庭生活十分和樂的狗，也可能會受到焦慮症影響。如果愛犬有此狀況，應該尋求獸醫或行為專家協助。

健康的成犬偶爾也會出現啃咬東西或挖洞等破壞行為，通常代表牠受到的激勵不足，此時若提供可以接受的發洩出口可能會有幫助，例如讓牠從沙堆裡挖出零食。不過這個方法只對體能運動、營養和社會互動等其他需求都已滿足的狗才有效。

第一階段的訓練是把指令與期望行為建立關聯，藉此設定期望行為的提示。舉例來說，愛咬家具的狗可以透過教導牠改咬其他內有食物的特定玩具。給愛犬一個藏有零食的玩具，當牠嗅聞探索時讚美牠，並清楚跟牠說「好乖，咬。」重點還有暫時改變現況，以限制愛犬表現出不當行為的機會，例如把家具噴上苦味噴劑，用惱人的味道避免牠啃咬。

提示和正確的行為間建立好關聯性之後，當愛犬行為不當時，你們就有溝通管道。千萬別為此懲罰愛犬，因為牠只是展現天性行為而非調皮搗蛋。如果當場抓到牠咬家具，只需打斷牠（例如大聲拍一下手），然後給牠耐咬玩具，並說「好乖，咬。」

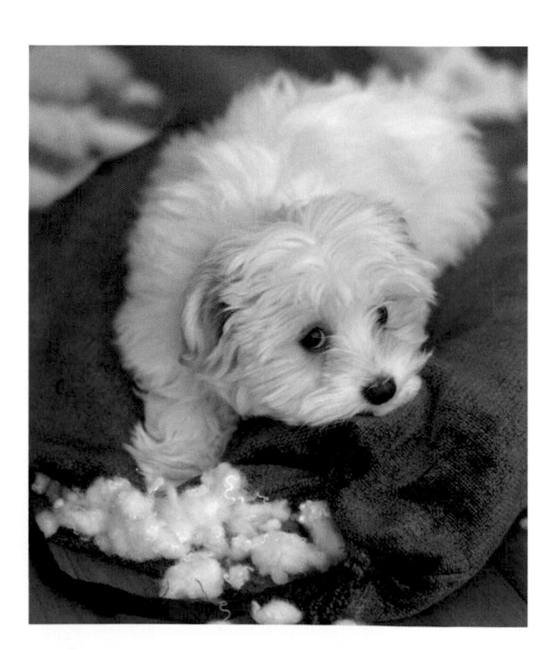

處理啃咬問題
利用嘴巴探索環境是幼犬的天性，特別是長牙時，但千萬別為此處罰牠，否則牠會學到躲起來咬東西。

過度吠叫

狗吠是再正常不過的行為，但在家裡過度吠叫可能很快就會給飼主和鄰居造成問題。狗吠有好幾種原因，包括無聊、焦慮、感受到威脅、想引起注意，或者純粹只是附近有事情發生。在以上這些情況下你都要冷靜，吼牠可能只會讓牠更加吠個不停，因為牠會以為你要跟牠一起吠。

狗長時間被關在房間或院子裡有時候會叫個不停，此時若讓牠擁有較多自由，通常可以減少吠叫。

讓牠有事情做也是一個辦法，例如給牠一個裡面藏了零食的玩具。如果是平常養在室內的狗，可以打開收音機降低戶外噪音的影響，或者拉上窗簾以減少視覺刺激。不過如果愛犬的吠叫是出自攻擊性，就應由行為專家介入處理。

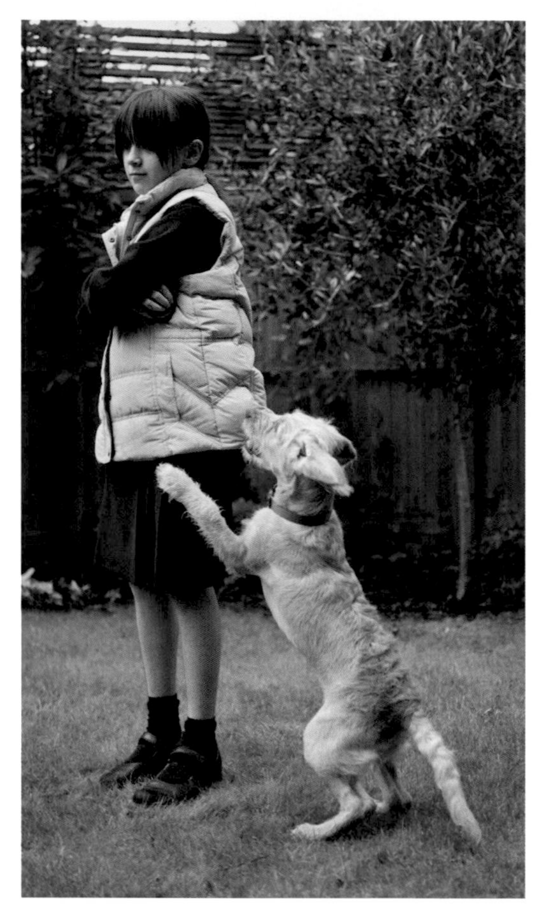

不專心
幼犬跳起撲人時，別大驚小怪或注意牠。只要當牠四腳著地後再給予讚美即可。

跳起撲人

飼主普遍的困擾、也是最應該歸咎於飼主本身的問題就是愛犬跳起撲人。幼犬天生會想方設法接近人們的臉部和手部，因為那是牠們認定的人類關愛的來源。這種可愛逗趣的行為若出自幼犬，大家自然鼓勵有加，但若持續到成犬就成了大麻煩。帶幼犬回家的第一天起就教牠不能跳起撲人，可以避免問題發生。

不過如果你有一隻已經習慣性撲人的成犬，就必須透過訓練讓牠知道不可以這樣。依照「坐下」指令的訓練步驟（見324頁），或許就能輕鬆地讓牠學會不可跳起。但如果牠仍無法抗拒跳起撲人的衝動，可能就需要進行特定訓練課程。首先，讓牠套上短牽繩，並請一位朋友慢慢向你們走來。當愛犬乖乖坐著時，朋友可以靠近並讚美牠。但只要牠變得興奮且跳起時，朋友必須立刻離開。下一個進度是拿掉牽繩後，愛犬一經提醒依然就能「坐下」。參與者務必確實執行規矩，否則訓練將會失敗。讚美愛犬乖乖坐下時適度即可，否則牠很可能為了吸引注意力而再次跳起撲人。

召而不回

凡是狗都熱愛自由奔跑玩耍，但你們可能會遇到怕狗的人或不友善的狗，因此如何使愛犬在無牽繩時聽到召喚回到你身邊就很重要。

召回訓練一開始應在家中或院子裡等無干擾環境中進行。先在家裡練習「聽到召喚就過來」（見328頁）。一旦愛犬能快速回到你身邊後，再移到室外訓練。先用牠常用的牽繩帶著牠走，但把繩子放長、拉力較小，而且把多餘的牽繩收到你口袋裡。走到安全的開放空間後，你可以大動作假裝拿掉牽繩，讓牠以為已經脫離牽繩，但其實長繩末端仍握在你手中。讓牽繩拖在地上避免綳緊。現在，你要站好、叫出愛犬的名字並接著說「過來」，同時面帶大大的微笑揮動雙臂。愛犬應該做到每次都想回到你身邊，因為牠知道這麼做一定能得到讚美和零食。變化訓練內容，召回牠幾次後，再毫無預警地召喚牠。每次成功召回務必給予獎勵。

攻擊性

當狗處於不舒服的狀態時，天性反應會讓牠變得具攻擊性。然而對於在任何情況都應該令人放心的寵物犬來說，牠必須了解攻擊人類或其他狗是絕對無法接受的反應。好的飼主應該留意愛犬心情，當牠處於不適環境時給予幫助，降低攻擊反應的風險。快樂、社交良好的狗大多不具攻擊性，除非牠們身有病痛或在睡眠中受到驚嚇等少數情況。千萬別想挑戰具攻擊性的狗。如果一隻狗對著你低吼，代表牠正在告訴你牠不高興要你離開，此時任何嚴厲的處置只會讓牠未來在需要自我防衛時，變得愈來愈具攻擊性。

切勿試圖自行解決攻擊性問題而不尋求專業協助。首先要確定已採取控制措施，例如外出時讓愛犬戴上口罩與牽繩，然後和獸醫討論，取得合格的狗行為專家的協助。

攻擊的階段性

狗在開口咬人之前，必然會完整經過各階段的徵兆。如果這些徵兆都被忽視，牠才會覺得不得不升高反應程度。

逃家之犬

充滿誘惑的花花世界可能不時鼓勵著愛犬逃家，因此牠必須了解聽到你的召喚就應該立刻回家。

看獸醫

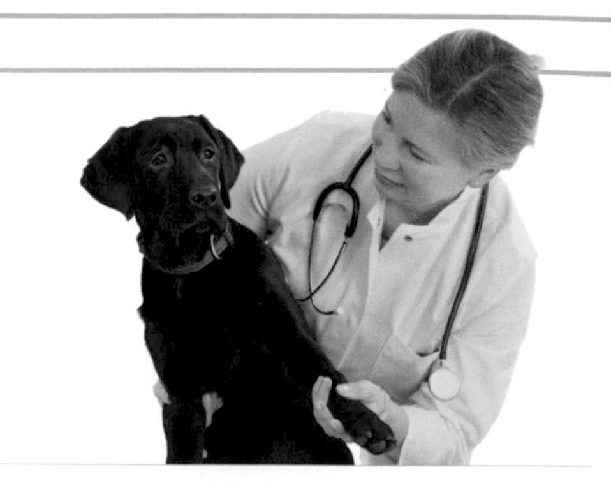

愛犬一生中從小到老都需要由獸醫檢查身體。定期健康檢查有助於發現隱藏的問題和小毛病，避免變成嚴重疾病。

幼犬初次健檢

找個方便的時候，帶幼犬去讓獸醫進行第一次健康檢查。除非完整接種過疫苗，否則你應該全程把牠抱著不要接觸地面，而且要戴著項圈和牽繩，或者用寵物籃或寵物袋裝著也行，以防牠跳出你的懷抱。等候室裡可能有其他動物而十分嘈雜，所以請多加安撫你的小狗。

獸醫都喜歡見到幼犬，你們自然不免受到熱烈歡迎。獸醫會詳細詢問有關幼犬的種種資訊：出生日期、排便量、飼養地點與飼養方式、已做過哪些除蟲和除蚤處理、品種篩檢及結果等。如果小狗已接種過疫苗，請把接種證明給醫師看。獸醫會幫幼犬量體重並進行詳細檢查，包括聽診心臟和用耳鏡檢查耳朵。

獸醫還會掃描檢查是否已經植入晶片。在幼犬兩肩之間的皮膚下植入晶片，可確保牠的身分識別無慮；過程很像接種疫苗。掃描晶片可顯示出獨一無二的編號，藉此把你提供的任何聯絡資訊記錄在中央資料庫。

若需接種疫苗，這時候就該進行，同時預約接下來的疫苗接種時間，也讓獸醫監控幼犬的成長。離開診所前，獸醫應該提供你關於幼犬飲食、跳蚤控制、絕育、社交、訓練以及乘車交通的建議。若需要進一步資訊請儘管詢問。

幼犬後續體檢

獸醫檢查後，可能會建議你等幼犬

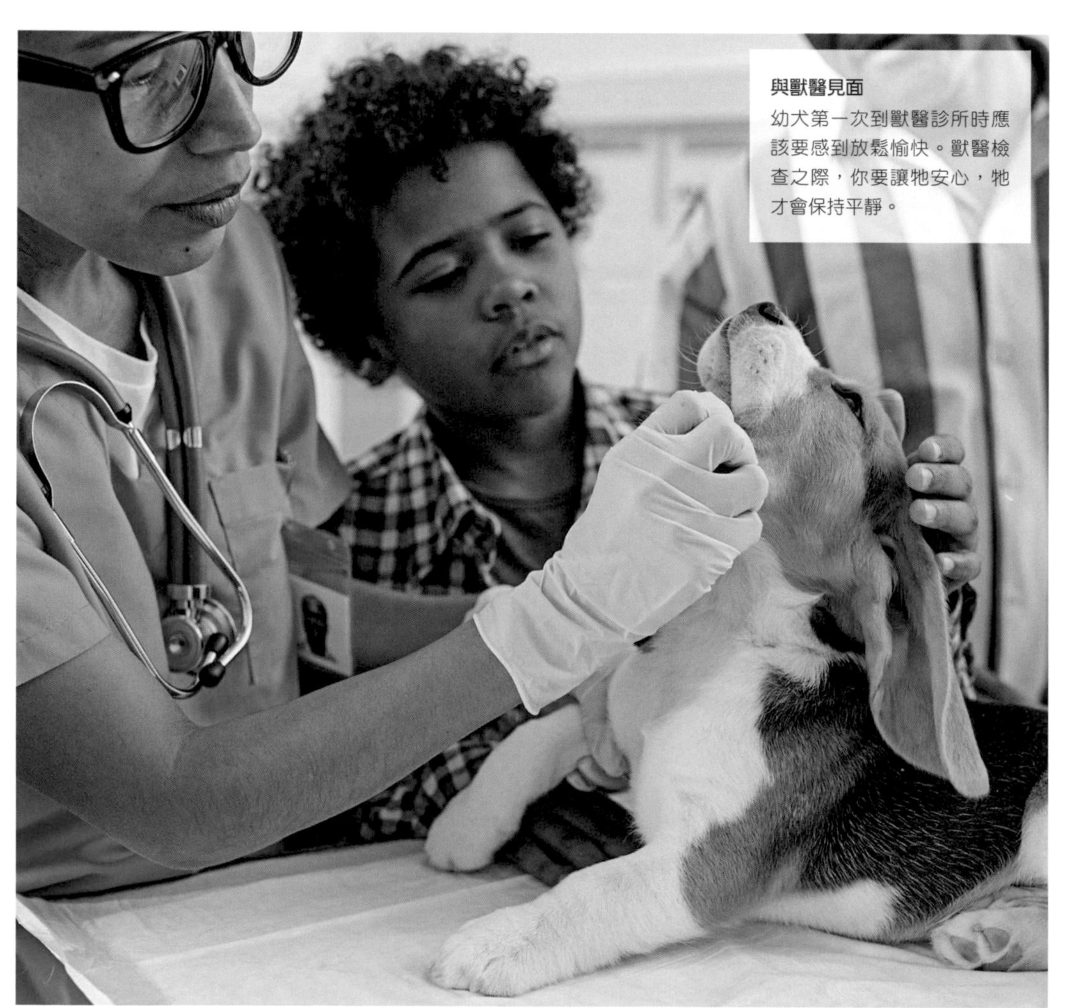

與獸醫見面
幼犬第一次到獸醫診所時應該要感到放鬆愉快。獸醫檢查之際，你要讓牠安心，牠才會保持平靜。

接種疫苗

保護愛犬免受感染是你能為牠做的最好的事情之一。接種疫苗大大降低了小病毒和犬瘟熱等犬隻主要疾病的發病率，還能預防狂犬病和鉤端螺旋體病等其他感染。母犬如果接種了最新的疫苗，懷孕期間會把抗體傳給幼犬，這種保護可持續到幼犬出生後數週，之後幼犬就應該接種疫苗。獸醫會建議何時應給予加強劑。有些疫苗在初始療程後12個月施打加強劑後，對某些疾病可以有長達三年的保護效果。

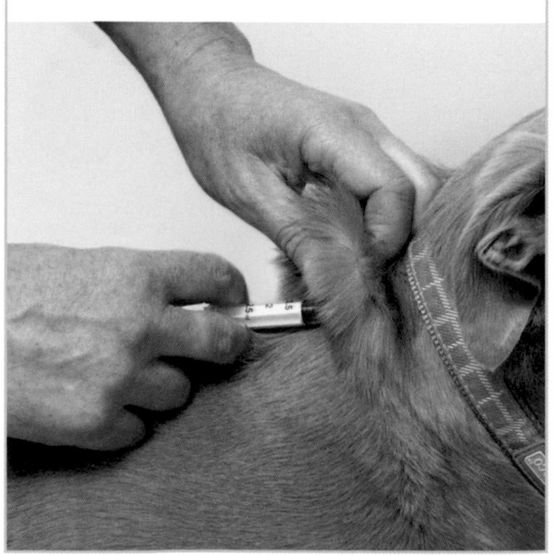

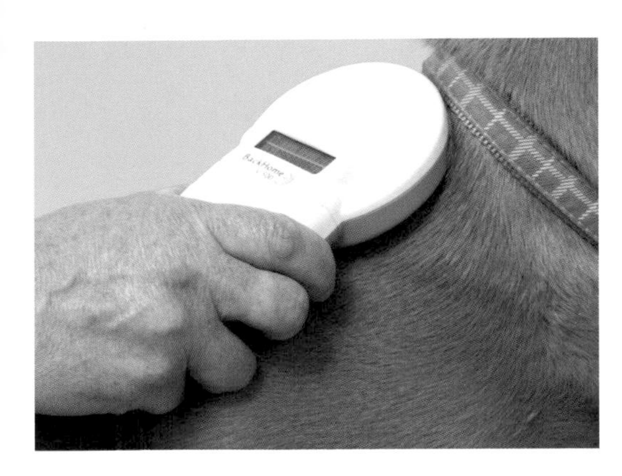

掃描晶片
掃描器能否辨認出晶片很重要，必須加以檢查。記得要隨時更新晶片號碼對應的聯絡資訊。

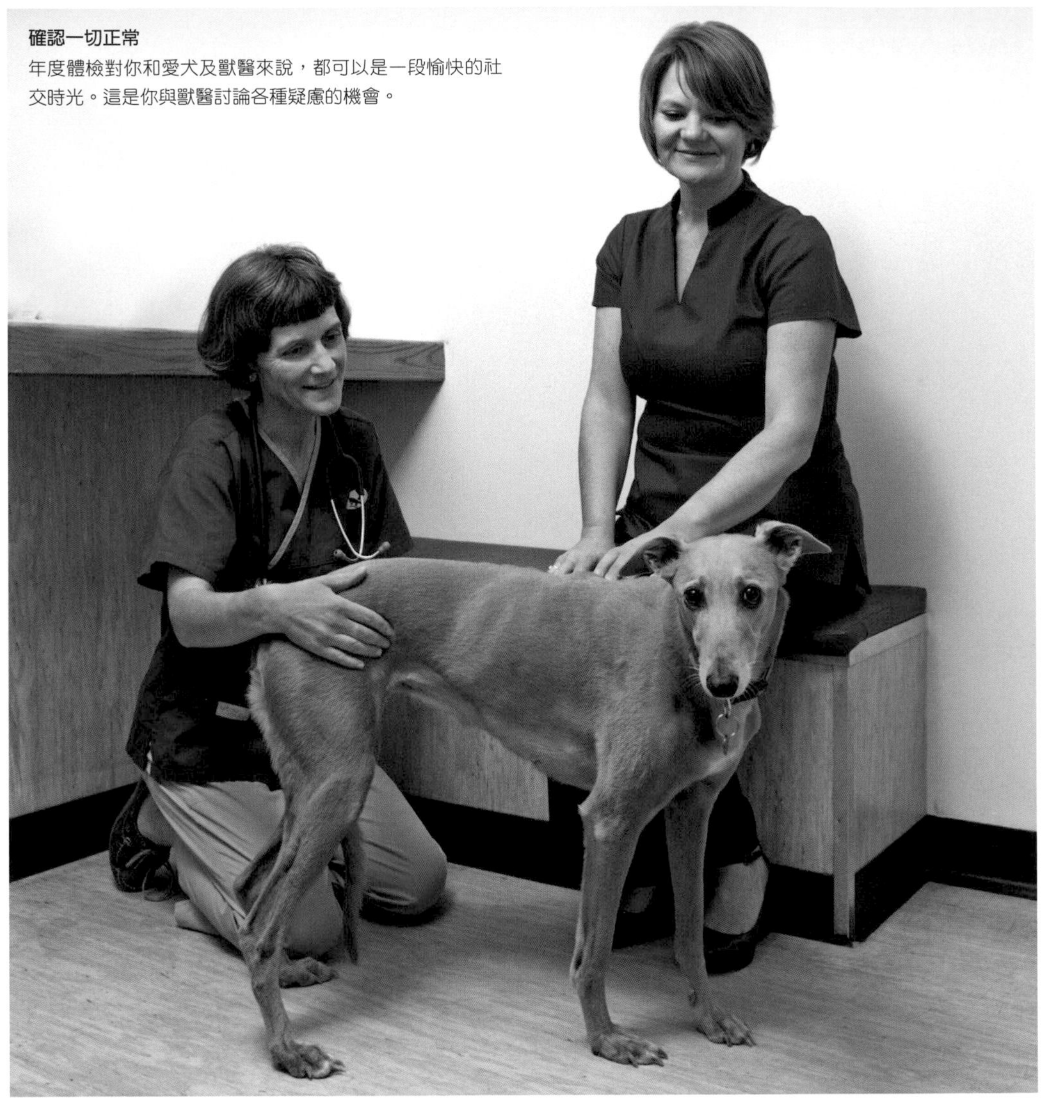

確認一切正常
年度體檢對你和愛犬及獸醫來說，都可以是一段愉快的社交時光。這是你與獸醫討論各種疑慮的機會。

四、五個月大時再帶來進一步檢查，以確保牠成長良好，身體和社交發展正常。你也有機會在幼犬初次體檢後，累積更多建議。後續體檢時，獸醫會看看幼犬的乳齒是否都已脫落，好讓恆齒順利長出。這一點很重要，因為乳齒必須先脫落，恆齒才能長在正確位置，確保咀嚼正確。

年度體檢

除了居家定期檢查（見320-21頁）外，你還應該跟獸醫預約年度體檢。獸醫會從頭到尾檢查愛犬，提出各種問題，例如，牠的喜好、食慾、飲食、大小便習慣和運動。若因故有任何疑慮，建議進行詳細的診斷檢測。老狗的話可能得帶著尿液樣本，以提供更多有關腎臟和膀胱的重要資訊。樣本應在體檢當天早上收集，裝在適當的容器裡。獸醫也可以就一般的健康問題提供建議，例如體重、身型、毛髮狀況、蠕蟲、跳蚤和其他寄生蟲的控制等。其他的例行程序還可能包括修剪過長的趾甲、必要時清肛門腺，以及注射疫苗加強劑以維持疫苗預防傳染性疾病的保護力。

有些狗不喜歡被檢查。這種情況下，獸醫可能會建議讓愛犬戴上口罩，或請你離開診間讓護理師進來協助，因為有些狗在主人離開後會比較勇敢、表現較好。

有一些獸醫專營特殊門診，例如體重問題。如果愛犬體重在定期門診時留有紀錄，任何胖瘦變化都能在早期發現並得到治療。

牙齒檢查

健康的口腔不僅能讓愛犬樂於進食，對牠的整體健康也很重要，因為蛀牙和牙齦感染都可能引發身體其他部位生病。年度體檢及任何突發就醫時，雖然都會檢查牙齒，但也不妨考慮帶愛犬去專門的牙醫診所。這類診所可以提供你牙齒衛生居家維護技巧，監控進度。如果狗兒必須接受清除牙結石和拋光等牙科手術時，專科診所也可以提供相關支援。

絕育諮詢

如果你決定像大多數飼主一樣幫愛犬絕育，那麼幼犬早期健檢時就是徵詢意見的好機會。獸醫會說明公狗及母狗的絕育程序，並建議絕育最佳時機。狗的理想絕育年齡是4-18個月，依大小和品種類型而異。最常進行絕育手術的時間是在狗兒青春期過後。許多飼主擔心絕育後的副作用，如果有任何疑慮，也可以在幼犬初次體檢時與獸醫討論。

健康指標

儘管因個別差異、品種和年齡或有不同，但從狗的外表和行為都可輕易辨別牠是否健康。一旦了解自己的愛犬，你也應該能夠毫無困難地判斷出牠健不健康。

完美的健康
這隻狗的外觀顯示出牠的健康一切正常。牠看起來十分機警、身體狀況良好而且生活愉快。

健康的外貌

明亮的雙眼、光滑的毛髮和溼冷的鼻子，通常是犬隻健康的經典指標，但這些並非恆常不變。即使愛犬保持完美健康，隨著年齡增長，明亮的雙眼也可能變得黯淡；剛毛犬的毛髮並不光滑；而健康的狗也常有溫暖乾燥的鼻子。

身型和體重維持一致性，或許才是更實用的犬隻健康指標。異常浮腫、體重驟降和腹脹都可能是早期的健康警訊。你可以每週幫幼犬量體重，把結果繪成圖表，藉此監控牠的體重增加和成長狀態。成長階段定期拍照則可作為數據的佐證。

狗的健康變化也表現在糞便和大小便習慣上，但情況則可能因個別犬隻而有明顯差異。愛犬應該按照牠的正常模式排尿排便。至於何謂正常的排泄頻率、一致性和顏色，你在打理牠的排泄物時會很清楚。

健康的狗看起來應該具有光澤與警覺性，隨時準備好與家人和其他狗及寵物互動，能自在行動無僵硬狀，渴望體能活動而且活動後不會過度疲勞。此外，對食物保持正常興趣，喝水量一如預期，都是愛犬身體健康的表現。

健康快樂
完全健康的狗既有好食慾又明顯喜歡運動。牠看起來應該神采奕奕、充滿好奇心且樂於玩耍。

問題的跡象

- 不願意運動； 嗜睡、散步就會累
- 失去協調性或撞到東西
- 呼吸模式改變或呼吸聲音異常
- 咳嗽或打噴嚏
- 開放性傷口
- 腫脹或異常碰撞
- 關節疼痛、腫脹、發熱
- 眼睛或眼瞼腫脹
- 流血：傷口出血、血尿（尿液呈粉紅色或含有血塊）、糞便或嘔吐物中帶血
- 跛行或行動僵硬
- 搖頭
- 非刻意的體重減輕
- 體重增加，特別是如果愛犬已出現腹脹情況
- 食慾降低或食慾降低又拒絕進食
- 非常饞嘴或想吃的東西跟以往不同
- 餐後不久就嘔吐或反胃
- 腹瀉或排便困難
- 腹部膨脹
- 因排便或排尿疼痛而哭嚎
- 搔癢：摩擦嘴部、眼睛或耳朵；肛門磨著地面拖行或過度舔舐肛門；或是全身搔癢
- 異常排放：在正常來說不會排放之處（例如口腔、鼻子、耳朵、外陰部、包皮或肛門）出現排放物，或者正常排放物的氣味、顏色或稠度有所改變
- 毛髮變化：因油膩或過於乾燥而黯淡無光；毛髮上有跳蚤大便、跳蚤、結痂或鱗皮等碎屑
- 過度蛻毛導致局部禿毛
- 毛髮顏色改變（可能會逐漸發生，只有拿舊相片對照時才會注意到）
- 牙齦顏色改變——變淡或變黃；或牙齦邊緣帶有藍色；或齦線處呈現灰色
- 體溫高

察覺問題

愛犬出現任何變化都可能是健康不良的警訊，即使像是眼瞼下垂這麼細微的跡象，也可能關係重大而不應忽視。牠或許有胃部不適的體內問題，或影響毛髮及皮膚的體外問題；或者兩者皆有。你可能只注意到牠較常睡覺、或較不熱衷運動等不甚明確的跡象，也可能察覺到牠跛行、或因尖草刺卡在耳朵裡而搖頭等明顯問題。

許多常見的疾病都不嚴重且容易治療，特別是早期發現的話。想在家裡嘗試任何治療方法之前，務必先跟獸醫討論。對人類來說看似適當的方法，卻可能對狗有害。依照獸醫透過電話提供的建議來做，或許足以解決問題，但獸醫通常必須親自檢查，才能確定最佳處理方式。如果問題不單純，獸醫會依可能性大小逐步檢查病因。

獸醫在了解一隻狗的病史並完整檢查後，可能仍需要採取驗血和影像檢查等進一步檢驗。診斷結果有時候可能是需要住院治療、甚至手術的嚴重疾病，後續還有長期恢復問題。好在所謂的常見疾病真的很常見。愛犬搔癢的原因較有可能是跳蚤，而非神經系統出現莫名問題。

察覺警示跡象
了解愛犬的正常狀態，將有助於你察覺到牠不想進食、不想運動等可能因為生病引起的異常現象。

記住，你和獸醫的共同目標是讓愛犬盡可能享有健康長壽的生命。如果你需要更多建議或資訊，獸醫會隨時提供協助。

不正常口渴

愛犬待在水碗或室外水源邊的時間如果比平常久，可能有異常口渴問題。要量測牠24小時內的飲水量，先把所有的碗清空後，記錄下你添加的水量（單位：毫升）；24小時後，測量剩餘水量，然後用總量減去剩餘量即可。把這個數字除以牠的體重（單位：公斤），如果每公斤大約50毫升，那麼牠的口渴程度是正常的，但如果數字是90以上，請與獸醫聯繫。

遺傳性疾病

遺傳性疾病指的是從一代傳給下一代的疾病。這類疾病較常出現在純種、而且或許是特定品種的犬隻身上。以下說明幾個常見案例。

罹病風險

較小的基因庫和過去廣泛的近親繁殖，已使純種犬比雜交犬更可能受到遺傳性疾病的影響。不過雖然雜交犬的風險較低，但仍有可能從父親或母親遺傳到致病基因。

髖部和肘部發育不良

這兩種情況主要發生在中型和大型犬種。髖部或肘部因發育不良產生的結構性缺陷會使關節變得不穩定，導致疼痛和跛行。診斷方面以犬隻歷史為基礎，配合關節觸診和X光檢查。

治療方面則可能包括緩解疼痛、減少運動、維持理想體重，以及各種手術選項，包括為解決髖部發育不良而置換全髖關節。在一定年齡（通常是一歲）以上的高風險犬種，可以經篩檢得知髖部和肘部是否發育不良。

主動脈瓣狹窄

主動脈瓣狹窄是一種心臟內主動脈瓣狹窄的先天性缺陷，一出生就已出現。由於這種病可能毫無徵兆，獸醫在幼犬體檢聽診心臟時，會檢測為雜音，此時可以透過X光、超音波和心電圖進一步檢查，或者單純監控狀況，因為只有少數犬隻能靠手術治療。有些主動脈瓣狹窄的狗日後會發展成充血性心臟衰竭。

血液凝固疾病

血友病是最常見的遺傳性血液凝固疾病（狗和人皆是），因為缺乏必要的凝血因子而導致反覆出血。問題基因由雄性傳給雌性後代，雌性後代本身雖然未受影響，但可能成為問題基因的帶原者。純種犬和雜交犬都可能出現血友病。

另一種遺傳性血液凝固疾病是馮威里氏病（Von Willebrand's disease，又名遺傳性假血友病），不分性別影響到許多品種。某些品種可以進行DNA檢測。

眼睛問題

狗的遺傳性眼睛問題有好幾種，包括容易看到的眼瞼內翻（右頁），以及其他需要使用專門設備進行眼內檢查才能發現的疾病。各品種犬隻及雜交犬都可能出現的共同眼疾是進行性視網膜萎縮（PRA）。視網膜，也就是眼睛後方的光敏細胞層，會因罹患此病而退化，導致視力喪失。初期的視力問題可能只出現在夜晚，此時飼主或許就意識到是進行性視網膜萎縮。進行性視網膜萎縮可經檢眼鏡檢查視網膜診斷得知，獸醫也可能會推薦更專門的檢查。這種疾病無法治療且屬於永久性失明。某些品種可以進行DNA篩檢。

各品種的牧羊犬（長毛牧羊犬、短毛

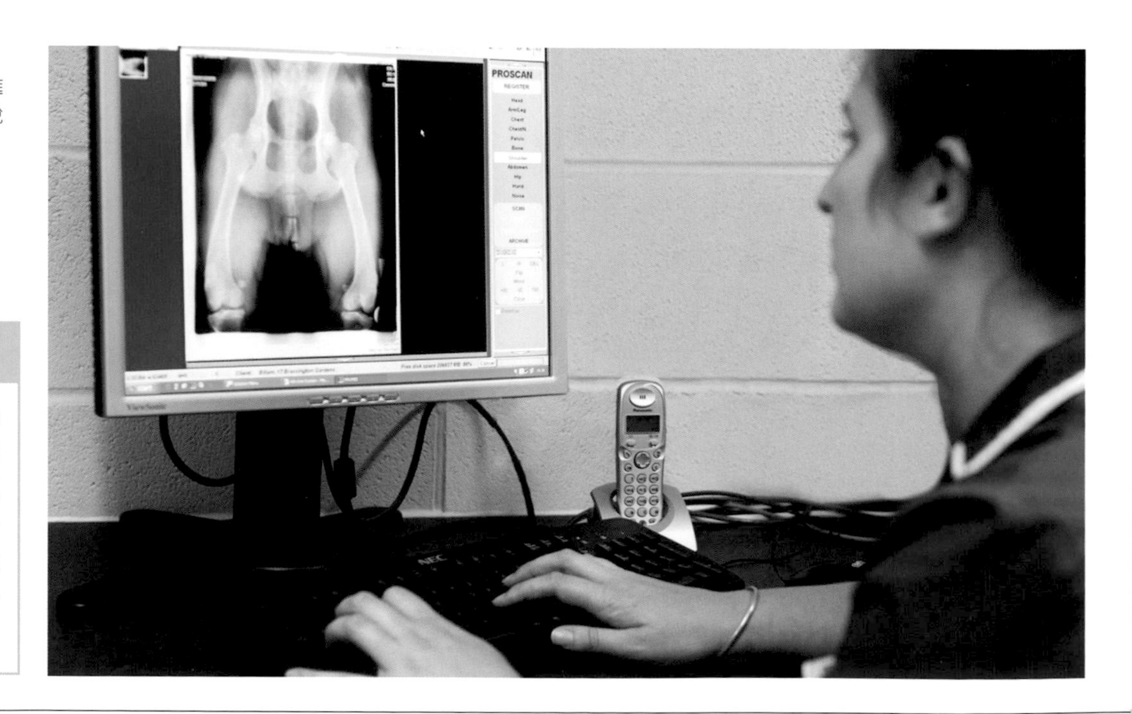

髖部X光檢查
用已知可能出現髖部發育不良的品種進行配種前，建議要進行篩檢。篩檢過程包括評估狗兒的髖部X光片（見下欄說明）。

髖部評估

髖部照X光時，讓狗兒背部朝下躺著，後腿伸直。為了獲得最佳效果，可以給予鎮靜劑以便保持在正確位置。每一邊的髖關節從正常到嚴重共進行六項評分，最高53分，分數愈低表示愈理想。兩邊分數相加就是總分。以配種為目的而選擇時，最好挑選總分低於該品種目前平均值的狗。

沙皮狗的眼睛問題
眼瞼向內捲入的眼瞼內翻十分痛苦，常見於沙皮狗，而且年紀很小的幼犬就會有問題。上下眼瞼都可能受到影響。

牧羊犬、邊境牧羊犬、喜樂蒂牧羊犬、澳洲牧羊犬）都受到名為牧羊犬眼異常（CEA）病影響，在眼睛後方的脈絡膜組織層出現異常。狗兒一出生就可以檢查出有無牧羊犬眼異常，所以幼犬應在三個月大之前接受檢查。輕微者對視力幾乎沒有影響，但最嚴重的可導致失明。可以進行DNA篩檢。

疾病篩檢

例行性篩檢對降低遺傳性疾病的發病率很重要。針對髖部和肘部發育不良，可透過X光片加以篩檢（見左頁下框）。進行性視網膜萎縮和牧羊犬眼異常等眼睛問題，在過去只能靠檢查得知，如今拜DNA篩檢技術之賜，已提高這兩種疾病及其他許多遺傳性疾病的檢知率。

遺傳性血液疾病
包括德國短毛指示犬在內的許多品種，都可能受到馮威里氏病這種遺傳性血液凝固疾病的影響。

牧羊犬眼異常（CEA）
包括澳洲牧羊犬在內的各種牧羊犬，必須在幼犬期就接受牧羊犬眼異常檢查，因為早期徵兆可能會隨著犬隻發育成熟而被掩蓋掉。

病犬照護

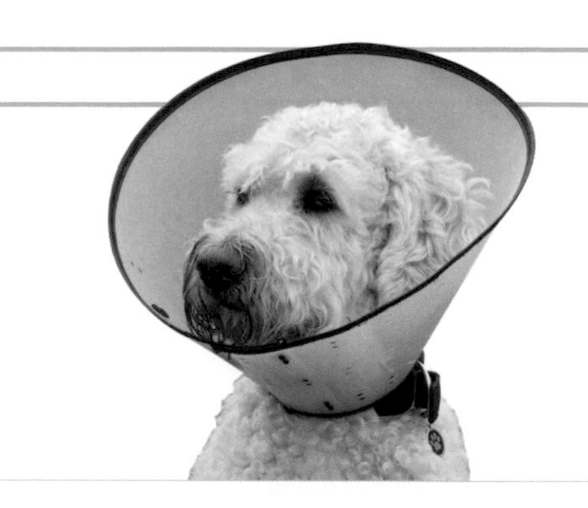

愛犬因為生病或動過手術，無法如常自行處理生活事物時，就需要你來照護。請按照獸醫師指示，如有疑慮應立即詢問。

術後居家護理

狗很少在絕育等例行手術後留院過夜。任何必要的特殊護理，獸醫都會提出建議，然後開止痛藥讓狗出院。如果愛犬仍然感到不適，請與獸醫聯繫。

與一般想法相反的是，狗若舔舐無敷料的傷口其實弊大於利，因為那會讓傷口潰瘍感染。大多數的狗都能接受戴上伊麗莎白頸圈，這是一種套在頭頸部的塑膠錐狀大頸圈（右上圖）。防舔貼布也能阻止舌頭探索傷口，且讓愛犬無法拿掉爪墊和腿上的敷料。

帶愛犬出外上廁所時，應讓牠穿上靴子或用塑膠袋包覆傷口包紮處，保持敷料清潔乾爽。如果牠過於在意敷料，或敷料處出現異味或污漬，請盡快請教獸醫意見。

給藥

務必依獸醫指示給予處方藥物，而且只能由成人給藥。混入食物中的藥物更要確保不會被其他寵物不小心吃下。如果開了抗生素，務必吃完整個療程。給予藥水前應搖晃均勻，確保藥物充分混合。

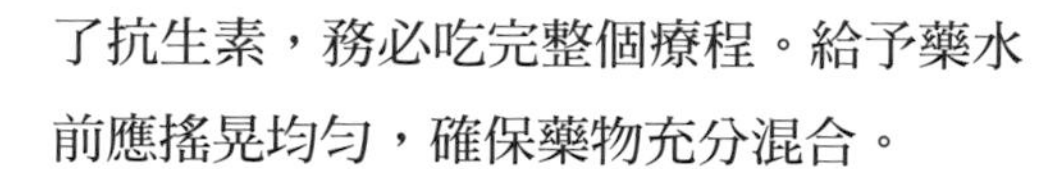

藥錠和藥水
把藥加在食物裡是很簡單的給藥方法。首先查看用藥指示：有些藥物必須空腹服用、有些不能壓碎。如果處方藥物是懸浮液體，應搖晃瓶身以充分混合。依照劑量直接餵到愛犬口中或加到食物裡。

直接餵藥的確很理想，這樣能確認愛犬確實把藥吞下。但若無法直接餵藥，請與獸醫討論，因為某些藥物是可以藏在食物或零食裡（必須空腹服用的藥則不適用）。除非藥錠味道可口，否則不要壓碎混到食物裡，因為愛犬可能會拒吃而沒能服藥。愛犬服藥期間如果出現胃部不適（嘔吐或腹瀉）症狀，應先停藥並你與獸醫聯繫。

食物與飲水

愛犬的食物碗和水碗或許可以離開地面提高放置，確保牠不須低身就可以舒適地進食和飲水。如果獸醫開立了幫助愛犬痊癒的處方飲食但牠不吃，你應該詢問獸醫有無合適的替代食物。類似問題也可能是愛犬拒喝獸醫建議的補水液體，此時應該鼓勵牠喝煮沸過的冷開水，或在食物內混入一點水，這樣總比不喝任何液體來得好。

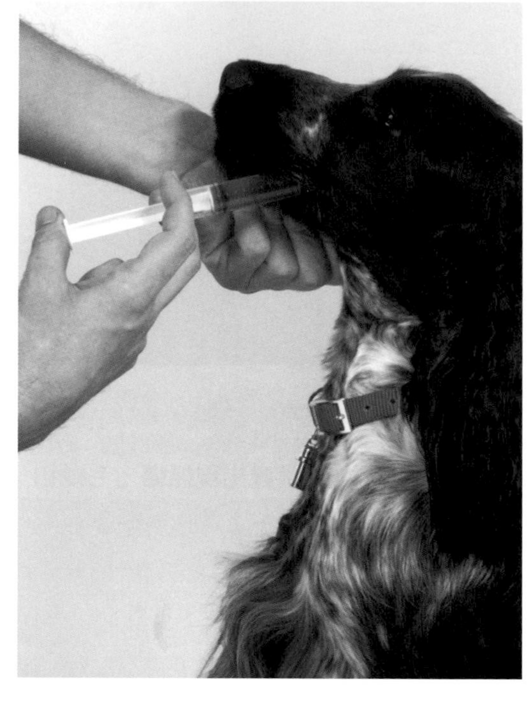

休息和運動

狗兒術後需要在安靜的環境休息，裡面有舒服的墊子，溫暖但不炎熱。此時牠可能較喜歡遠離家人獨自睡，也可能想要有人陪伴。除非獸醫建議，否則術後不應立即運動。短時間在庭院裡緩步走，對牠的關節、膀胱和腸道功能恢復很重要。

點眼藥水
點眼藥水時，用拇指和食指握著滴管，把藥水擠出滴到愛犬的眼睛正前方，然後輕輕闔上眼瞼幾秒鐘，同時稱讚他。

睡覺了
愛犬手術後的睡眠時間可能會比平常長。
幫牠找個舒服的地方，讓牠的身體復原。

急救

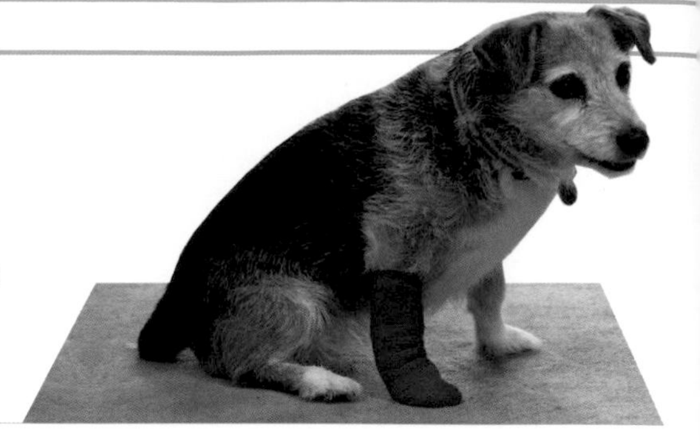

狗天性好奇，不像我們能知道危險所在。既然無法避免意外發生，就應該隨時做好急救準備，愛犬需要協助時才能處理。

幫助受傷的狗

輕傷通常可以在家處理，但若愛犬發生嚴重意外，務必就醫由獸醫檢查。如果你知道基本急救原則，就能在獸醫抵達前或者送到醫院動手術前，先提供必要協助。

照顧受傷的狗時，你可能需要讓牠戴上口罩；受到驚嚇疼痛的狗兒可能會咬人。除非絕對必要，否則不要移動牠。

若有出血，設法用直接加壓法阻斷任何主要傷口的血流。可能的話，小心地把受傷範圍舉高到超過心臟的高度。

如果受傷的狗失去意識，應讓牠處於恢復位置。方法是拿掉項圈，讓牠右側朝下躺著，頭、頸與身體成一直線。把牠的舌頭輕輕拉出掛在嘴邊。

傷口

切勿任傷口自行愈合。再小的傷口也可能感染，愛犬舔舐傷口的話更會感染。如果有嚴重傷口，應該盡快尋求獸醫協助。同樣道理，如果傷口來自其他犬隻或寵物，也可能會受到感染，因此應盡速就醫。

乾淨的小傷口可以在家處理。用食鹽水溶液輕輕沖洗傷口（食鹽水溶液可以用現成的，或在半公升溫水內加入一茶匙食鹽），清除任何污垢或碎屑。可能的話加上敷料或繃帶，防止狗兒舔舐傷口。手邊如有適當材料最好，不然也可以隨手拿襪子或絲襪包住四肢傷口，或用T恤包住胸部、腹部的傷口。

固定繃帶時應使用膠帶，不可用安全別針。繃帶不可綁得太緊，應保持乾燥並定期更換檢查傷口。如果發現異味或有體液滲出繃帶，務必徵詢專業意見。

太深太大的傷口可能需要縫合，應該立刻請獸醫處理。先暫時用繃帶盡量止血。傷口如果在四肢上，應舉高後墊上棉片或襯墊直接加壓，並用繃帶把襯墊固定好。不建議使用止血帶。若有外物卡在傷口時應特別小心：避免把它推得更深，也別想要自行取出它。

對於胸部傷口，應把棉片用溫食鹽水溶液或煮沸過的冷開水浸溼後敷在傷口處，再用繃帶或T恤固定好。外耳殼如有傷口，愛犬搖頭時會有血液噴濺出來。用棉片蓋住傷口，並用繃帶把外耳殼固定在頭部。

事後照護視傷口性質而定。繃帶應依獸醫建議，每二到五天更換一次。所有繃帶都必須保持乾燥，因此愛犬出門時要用防水材料把繃帶蓋好。

燒燙傷

接觸高熱、電或化學品可能導致皮膚

耳朵緊急繃帶

為了保護耳部傷口並防止愛犬搔抓，用繃帶把外耳殼貼平在頭頂。一雙舊絲襪就能做成合適的繃帶。

如何包紮狗掌

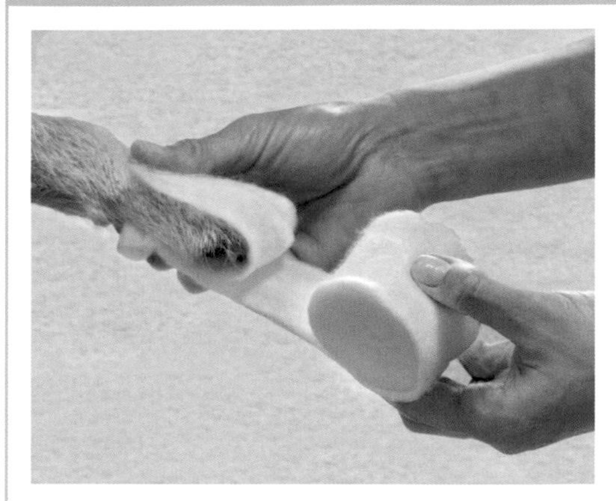

鋪上無菌敷料。把柔軟服貼的繃帶由上而下鋪在腿部正面，包住腳掌，繞到背面，再從背面上方反折回到腳掌和腿部正面上方。

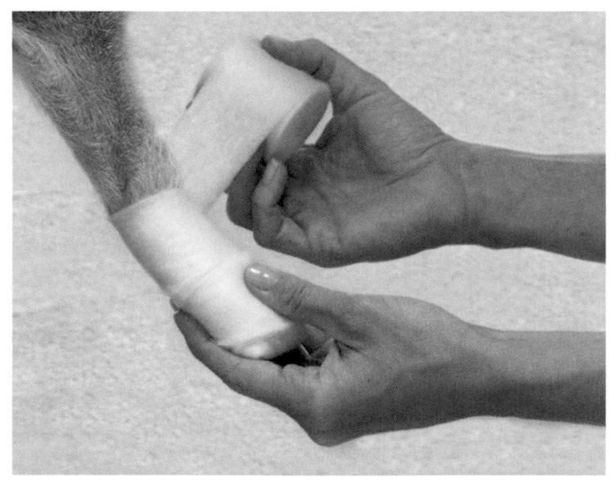

把繃帶纏繞在腿上，往下纏到腳掌，然後再往上纏回腿部。用彈性紗布繃帶重複這個步驟。

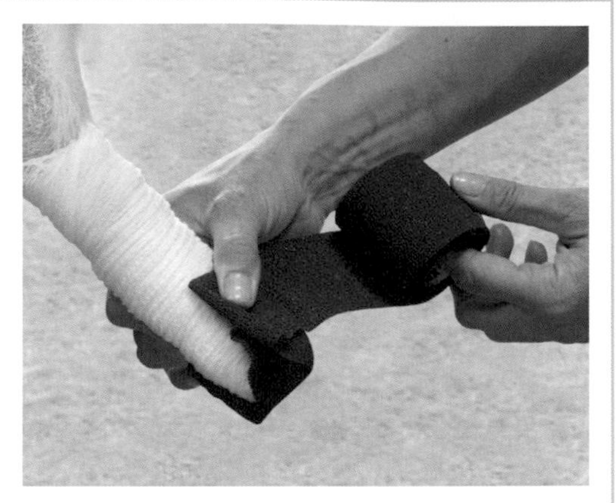

最後用黏性膠帶重複包紮一次，往上包到毛髮處以便固定。氧化鋅膠帶也可以用來固定敷料。

疼痛，有時更會嚴重傷害皮膚。被火燒傷、被熨斗等高熱物體燙傷、或被高溫液體燙傷的處理方式都一樣。在你自身安全無虞的前提下，先把愛犬移開熱源，然後聯絡獸醫詢問意見；燒傷或燙傷可能十分嚴重，對深部組織具有隱藏傷害。把愛犬送醫途中，讓牠保持溫暖不動。受傷範圍如果很大，牠可能要吃止痛藥，也可能需要治療休克問題。

狗兒因為咬電線而被電灼傷的意外時有所聞。處理愛犬之前，先關閉電源。為了止痛，也為了避免電灼傷可能產生的危險併發症，務必立即送醫處理照顧。

如果愛犬遭化學品灼傷，處理時要小心別讓化學品沾染到自己身上。辨認並記下灼傷源，然後立即連繫獸醫。

道路交通事故

採取一切預防措施保護愛犬遠離交通事故。接近道路或在路上行走時，務必繫上牽繩。愛犬如果發生交通事故，救援抵達前要讓牠保持溫暖。照顧牠時你也要確保自身安全。

復甦術

如果狗需要復甦，最重要的是保持冷靜。打電話請獸醫指示，理想情況則是請別人打電話，同時間你就可以把狗兒放到恢復位置。

如果狗沒有呼吸，就開始進行人工呼吸。把你的雙手交疊在狗兒胸壁上，也就是肩膀後方處。每三到五秒快速下壓一次，讓胸壁在兩次下壓間彈回，直到牠開始自行呼吸為止。

檢查狗的脈搏（大腿內側）和心跳（肘部後方的胸側），確定血液循環狀況。如果心跳已經停止，就開始心臟按摩。對於小型狗，把單手的五指放在肘部後方的胸部周圍，每秒擠壓兩次，另一隻手則用來支撐脊椎。

對於中型犬，把單手掌根放在狗肘部後方的胸部，疊上另一隻手，然後按壓胸部，每分鐘大約80到100次。

如果是大型犬或體重過重的狗，可能的話使牠背部朝下躺著，頭部比身體稍微低一些。把一隻手放在牠胸骨下端，另一隻手疊在上面，然後直接朝狗兒頭部方向按壓，每分鐘大約80到100次。

按壓15秒後檢查脈搏。如果仍未出現心跳，繼續心臟按摩，直到脈搏出現為止。此時如果身邊還有其他人，可以同時進行人工呼吸。

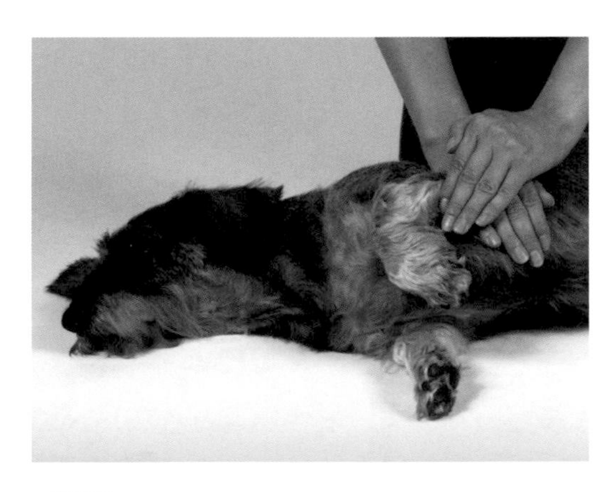

復甦術
狗兒心臟如果停止跳動，牠復原的機率將取決於是否在幾分鐘內就開始施以復甦術。心臟按摩保持血液持續循環是足以拯救生命的簡單技術。

窒息和中毒

狗生來就會啃咬或吞下所有看起來可能美味的東西，但可能因此惹上麻煩，而你則必須在牠麻煩上身時迅速採取行動。狗會被千奇百怪的東西噎到，包括骨頭、生皮潔牙骨或兒童玩具。如果物體卡在口內，牠可能會大流口水或瘋狂地用爪子抓嘴，呼吸道若因此阻塞，則可能會呼吸困難。

只有當你不會被咬傷，而且愛犬口中的物品不可能被你推入喉嚨更深處的前提下，才可以設法把它取出。如果找件東西卡住牠上下顎骨，以防牠閉上嘴巴又不會讓你難以取出物品的話，倒不失是個好主意。理想狀況是用橡膠或墊子，避免傷到牠的牙齒；切勿使用口罩。

如果你無法取出物品或擔心愛犬口腔已經受到傷害，請直接送醫。

如果你看到愛犬吞下不應該吞的東西，請聯繫獸醫徵詢意見。非常小的物體可以通過狗的腸胃道，不致引起問題。較大的物體則可能必須取出，而且最好是在它進入腸道前就從胃部取出。

狗最常見的中毒原因是吃下牠不能吃的東西。如果你擔心愛犬可能吃了有害物質，或牠持續嘔吐或腹瀉，應保留任何包裝並立即聯繫獸醫徵詢意見。

預防措施方面，務必把完全不可食的物品收納妥當，包括寵物用和人用的所有藥物；抗凍劑（乙二醇）具有甜味但會引起腎衰竭；除草劑和除蛞蝓餌常被放在庭院裡；還有家用清潔劑（即使你把清潔劑放在愛犬無法進入的櫥櫃裡，但別忘了牠可能會喝到有化學品殘留的馬桶水）。

毒鼠藥的使用和收納都應該避開愛犬可及之處。很多毒鼠藥都會干擾維生素K的作用，而維生素K是身體凝血過程的必要物質，因此會引發體內出血，但不致立即顯現。如果你知道或懷疑愛犬吃了毒鼠藥或中毒的囓齒動物，直接帶著相關包裝把牠送醫。

對狗來說巧克力極具吸引力，但如果其中的可可固形物含量太高就有毒性。洋蔥和其他同類植物包括韭菜、大蒜和蔥，也是有毒的。體型愈小的狗，致毒劑量通常就愈低，不過這項原則並不適用於葡萄。無論新鮮葡萄或脫水葡萄（葡萄乾、小葡萄乾、醋栗乾）都是潛在毒藥。

咬傷和螫傷

狗兒天性好奇，用鼻子四處探索，所以被有毒動物或昆蟲螫咬的部位往往是在頭部和腿部。

無論室內或戶外，蜜蜂及黃蜂都是常見風險。如果愛犬被蜂螫了，趕緊把牠移往他處，以防再度被螫。檢查愛犬毛髮裡是否還有蜂被卡住，並找出被螫部位。蜜蜂會留下螫針，如果你有辦法不擠壓到螫針上的毒囊的話，可以用鑷子小心夾除螫針。黃蜂的螫針則可以重複使用。把小蘇打粉溶於水（被蜜蜂螫傷）或用醋（被黃蜂螫傷）浸溼被螫處，然後塗上抗組織胺藥膏。被螫部位應加以覆蓋，防止愛犬舔舐。如果愛犬覺得疼痛或情況惡化，應送醫處理。若是口腔內被蜂螫或發生嚴重過敏反應（見隔頁），則應緊急就醫。

愛犬可能也會遇到毒蟾蜍，它們從皮膚腺釋放毒液。如果狗舔了蟾蜍或咬起蟾蜍，就可能攝取到毒液，出現大量流口水和焦慮不安等反應。小心地用水沖洗牠嘴

狗的哈姆立克急救法

愛犬的氣道若完全被堵塞，嘴唇、牙齦、舌頭開始發青，你可以幫牠壓出肺內空氣，排出異物，讓氣道恢復暢通。首先讓狗側躺，用手掌快速而確實地在狗的胸廓上連續按壓三到四次，如此持續下去直到異物排出。小心不要太用力，尤其是面對小型犬，以免傷到狗的胸廓引起內出血。

翻攪垃圾桶
狗兒的不當飲食行為包括翻攪垃圾桶。使用踏板開啟式或按壓開啟式構造的垃圾桶，可以防止好奇的狗鼻子騷擾。

樹叢下方潛伏危機
長期隱身在長草間的有刺昆蟲、毒蛇和其他危險生物，會被四處探索的狗鼻子打擾。愛犬如果被咬傷或螫傷，應立即處理並讓牠保持平靜。

過敏性休克

狗偶爾會因為暴露於某些高度過敏原而出現極端反應，例如蜂毒，尤其是如果多處遭到蜂螫時。這種名叫過敏性休克的嚴重過敏反應可能會危及生命。過敏性休克的初始症狀包括嘔吐和興奮，然後迅速引起呼吸困難、虛脫、昏迷和死亡。若要存活，必須立即送醫治療。

部。如果擔心的話，請徵詢獸醫意見。

全球各地都有毒蛇。被毒蛇咬傷的嚴重程度取決於毒蛇品種、相對於狗體型大小的毒液射出量和被咬的部位。被蛇咬傷的效應會在兩個小時內迅速發展。咬傷部位通常可見穿刺傷口，後續出現疼痛腫脹。狗遭蛇吻後可能變得昏昏欲睡，並出現其他中毒跡象，包括心跳快速、氣喘吁吁、體溫過高、粘膜蒼白、大量流口水和嘔吐，嚴重時可能休克或昏迷。速度重於一切，因此應該盡快把狗送醫，切勿耽擱。

中暑與體溫過低

狗過熱時無法像人類那樣透過出汗來散熱冷卻。炎熱時若被困在車內或被關在家裡溫室中，特別是旁邊如果沒有飲水的話，愛犬可能很快就會中暑。這是體溫調節機制失效的危險狀況。如果不緊急送醫處理，狗可能在短短20分鐘內死亡。中暑跡象包括氣喘吁吁、無精打采、牙齦發紅，並迅速發展成虛脫、昏迷，最後死亡。首先應該把狗從高溫處移到涼爽的地方。用溼床單或溼毛巾包住牠、讓牠泡冷水浴、或者用院子裡的水管穩定地讓水流經牠全身。也可以用冰袋或風扇降溫。

中暑常肇因於把狗留在車裡。就算你已經打開車窗，車子也停在陰影處，但這樣還是不行。車內若有好幾隻狗，或是狗剛做完運動正覺得熱又氣喘吁吁時，風險更高。

中暑的相反是體溫過低，也就是身體核心溫度下降到危險程度。如果狗窩有冷風颼颼吹過、牠被留在沒有暖氣的車內或房間裡、或者牠在冬季時跑到池塘或湖泊中，都有可能出現體溫過低。幼犬和老狗最是脆弱。體溫過低的狗可能會發抖、步履僵硬和嗜睡。抵達醫院前必須用毛毯包著讓牠慢慢暖和起來。獸醫師會直接把溫暖的液體注入靜脈，治療休克問題。

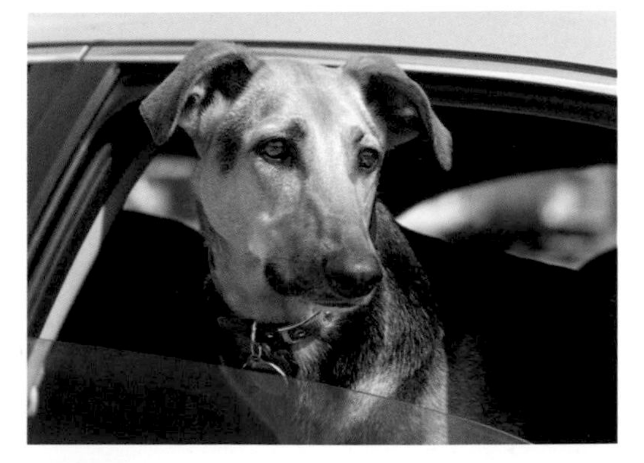

過熱的危險
即使在溫和的氣溫下而且打開車窗，汽車也會迅速變成烤箱，此時留置在車內的狗就面臨了中暑風險。

痙攣

痙攣是大腦異常活動所致。若發生在年輕的狗身上，原因較可能是癲癇；老狗則病因不一，但也包括腦瘤。愛犬若有痙攣現象，請把發生痙攣的時間和其他任何相關細節記錄下來，例如電視機是開著還是關著、愛犬是否剛吃完東西或剛散步回來。

痙攣典型的發作時機是在狗打瞌睡時，跡象可能有顫抖和抽搐，或是狗側躺著但腿部像在奔跑般前後動作。痙攣僅會持續幾秒鐘到幾分鐘。愛犬痙攣當下或痙攣結束後恢復時，可能具有侵略性。

狗可能在幾小時或幾天內出現一次以上的痙攣。較令人擔憂的是如果連續痙攣，也就是在兩次痙攣間意識沒有完全清醒的話，稱為癲癇重積狀態（status epilepticus），必須緊急就醫處理。

治療癲癇的藥物有很多種，必須定期監控才能確保藥量正確足以控制痙攣。

配種

你不應該輕率決定讓愛犬配種。配種不僅是一段既昂貴又耗時的過程，而且還可能大量增加流浪犬的數目。

考慮原因

讓愛犬配種前，請務必深思熟慮自己為什麼想要擁有一窩小狗。一群可愛幼犬在家裡四處玩耍的景象，的確很容易讓人心神嚮往，但跟在牠們屁股後頭清理垃圾卻也是不爭苦差事。你應該先好好做一番研究，謹慎規畫，同時跟聲譽卓著的專業育種業者討論。如果決定不要讓愛犬繁殖下一代，最好讓牠絕育。

懷孕和產前護理

狗的懷孕期是63天，但小狗可能會提早或延後出生幾天。及早讓獸醫知道你的愛犬已經交配過，這樣獸醫才能在母犬懷孕期間提供寶貴建議，避免牠感染到寄生蟲，以防傳染給幼犬。

母犬懷孕初期並不需要增加食量，但大約從第六週起，就必須每週增加大約10%的食物量。此時牠的運動方式也可能必須改變，應該避免非常耗體能的活動；經常短時間散步最好。

分娩區

花時間確認愛犬在分娩區裡能夠放鬆，也讓牠習慣你和牠一起待在裡面。把牠最喜歡的玩具或毯子放在裡面，讓箱子更溫馨。

分娩

早在愛犬預產期之前，你就要為牠準備好分娩區。分娩區的地點至關重要，它應該位於家裡，使愛犬覺得舒適，也讓仔犬習慣日常生活裡的各種聲響，但不要在走道上，以免初生仔犬受到人來人往打擾。這個地方應該溫暖、乾爽、安靜、無風。分娩箱則用市售或自製的都可以。

分娩過程雖然可能令人望而生畏，但通常不會有什麼問題。順產的關鍵在於準備工作，這樣你才知道會發生哪些事，假如事情出錯了也知道該怎麼辦。

每隻母犬臨盆前的行為各有不同，但事前仍有跡象可見。分娩前大約24小時，因為子宮準備產出仔犬，母犬會覺得不舒服而變得焦躁不安，也可能拒食、大力喘氣、又抓又挖牠分娩箱內的墊子——你可以拿紙讓牠撕。第一隻仔犬出生之前，你會看到母犬明顯平靜下來，也應該看得到牠用力推出仔犬時腹部周圍肌肉的收縮狀態。下一隻仔犬到來前的等待時間或長或短差異極大。此時你應該鼓勵初生仔犬去吸奶，並敦促母犬接近孩子。如果一段時間過去了，母犬似乎放鬆下來，開始照顧仔犬，整個分娩過程就結束了。

產後護理

分娩過程的提心吊膽已經結束，現在的你必須轉移焦點，全力確保母犬所有需求都得到滿足，而且幼犬的一生有著最好的開始。

哺乳需要大量能量，因此母犬需要消耗的熱量大約是牠分娩前的兩倍，而且必

自然生產

母犬分娩後會用牙齒剝除羊膜囊的外膜並咬斷臍帶。除非看起來牠好像把臍帶咬得太近或拉得太猛，否則不須插手。

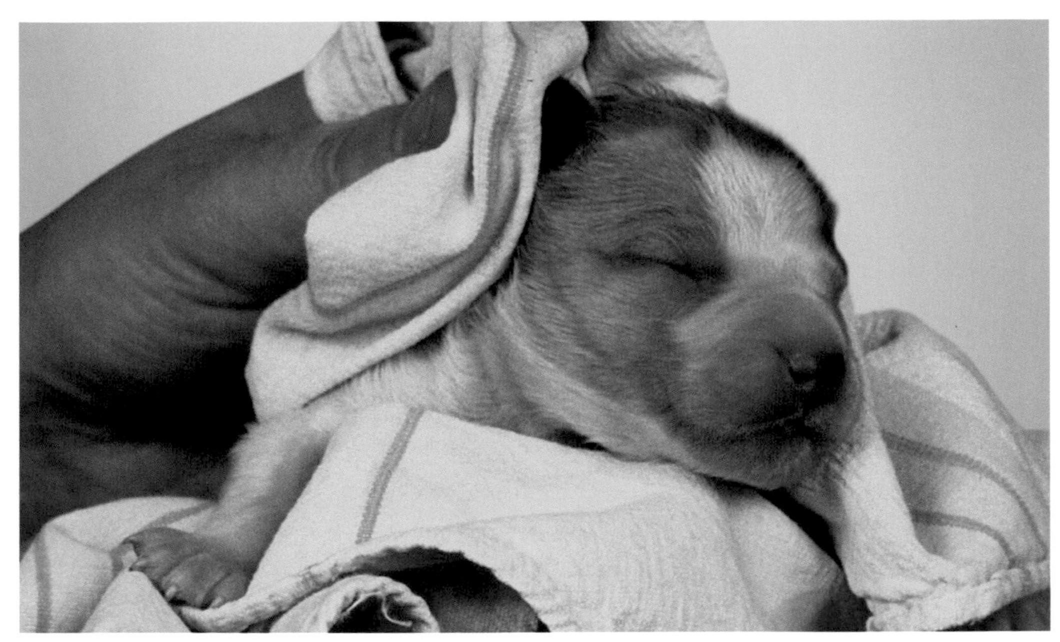

初生仔犬的處理
花一點時間檢查每隻初生仔犬全身上下，用乾淨毛巾擦乾牠們，然後立刻送回給母犬。

居家訓練
意外是難免的。但新飼主只要能讓小狗養成在報紙或尿布墊上大小便的習慣，接著就能逐步把這些東西移到院子去，完成居家訓練。

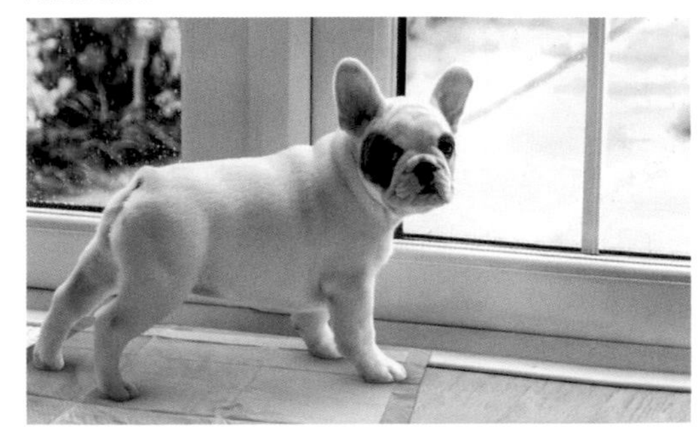

須少量多餐以及大量飲水。此時由於牠不願離開仔犬，所以建議讓牠在分娩箱內進食。運動當然可以免了，只要每天帶牠出去幾次，時間長短足夠上廁所即可。

母犬天生具有母性本能，這代表初期你不需要對仔犬做任何事。除了檢查牠們是否健康、體重是否增加、有沒有喝到母親的初乳外，不要去打擾牠們。初乳能為仔犬提供必需的抗體，對健康至關重要。數週之後你必須幫仔犬修趾甲，以免牠們吸奶時抓傷母親皮膚。

幼犬早期照護

幼犬長到數週大的時候，照顧牠們就成了全職工作。此時是幼犬一生中最重要的階段，很多東西必須準備好。

幼犬很快就會開始長牙，這個時候的飲食應該包括固體食物及大量的咀嚼性玩具，幫助牠們度過長牙過程。固體食物一開始應慢慢地少量加入，讓幼犬能習慣消化。你要確定所買的配方食品是幼犬專用，才含有高能量且均衡的營養。

在育種業者處教導仔犬一些簡單的規則，可以讓牠們成長為具有自信且容易調教的小狗，日後較不會發展出問題行為。幼犬前往新家前，當然有可能透過訓練學會只能在報紙上大小便。這可使新飼主更容易完成他們的居家訓練。此外，每天花幾分鐘陪伴每隻小狗能讓牠們習慣與人接觸，也讓你可以訓練牠們幾項基本行為指令，例如坐下。

訓練幼犬最重要的內容之一就是使牠們接觸到一系列的日常生活經驗。務必要讓牠們參與家庭活動，幫助牠們與所有年齡的人社交互動。大多數的幼犬都是進入家庭裡，因此最初幾週，務必要讓牠們習慣日常生活中出出入入的各種景象和聲響。數週齡的幼犬會很高興又放心地接受新的經驗。如果幼犬與配種繁殖業者之間建立起良好的早期社會化關係，日後必能出脫成自信滿滿的好青年。

幼犬的新家

投資了這麼多時間在規畫和照顧幼犬後，你會非常喜歡牠們。接下來的責任就是確保把牠們送到最好的家庭。

- 聯繫你所在地區的品種協會和愛犬俱樂部以便刊登廣告；也可以在獸醫院放置傳單。
- 讓幼犬有足夠的時間熟悉家中的聲音，等牠年紀夠大之後，再介紹各年齡的人給牠認識。
- 鼓勵可能的飼主多來探視，並盡量提供資訊讓他們預作準備。告訴他們一般性、特定品種、照顧和訓練等相關資訊。

狗的小辭典

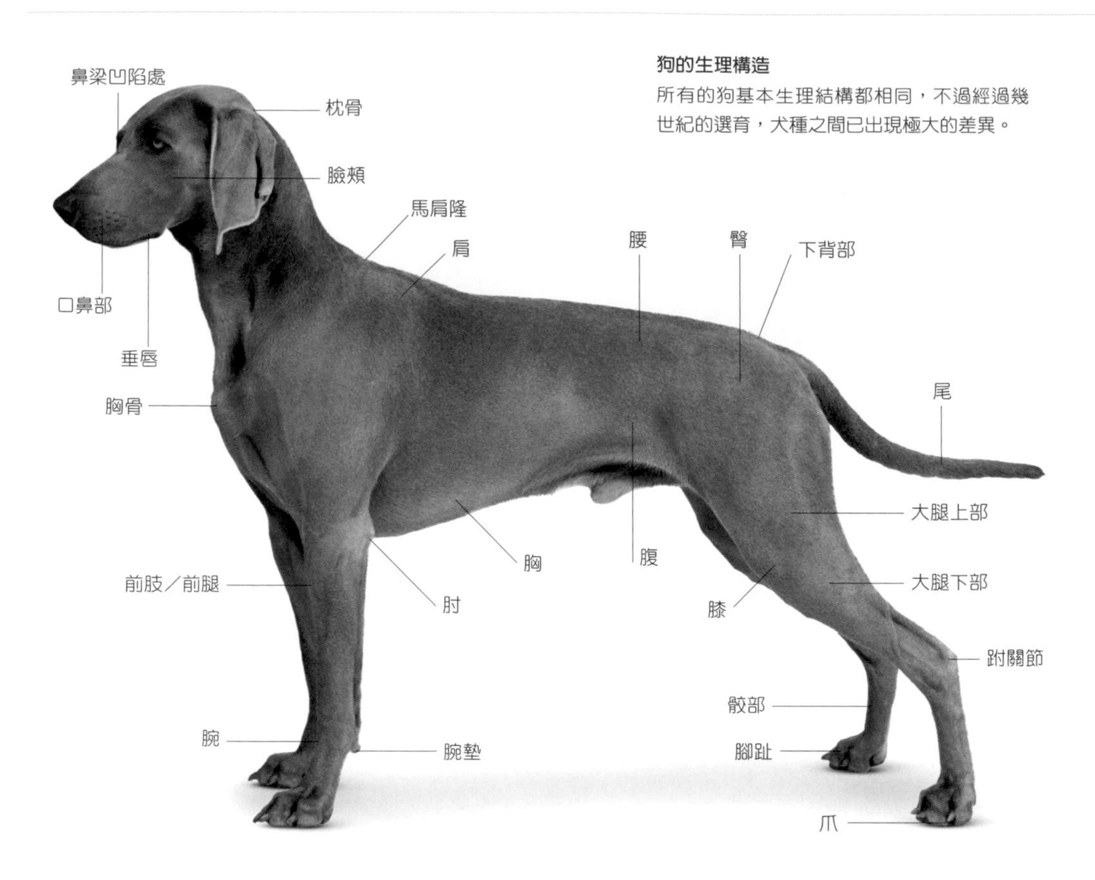

狗的生理構造
所有的狗基本生理結構都相同，不過經過幾世紀的選育，犬種之間已出現極大的差異。

軟骨發育不全（achondroplasia）侏儒症的一種，會影響四肢的長骨，導致長骨向外彎曲。這是透過選育刻意創造的基因突變，產生臘腸犬等短腿型犬種。

杏仁眼（almond-shaped eyes）橢圓形眼睛，眼角略尖，在科克爾犬與英國激飛獵犬等品種較常見。

鬍子（beard）生長在臉部下半部的毛髮，濃密且有時粗糙而蓬鬆，通常可見於剛毛型犬種。

雜色（belton）毛色的一種，混合了白毛與有色毛，可能為斑紋或麻紋。

雙色（bicolour）任何帶有白色毛斑的毛色。

黑褐色（black and tan）毛色的一種，有明確的黑色與褐色區域。黑色大多在身體，褐色則出現在身體下側、口鼻部等處，有時眼睛上方也有褐色斑點。也有肝色與褐色以及藍色與褐色的組合。

毛毯（blanket, blanket markings）背部與身體兩側有大片的色毛；通常用於形容獵犬的花紋。

白紋（blaze）白色的寬條花紋，由靠近頭頂處延伸至口鼻部。

短頭型（brachycephalic head）由於口鼻部縮短，因此長寬幾乎相同的頭型。鬥牛犬與波士頓㹴就是這種頭型的犬種。

布若卡犬（bracke）泛指專門追捕兔子或狐狸等小型獵物的歐陸獵犬。

馬褲（breeches）大腿上有如流蘇般的較長毛，又稱為褲裙或長褲。

品種（breed）經過選育培養出的外表特徵相同的馴化犬，須符合品種協會擬定、並獲得國際組織認證的品種標準，這些國際組織包括畜犬協會、世界畜犬聯盟或美國畜犬協會。

品種標準（breed standard）對品種的詳細描述，明確指出該品種該有的長相、可接受的毛色與毛型，以及身高、體重的範圍等。

斑色（brindle）一種混合色，由深色毛在褐色、金色、灰色或棕色等較淺色的背景中形成條紋狀花紋。

前胸（brisket）胸骨。

鈕扣耳（button ears）半豎耳，耳朵上半部朝眼睛的方向下折，遮住耳道開口，常見於獵狐㹴等品種。

燭火耳（candleflame ears）長而窄的豎耳，形狀像燭火，常見於英國玩賞㹴等品種。

披風（cape）長在肩部的濃密毛。

裂齒（carnassial teeth）上排第四顆前臼齒及下排第一顆臼齒，這兩顆臼齒就像一把剪刀，能切穿肉、皮和骨。

與貓腳掌相似的腳掌（cat-like feet）緊密扎實的圓腳掌，腳趾緊緊聚攏。

形態（conformation）犬隻的整體外型，取決於各項特徵的發展以及特徵之間的關聯。

下背部（croup）緊鄰尾巴根部的背部區域。

剪耳（cropped ears）透過外科手術切除部分耳廓軟骨，讓耳朵變尖且豎起。這種手術通常在幼犬約 10 至 16 週大時進行，但在英國等許多國家已明令禁止。

皮屑（dander）從身上脫落的小塊死皮。

斑紋（dapple）較深色毛在淺色背景中形成的斑點紋。通常僅用於形容短毛品種；而花斑（merle）則用於形容同樣毛色的長毛犬。

懸爪（dewclaw）位於腳掌內側、未承受體重的腳趾。如挪威海鸚犬等部分品種有雙懸爪。

肉垂（dewlap）鬆弛下垂的皮膚，在下巴、喉嚨與頸部形成皺摺；可見於某些品種，例如尋血獵犬。

剪尾（docked tail）根據品種標準把尾巴剪短到特定長度。這種手術通常在幼犬出生幾天後施行。今天這種作法在英國及歐洲各地均屬違法，只有德國指示犬等工作犬仍可剪尾。

長頭型頭（dolichocephalic head）狹長的頭型，鼻梁凹陷處極不明顯，如俄國獵狼犬。

雙層毛（double coat）毛皮包含濃密溫暖的底毛和防水的上層毛。

垂耳（drop ears）耳朵從根部下垂。墜耳是更極端的垂耳，更長也更重。

豎耳（erect ears）直立或豎起的耳朵，末端有尖有圓。燭火耳是極端型的豎耳。

飾毛（Feathers, Feathering）流蘇狀的長毛，可能在耳朵邊緣、腹部、腿後方及尾巴下方。

垂唇（Flews）狗的嘴唇。最常用於形容獒犬類型的狗肥厚下垂的上唇。

額毛（Forelock）額頭上的一撮毛，在兩耳間向前垂落。

犁溝（Furrow）從頭頂向下延伸至鼻梁凹陷處的淺溝。有些犬種有犁溝。

步態（gait）走路的姿態。

格里芬（griffon）（法文）指粗毛或硬毛。

灰白色（grizzle）通常為黑毛與白毛參雜，產生藍灰色或鐵灰色的毛色，可見於某些㹴犬品種。

類群（group）畜犬協會、世界畜犬聯盟和美國畜犬協會將犬種分成幾個類群。這些類群大致依功能分類，但沒有統一的系統。類群的犬種數量和名稱均不相同，所承認及收錄的犬種也不同。

馬步（hackney gait）這種步伐可見於迷你品犬等犬種，走路時下半截腿抬得特別高。

黑白花（harlequin）毛色的一種，在白色毛上有大小不一的黑色塊狀毛斑，僅見於大丹犬。

跗關節（hock）後腿的關節，相當於人類的腳跟，但狗用腳趾走路，因此腳跟的位置較高。

灰黃色（isabella）一種淺黃褐色，可見於貝加馬斯卡犬及杜賓犬等品種。

面具（mask）臉部的深色分布，通常在口鼻部與眼睛四周。

花斑（merle）一種雜色被毛，帶有顏色較深的斑塊或斑點。藍花斑（藍灰色背景中參雜黑毛）是最常見的類型。

中頭型頭（mesaticephalic head）頭基部與寬度比例相近。這種頭型的犬種包括拉布拉多獵犬與邊境牧羊犬。

結紮（neutering）防止狗生育的一種手術。雄性犬大約在六個月大時割去睪丸，雌性犬則在初次發情後大約三個月切除卵巢。

發情（oestrus）大約為期三週的繁殖週期，雌犬在發情期可交配。古老犬種通常一年發情一次（與狼相同）；其他犬種則通常一年兩次。

水獺尾（Otter tail）毛濃密的圓尾巴，根部寬，末端逐漸變細；尾巴下側的毛分開。

狗群（Pack）通常用於形容共同狩獵的嗅覺或視獵犬群體。

骹部（Pastern）腿的下半段，前腿腕骨以下或後腿跗關節以下的部分。

墜耳（Pendant ears）耳朵自根部下垂；是極端型的垂耳。

下垂嘴唇（Pendulous lips）飽滿、鬆弛下垂的上唇或下唇。

玫瑰耳（Rose ears）小型垂耳，向外、向後翻摺，因此有部分耳道外露。這種耳型可見於惠比特犬。

領毛（Ruff）濃密而豎起的長毛，圍繞頸部一圈。

貂色（Sable）毛色的一種，在較淺色的背景毛色中，覆蓋一層尖端帶黑色的毛。

鞍部（Saddle）延伸至整個背部的深毛色區域。

剪刀式咬合（Scissors bite）中型頭與長型頭犬種的正常咬合狀態。上前齒（門牙）比下前齒略為突出，但嘴巴閉起時仍可與下前齒接觸。其他牙齒則互相扣合而無間隙，形成「剪刀」的刃。

半豎耳（Semi-erect ears）只有尖端向前垂下的豎耳，可見於長毛牧羊犬等犬種。

芝麻色（Sesame）毛色的一種，等量的黑毛與白毛參雜。黑毛多於白毛則成黑芝麻色；紅芝麻色是紅毛與黑毛參雜。

鐮刀尾（Sickle tail）尾巴呈半圓形朝背部舉起。

湯勺狀腳掌（Spoon-like feet）類似貓腳掌，但因中間腳趾比外側腳趾長，因此形狀更偏橢圓形。

鼻梁凹陷（Stop）口鼻部與頭頂之間的凹陷處，位於兩眼之間。俄國獵狼犬等長頭型犬種幾乎沒有鼻梁凹陷，而美國可卡犬與吉娃娃等短頭型與圓頂頭型犬種的鼻梁凹陷極為明顯。

性情（Temperament）狗天生的個性。

上層毛（Topcoat）外層的衛毛。

冠毛（Topknot）頭頂上的一撮長毛。

頂線（Topline）狗身體上側從耳朵到尾根的線。

三色（Tricolour）三色被毛，各色塊的界線分明，通常是黑色、褐色與白色。

上提（Tucked up）犬隻的腹部曲線由腹部朝後臀逐漸往上，常見於靈猩與惠比特犬等犬種。

底毛（Undercoat）底層毛，通常短而粗，有時如羊毛，位於上層毛與皮膚之間，具有保暖功能。

下頜突出（Undershot）下顎比上顎突出的臉部型態，可見於鬥牛犬等品種。

下頜突出咬合（Undershot bite）鬥牛犬等短頭型犬種的正常咬合狀態。由於下顎比上顎長，因此前齒無法咬合，下前齒比上前齒突出。

馬肩隆（Withers）肩膀的最高點，頸部與背部交會處。狗的身高就是地面到馬肩隆的垂直高度。

索引—英漢犬種索引

索引—漢英犬種索引

謝誌與圖片版權

感謝下列人士為本書內容提供協助：

Vanessa Hamilton, Namita, Dheeraj Arora, Pankaj Bhatia, Priyabrata Roy Chowdhury, Shipra Jain, Swati Katyal, Nidhi Mehra, Tanvi Nathyal, Gazal Roongta, Vidit Vashisht, Neha Wahi for design assistance; Anna Fischel, Sreshtha Bhattacharya, Vibha Malhotra, Hina Jain for editorial assistance; Caroline Hunt for proofreading; Margaret McCormack for the index; Richard Smith (Antiquarian Books, Maps and Prints) www.richardsmithrarebooks.com, for providing images of "Les Chiens Le Gibier et Ses Ennemis", published by the directors of La Manufacture Française d'Armes et Cycles, Saint-Etienne, in May 1907; C.K. Bryan for scanning images from R. Lydekker (Ed.), *The Royal Natural History, Vol 1,* Frederick Warne, London, 1893.

感謝以下飼主提供愛犬給我們拍照：

Breed name: owner's name / dog's registered name "dog's pet name"
Chow Chow: Gerry Stevens / Maychow Red Emperor at Shifanu "Aslan"; English Pointers: Wendy Gordon / Hawkfield Sunkissed Sea "Kelt" (orange and white) and Wozopeg Sesame Imphun "Woody" (liver and white); Grand Bleu de Gascognes: Mr and Mrs Parker "Alfie" and "Ruby"; Irish Setters: Sandy Waterton / Lynwood Kissed by an Angel at Sandstream "Blanche" and Lynwood Strands of Silk at Sandstream "Bronte"; Irish Wolfhound: Carole Goodson / CH Moralach The Gambling Man JW "Cookson"; Pug: Sue Garrand from Lujay / Aspie Zeus "Merlin"; Puggles: Sharyn Prince / "Mario" and "Peach"; Tibetan Mastiffs: J. Springham and L. Hughes from Icebreaker Tibetan Mastiffs / Bheara Chu Tsen "George" and Seng Khri Gunn "Gunn". Tibetan Mastiff puppies: Shirley Cawthorne from Bheara Tibetan Mastiffs.

圖片出處

感謝下列人士與機構授予本書圖片使用權：
(Key: a-above; b-below / bottom; c-centre; f-far; l-left; r-right; t-top)

1 Dreamstime.com: Cynoclub. **2-3 Ardea:** John Daniels. **4-5 Getty Images:** Hans Surfer / Flickr. **6-7 FLPA:** Mark Raycroft / Minden Pictures. **8 Alamy Images**: Jaina Mishra / Danita Delimont (tr). **Getty Images:** Jim and Jamie Dutcher / National Geographic (cr); Richard Olsenius / National Geographic (bl). **9 Dorling Kindersley:** Scans from Jardine, W. (Ed.) **(1840)** The Naturalist's Library vol **19 (2)**. **Chatto and Windus:** London (br); Jerry Young (tr / Grey Wolf). **14 Dreamstime.com**: Edward Fielding (cra). **16 Dreamstime.com**: Isselee (tr). **20 Alamy Images**: Mary Evans Picture Library (bl). **Dorling Kindersley:** Judith Miller (tr). **21 Alamy Images**: Susan Isakson (tl); Moviestore collection Ltd (bl, crb). **22 Alamy Images**: Melba Photo Agency (cl). **Corbis:** Bettmann (tr). **Getty Images:** M. Seemuller / De Agostini (bl); George Stubbs / The Bridgeman Art Library (crb). **23 Alamy Images**: Kumar Sriskandan (br). **Getty Images:** Imagno / Hulton Archive (tl). **24 Dreamstime.com**: Vgm (bl). **Getty Images:** Philippe Huguen / AFP (tr); L. Pedicini / De Agostini (c). **25 Getty Images:** Danita Delimont / Gallo Images (t). **26-27 Getty Images:** E.A. Janes / age fotostock. **28 Alamy Images**: F369 / Juniors Bildarchiv GmbH. **31 Alamy Images**: Mary Evans Picture Library (cra). **Fotolia:** Farinoza (br). **34 Alamy Images**: T. Musch / Tierfotoagentur (cr). **36 Corbis:** Kevin Schafer (cr). **37 The Bridgeman Art Library:** Meredith J. Long (cr). **38 Corbis:** Alexandra Beier / Reuters. **43 Getty Images:** Hulton Archive / Archive Photos (cra). **46 Fotolia:** rook76 (cr). **47 Corbis:** Bettmann (cl). **51 Alamy Images**: Greg Vaughn (cra). **52 Alamy Images**: Moviestore Collection (bc). **53 Alamy Images**: Petra Wegner (tl). **54 Corbis:** Havakuk Levison / Reuters (cl). **56** The Advertising Archives: (cl). **59 Corbis:** Bettmann (cr). **Fotolia:** Oleksii Sergieiev (c). **63 Getty Images:** Jeffrey L. Jaquish ZingPix / Flickr (br). **66 Dreamstime.com**: Anna Utekhina (clb). **67 Corbis:** National Geographic Society (cr). **68 Dreamstime.com**: Erik Lam (tr). **70 Corbis:** Gianni Dagli Orti (cl). **73 Alamy Images**: Juniors Bildarchiv GmbH (cr). **74 Alamy Images**: Rainer / blickwinkel (br); Steimer, C. / Arco Images GmbH (crb). **75 Animal Photography**: Eva-Maria Kramer (cra, cla). **76 Alamy Images**: Glenn Harper (bc). **77 Dreamstime.com**: Isselee (cla). **81 Corbis:** REN JF / epa (cr). **83 Fotolia:** cynoclub (cr). **84 The Bridgeman Art Library:** Eleanor Evans Stout and Margaret Stout Gibbs Memorial Fund in Memory of Wilbur D. Peat (bc). **Dreamstime.com**: Dmitry Kalinovsky (clb). **86 Alamy Images**: elwynn / YAY Media AS (bc). **Flickr.com:** Yugan Talovich (bl). **87 Alamy Images**: Tierfotoagentur / J. Hutfluss (c). **Animal Photography**: Eva-Maria Kramer (cla). Jessica Snäcka: Sanna Södergren (br). **88 Alamy Images**: eriklam / YAY Media AS (bc). **Animal Photography**: Eva-Maria Kramer (bl). **90 Alamy Images**: Juniors Bildarchiv GmbH (cb). **Getty Images:** David Hannah / Photolibrary (bc). **92 Alamy Images**: AlamyCelebrity (cl). **93 Getty Images:** Eadweard Muybridge / Archive Photos (cr). **95 Alamy Images**: Mary Evans Picture Library (cr). **97 Dorling Kindersley:** Lights, Camera, Action / Judith Miller (cra). **Fotolia:** biglama (cl). **98 Corbis:** Alaska Stock. **100 Getty Images:** Universal Images Group (cra). **101 Corbis:** Lee Snider / Photo Images (cra). **103 Alamy Images**: North Wind Picture Archives (cr). **Fotolia:** Alexey Kuznetsov (clb). **104** Brian Kravitz: http://www.flickr.com/photos/trpnblies7/6831821382 (cl). **106 Corbis:** Peter Guttman (bc). **Fotolia:** Eugen Wais (cb). **109 Alamy Images**: imagebroker (cra). Photoshot: Imagebrokers (ca). **110 Corbis:** Mitsuaki Iwago / Minden Pictures (cbr). Photoshot: Biosphoto / J.-L. Klein & M (fcbr). **111 Alamy Images**: Alex Segre (cr). **113 Dreamstime.com**: Waldemar Dabrowski (cl). **Getty Images:** Imagno / Hulton Archive (cr). **114 Jongsoo Chang "Ddoli": Korean Jindo (tr). 115 Shutterstock.com:** Adi Dharmawan (cr, cra). **116 akg-images:** (cr). **118 Alamy Images**: D. Bayes / Lebrecht Music and Arts Photo Library (bc). **Dreamstime.com**: Linncurrie (c). **123 The Bridgeman Art Library:** Giraudon (br). **124 Dreamstime.com**: Nico Smit. **126 Corbis:** Hulton-Deutsch Collection (cra). **127 Alamy Images**: Personalities / Interfoto (cr). **128 TopFoto.co.uk:** (bl). **129 Alamy Images**: Petra Wegner (cl). **130 Dorling Kindersley:** T. Morgan **Animal Photography** (cb, bl, br). **131 Dorling Kindersley:** Scans from R. Lydekker (Ed.), *The Royal Natural History, Vol 1,* Frederick Warne, London, 1893 (cra). **132 Corbis:** (cl). **135 Alamy Images**: Wegner, P. / Arco Images GmbH (cl); Robin Weaver (cr). **136 Corbis:** Seoul National University / Handout / Reuters (cl). **138 Alamy Images**: Edward Simons. **141 Alamy Images**: Mary Evans Picture Library (cr). **142 Dorling Kindersley:** Scans from R. Lydekker (Ed.), *The Royal Natural History, Vol 1,* Frederick Warne, London, 1893 (bl). **144 Dorling Kindersley:** Scans from "Les Chiens Le Gibier et Ses Ennemis", published by the directors of La Manufacture Française d'Armes et Cycles, Saint-Etienne, in May 1907 (cl). **146 Alamy Images**: Antiques & Collectables (cr). **147 Fotolia:** Eugen Wais. **150 Alamy Images**: K. Luehrs / Tierfotoagentur (bc). Photoshot: Imagebrokers (bl). **151 Alamy Images**: Lebrecht Music and Arts Photo Library (cl). **152 Alamy Images**: Interfoto (bc). **Dreamstime.com**: Isselee (cb). **158 TopFoto.co.uk:** Topham Picturepoint (cl). **159 Getty Images:** Edwin Megargee / National Geographic (cl). **165 Dorling Kindersley:** Scans from "Les Chiens Le Gibier et Ses Ennemis", published by the directors of La Manufacture Française d'Armes et Cycles, Saint-Etienne, in May 1907 (cr). **168 Corbis:** Hulton-Deutsch Collection (cl). **169 Animal Photography**: Eva-Maria Kramer (bc, bl, cra). Photoshot: NHPA (cla). **170 Getty Images:** Anthony Barboza / Archive Photos (cr). **171 Fotolia:** Gianni. **172 Animal Photography**: Sally Anne Thompson (tr, cra, ca). **173 Dorling Kindersley:** Scans from Jardine, W. (Ed.) **(1840)** The Naturalist's Library vol **19 (2)**. **Chatto and Windus:** London (cr). **176 Fotolia:** Kerioak (cr). **TopFoto.co.uk:** Topham / Photri (bc). **181 Dreamstime.com**: Joneil (cb). **183 Corbis:** National Geographic Society (cr). **184 Alamy Images**: R. Richter / Tierfotoagentur. **186 Alamy Images**: DBI Studio (bc). **188 Alamy Images**: Lebrecht Music and Arts Photo Library (cl). **189 Alamy Stock Photo:** Iuliia Mashkova (bc) **Shutterstock.com:** yykkaa (br). **190 Corbis:** Bettmann (bl). **194 The Bridgeman Art Library:** Bonhams, London, UK (bc). **Getty Images:** Life On White / Photodisc (c). **197 Alamy Images**: K. Luehrs / Tierfotoagentur (bc). **Fotolia:** CallallooAlexis (cla). **199 Alamy Images**: Juniors Bildarchiv GmbH (c). **Getty Images:** Fox Photos / Hulton Archive (cra). **201 Dreamstime.com**: Marlonneke (bl). **203 The Bridgeman Art Library:** (cra). **Fotolia:** Eric Isselée (br). **204 Alamy Images**: B. Seiboth / Tierfotoagentur (cr). **205 The Bridgeman Art Library:** Christie's Images (cr). **207 Dreamstime.com**: Marcel De Grijs (cl / BG). **Getty Images:** Jim Frazee / Flickr (cl / Search Dog). **208 Alamy Images**: tbkmedia.de. **209 Dreamstime.com**: Isselee (c). **209 Getty Images:** Jacques Pavlovsky (cl). **211 The Bridgeman Art Library:** Museum of London, UK (cl). **213 Corbis:** Eric Planchard / prismapix / ès (bc); Mark Raycroft / Minden Pictures (bl). **215 Alamy Images**: Paul Gregg / African Images (cra). **216 Alamy Images**: Juniors Bildarchiv GmbH (cl). **219 Alamy Images**: S. Schwerdtfeger / Tierfotoagentur (cl). **220 Getty Images:** Nick Ridley / Oxford Scientific. **223** Pamela O. Kadlec: (cra). **224 Alamy Images**: Vmc / Shout (bc). **Fotolia:** Eric Isselée (cb). **227 Dorling Kindersley:** Scans from R. Lydekker (Ed.), *The Royal Natural History, Vol 1,* Frederick Warne, London, 1893 (cl). **231 Alamy Images**: Grossemy Vanessa (cr). **232 Alamy Images**: Sami Osenius (bc); Tim Woodcock (cb). **234 Dorling Kindersley:** Scans from "Les Chiens Le Gibier et Ses Ennemis", published by the directors of La Manufacture Française d'Armes et Cycles, Saint-Etienne, in May 1907 (cl). **236 Dorling Kindersley:** Scans from "Les Chiens Le Gibier et Ses Ennemis", published by the directors of La Manufacture Française d'Armes et Cycles, Saint-Etienne, in May 1907 (bl). **238 Corbis:** Francis G. Mayer (cl). **241 Corbis:** Swim Ink 2, LLC (cl). **243 Alamy Images**: AF Archive (cra). **Fotolia:** glenkar (clb). **244 Alamy Images**: D. Geithner / Tierfotoagentur (cl). **245 Corbis:** Dale Spartas (cl). **246 Fotolia:** biglama (bc). **Getty Images:** Dan Kitwood / Getty Images News (bl). **248 Corbis:** Christopher Felver (cl). **250 Dorling Kindersley:** Scans from "Les Chiens Le Gibier et Ses Ennemis", published by the directors of La Manufacture Française d'Armes et Cycles, Saint-Etienne, in May 1907 (bc). **Fotolia:** quayside (c). **252 Dorling Kindersley:** Scans from "Les Chiens Le Gibier et Ses Ennemis", published by the directors of La Manufacture Française d'Armes et Cycles, Saint-Etienne, in May 1907 (cl). **255 Alamy Images**: R. Richter / Tierfotoagentur (cl). **Getty Images:** Hablot Knight Browne / The Bridgeman Art Library (cra). **259 Getty Images:** Image Source (cl). **260** The Advertising Archives: (bl). **263 Corbis:** C / B Productions (cl). **264 Corbis:** Yoshihisa Fujita / MottoPet / amanaimages. **266 Mary Evans Picture Library:** Grenville Collins Postcard Collection (cra). **267 Alamy Images**: Farlap (cla). **269 Dorling Kindersley:** Scans from R. Lydekker (Ed.), *The Royal Natural History, Vol 1,* Frederick Warne, London, 1893 (cr). **Dreamstime.com**: Isselee (cl). **270 Mary Evans Picture Library:** (cr). **272 Dreamstime.com**: Isselee (c). **Mary Evans Picture Library:** Thomas Fall (bc). **275 Dreamstime.com:** Metrjohn (cl). **276 Alamy Images**: Petra Wegner. **277 Alamy Images**: Petra Wegner (bl, br). **Dorling Kindersley:** Scans from R. Lydekker (Ed.), *The Royal Natural History, Vol 1,* Frederick Warne, London, 1893 (cr). **Fotolia:** Dixi_ (cl). **279 akg-images:** Erich Lessing (cl). **280 Dreamstime.com**: Petr Kirillov. **281 Corbis:** Bettmann (cl). **282 Getty Images:** Vern Evans Photo / Getty Images Entertainment (cr). **284 Alamy Stock Photo:** Erik Lam (c). **Dreamstime.com:** Erik Lam (cra). **286-287 Getty Images:** Datacraft Co Ltd (c). **286 Alamy Images**: Moviestore collection Ltd (bl). **Getty Images:** Datacraft Co Ltd (tr). **287 Getty Images:** Datacraft Co Ltd (br, fbr). **288 Getty Images:** Photos by Joy Phipps / Flickr Open. **291 Alamy Stock Photo:** Volodymyr Melnyk (bc / Maltipoo, bl). **Dreamstime.com:** Ian Mcglasham (br, bc). **293 Alamy Stock Photo:** Chris Brown (cl, cla); Nature Picture Library / Mark Taylor (cra, c). **294 Fotolia:** Carola Schubbel (cl). **295 Getty Images:** AFP (cl). **297 Alamy Images**: Donald Bowers / Purestock (cl). **Getty Images:** John Shearer / WireImage (cr). **298 Alamy Stock Photo:** Bill Bachman (cr). **Depositphotos Inc:** LeoniekvanderVliet (bl). **Dreamstime.com:** Sunburntblogger (cb, br). **Warren Photographic Limited:** Warren Photographic (cl, tc). **299 Dorling Kindersley:** Benjy courtesy of The Mayhew Animal Home (cr). **Dreamstime.com:** Aliaksey Hintau (br); Isselee (cl, c). **300 Dreamstime.com**: Adogslifephoto (cl); Isselee (tr, bl); Vitaly Titov & Maria Sidelnikova (c); Erik Lam (cr, br). **301 Dreamstime.com:** Cosmin - Constantin Sava (cr); Kati1313 (tc); Isselee (tr, c, bl); Erik Lam (crb, br). **302-303 FLPA:** Ramona Richter / Tierfotoagentur. **304 Getty Images:** L. Heather Christenson / Flickr Open. **306 Alamy Stock Photo:** Emmanuelle Grimaud (cr). **Dreamstime.com**: Hdconnelly (cb). **Fotolia:** Eric Isselee (tr). **309 Fotolia:** Comugnero Silvana (br). **Getty Images:** PM Images / The Image Bank (tr). **310 Getty Images:** Arco Petra (tr). **311 Alamy Images**: Ken Gillespie Photography. **312 Alamy Images**: Wayne Hutchinson (br). **Getty Images:** Andersen Ross / Photodisc (ca). **313 Corbis:** Alan Carey. **314 Alamy Images**: F314 / Juniors Bildarchiv GmbH (tr). **316 Getty Images:** Datacraft Co Ltd (bl). **318 Alamy Images**: Diez, O. / Arco Images GmbH (bl). **Fotolia:** ctvvelve (cb / Clipper). **Getty Images:** Jamie Grill / Iconica (cr). **322 Dreamstime.com:** Mona Makela (cra). **Getty Images / iStock:** E+ / THEPALMER (bl). **330 Dreamstime.com:** Moswyn (tr). **Getty Images:** Fry Design Ltd / Photographer's Choice (bl). **331 FLPA:** Erica Olsen (tr). **332 Alamy Stock Photo:** Dmitriy Shironosov (bl). **Fotolia:** Alexander Raths (tr). **333 Getty Images:** DigitalVision / Jose Luis Pelaez Inc (tr). **335 Getty Images:** Anthony Brawley Photography / Flickr (cr). **337 Corbis:** Cheryl Ertelt / Visuals Unlimited (cb). Hans Surfer / Flickr (br). **Shutterstock.com:** Ricantimages (t). **338 Fotolia:** pattie (br). **339 Corbis:** Akira Uchiyama / Amanaimages (tr). **Getty Images:** Created by Lisa Vaughan / Flickr (cla). **341 Getty Images:** R. Brandon Harris / Flickr Open. **346 Dreamstime.com:** Lunary (tr). **347 Alamy Stock Photo:** LightField Studios Inc. (br). **FLPA:** Gerard Lacz (tl). **Getty Images / iStock:** E+ / gollykim (cra)